“十二五”普通高等教育本科国家级规划教材

上海市一流学科建设项目

东华大学服装设计专业主干教材

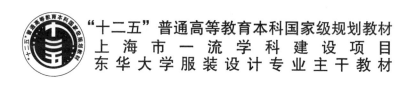

FASHION DESIGN **1**

服装设计

服装设计概论

（第2版）

冯利　刘晓刚　编著

U0377510

东华大学出版社

·上海·

海派时尚设计与价值创造知识服务中心

图书在版编目（CIP）数据

服装设计概论／冯利,刘晓刚编著. —2 版. —上海：东华大学出版社,2015.6
（服装设计;1）
ISBN 978－7－5669－0786－8

Ⅰ.①服…　Ⅱ.①冯…　②刘…　Ⅲ.①服装设计　Ⅳ.①TS941.2

中国版本图书馆 CIP 数据核字（2015）第 107306 号

责任编辑　徐建红　吴川灵
封面设计　Callen

东华大学服装设计专业主干教材

服装设计 1:服装设计概论(第 2 版)
FUZHUANG SHEJI 1: FUZHUANG SHEJI GAILUN

冯　利　刘晓刚　编著

出　　　　版：东华大学出版社（地址:上海市延安西路 1882 号　　邮政编码:200051）
本 社 网 址：http://www.dhupress.net
天猫旗舰店：http://dhdx.tmall.com
营 销 中 心：021—62193056　62373056　62379558
电 子 邮 箱：425055486@qq.com
印　　　　刷：苏州工业园区美柯乐制版印务有限责任公司
开　　　　本：787mm×1092mm　1/16
印　　　　张：18
字　　　　数：500千字
版　　　　次：2015年 6月第 2 版
印　　　　次：2021年10月第 4 次印刷
书　　　　号：ISBN 978－7－5669－0786－8
定　　　　价：49.00 元

前　言

　　"服装设计1－6"是素以纺织服装学科著称的东华大学通过长年教学实践经验积累而形成的服装设计专业本科生系列主干课程,分为"服装设计概论""男装设计""女装设计""童装设计""专项服装设计""服装设计实务"6门既相对独立又前后贯通的系列课程。为了"教学有教材、授课有课本",东华大学服装学院组织专家学者和骨干教师,在2007年前后相继编写出版了与本系列课程配套的同名系列教材。经过多年使用和多次印刷,本系列教材已形成了一定的社会影响力,并申报成为"十二五"普通高等教育本科国家级规划教材。

　　2008年,在学校的重视支持下,在师生的共同努力下,东华大学"服装设计"系列课程获得了"国家级精品课程"称号;2009年,承担该课程教学任务的团队获得了"国家级教学团队"称号。

　　近年来,伴随着我国经济建设取得的辉煌成就,服装产业也发生了巨大变化。无论是服装的设计、生产、销售,还是品牌的延伸、推广、维护,或是行业的供应、服务、配套,整个服装产业链都有了长足进步。作为承担服装设计人才培养主要任务的高等服装设计教育,各高校结合当地服装产业基础和学校办学特色,教学内容和培养模式也都在一定程度上有了与之相适应的变化。为了主动适应行业变化和人才需求,作为国家级教学团队的东华大学服装设计教学团队,有责任也有义务,对原来的"服装设计1－6"课程进行改革,并编写符合新的服装产业发展形势的专业教材。

　　本次教材编写出发点是坚持既定培养目标,配合教学改革计划,保持原有教材特色,调整部分章节结构,优化深化核心内容,新增学科前沿知识,融入行业通行手段,在专业建设必须满足连续性建设要求的基础上,增加适应产业变化的灵活性,成为经得起时间考验的,既方便于掌握服装设计一般规律和系统知识,又有利于熟悉服装设计业务流程和实操技能的本专业经典教材。

　　东华大学设计学科被列为"上海市一流学科"建设,服装设计专业是其中的重要建设内容之一。本系列教材的编写出版受到该建设项目的资助。

FASHION DESIGN
目录

第一章　服装概述　　　　　　　　　　　　　　　　　　　　1

　　第一节　服装的起源　　　　　　　　　　　　　　　　　2
　　第二节　服装的界定　　　　　　　　　　　　　　　　　6
　　第三节　服装的功能　　　　　　　　　　　　　　　　　8
　　第四节　服装的分类　　　　　　　　　　　　　　　　　10
　　第五节　服装的流行　　　　　　　　　　　　　　　　　19

第二章　服装设计的内涵　　　　　　　　　　　　　　　　33

　　第一节　服装设计的概念　　　　　　　　　　　　　　　34
　　第二节　服装设计的要素　　　　　　　　　　　　　　　35
　　第三节　服装设计的作用　　　　　　　　　　　　　　　60
　　第四节　服装设计的要求　　　　　　　　　　　　　　　62

第三章　服装设计的资源　　　　　　　　　　　　　　　　65

　　第一节　服装设计的物力资源　　　　　　　　　　　　　66
　　第二节　服装设计的人力资源　　　　　　　　　　　　　71
　　第三节　服装设计的市场资源　　　　　　　　　　　　　84

第四章　服装设计的内容　　　　　　　　　　　　　　　　91

　　第一节　服装的造型设计　　　　　　　　　　　　　　　92
　　第二节　服装的色彩设计　　　　　　　　　　　　　　　105
　　第三节　服装的面料设计　　　　　　　　　　　　　　　111
　　第四节　服装的辅料设计　　　　　　　　　　　　　　　121
　　第五节　服装的结构设计　　　　　　　　　　　　　　　124
　　第六节　服装的工艺设计　　　　　　　　　　　　　　　126

第七节　其它相关设计　　　　　　　　　　　　　　　　　　128

第五章　服装设计的思维　　　　　　　　　　　　　131

第一节　服装设计思维的定义　　　　　　　　　　　　　132
第二节　服装设计思维的特点　　　　　　　　　　　　　135
第三节　服装设计思维的形式　　　　　　　　　　　　　137
第四节　服装设计思维的类型　　　　　　　　　　　　　141
第五节　服装设计思维的应用　　　　　　　　　　　　　146

第六章　服装设计的美学原理　　　　　　　　　153

第一节　形式美的概念和意义　　　　　　　　　　　　　154
第二节　形式美原理及其在服装设计中的应用　　　　　　155
第三节　视错的概念和意义　　　　　　　　　　　　　　170
第四节　视错的类别及其在服装设计中的应用　　　　　　171
第五节　服装设计的美学规律　　　　　　　　　　　　　178

第七章　服装设计的方法　　　　　　　　　　　185

第一节　服装设计方法的定义　　　　　　　　　　　　　186
第二节　服装设计的主要方法　　　　　　　　　　　　　189
第三节　服装设计的其它方法　　　　　　　　　　　　　199
第四节　服装设计方法的应用原则　　　　　　　　　　　204

第八章　服装设计的表现　　　　　　　　　　　207

第一节　服装设计表现的定义　　　　　　　　　　　　　208
第二节　服装设计表现的形式　　　　　　　　　　　　　210
第三节　服装设计表现的流程　　　　　　　　　　　　　221
第四节　服装设计表现的选择　　　　　　　　　　　　　224

第九章　服装设计的标准　　　　　　　　　　　229

第一节　服装设计标准的定义　　　　　　　　　　　　　230
第二节　服装设计标准的内容　　　　　　　　　　　　　231
第三节　服装设计标准的表现　　　　　　　　　　　　　239
第四节　服装设计标准的影响因素　　　　　　　　　　　242

第十章 服装设计的管理 247

第一节 服装设计管理的定义 248
第二节 服装设计的项目管理 252
第三节 服装设计的人力资源管理 261
第四节 服装设计的法规管理 265

附录 国际服装设计教育院校概览 269

第一章

服装概述

服装不是你去某个场合才需要考虑的事情,服装是你去那个场合的唯一原因。

——安迪·沃霍尔(Andy Warhol,1928 年,美国,波普艺术领袖)

第一节 服装的起源

　　追溯人类的发展史,我们始终可以找到服饰的影子。最早距今约10万年的人类在服装服饰方面已有惊人的创造,比如,在德国杜塞尔多夫附近出土的旧石器时代中期尼安德特人①遗物中,可以看到当时的人类已开始用猛犸象牙、蜗牛壳、狼和熊的牙齿制成项链串。4万年前(旧石器时代晚期)进入母系氏族社会的克鲁玛农人②制造了大量骨器和石器,其中骨针的出现说明那时出现了缝制的衣服。北京周口店出土了1万年前(中石器时代)很细的骨针,像是缝制纺织品用的(图1-1)。

　　从一些与服饰有关的文化遗迹艺术作品中,可看出人类早就进行了服装服饰实践活动。比如,奥地利维伦多夫出土的石雕"维纳斯",头部有一排排雕刻出的发辫或者卷发的造型,腹下臀部有条状式的腰带(图1-2);法国布拉森普出土的象牙制女头像刻有格子状头饰或发式;位于俄罗斯东南部伊尔库茨克州的贝加尔湖西侧出土的骨制着衣女像,从头到脚皆为衣物所包裹,其刻法似表示毛皮的形象。

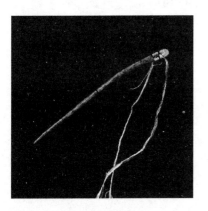

图1-1　山顶洞人骨针

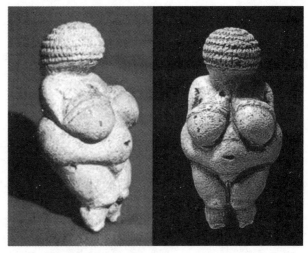

图1-2　1908年,考古学家在奥地利小镇维伦多夫发现了这尊公元前25 000年前的雕像,命名为"维伦多夫的维纳斯"(Venus of Willendorf)

　　以上种种说明服装与人类的进化发展几乎是同时开始的。同时也可以看到,在距今几万年前人们的着装中,不仅有服装还有服饰品,这使得今天的人们不禁要问:远古人类为什么要穿衣服呢? 对此,研究者们众说纷纭,各自都能举出不少例证,但又不能完全驳斥他人观点。

---

① 1856年,在德国杜塞尔多夫尼安德特河流域附近洞穴中首次发现10万年前"智人"遗骨,以后在世界各地所发现的同时期人类遗骨,皆称尼安德特人。——著者注

② 1868年,在法国多边尼地区维吉尔河流域的峡谷中一个叫克鲁玛农的岩洞里首次发现的最早的现代人遗骨,以后在世界各地发现的同时期人类遗骨皆称克鲁玛农人。——著者注

我们把这些主要观点总结出来,表述如下
(图 1-3)。

一、生理需求论

生理需求论也称保护说,这一理论从生
理角度出发,对人的生理与自然环境的关系
予以评价,认为服装能起到保护人体的作
用,保护身体既是服装的起源,又是起因。
该理论认为人的生理需求包含对气候的适
应和对身体的保护两方面内容。

(一)气候适应说

气候适应说认为服装的诞生基于人类
的生理需要。随着人类进化,身上体毛逐渐
退化,气候的冷暖变化直接影响人类的生理
需求,因此早在原始社会人类就学会以兽皮
蔽体,以抵御风寒。大约距今 10 万至 5 万
年前,欧洲大陆上的原始人为抵御第四冰河

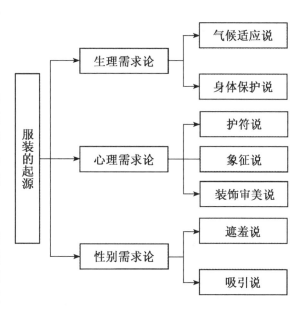

图 1-3　服装的起源说

期的寒冷,开始制作兽皮衣物。至今仍有许多居住在寒冷地区的原始人选择简易的"服装"蔽体
防寒(图 1-4)。在一些热带地区,由于暑热,没有必要穿衣服,热带地区的居民至今过着裸态的
生活方式。也有因热而穿衣服的现象,沙漠地区气温很高,湿度很低,气候干燥,人体水分蒸发
厉害。生活在这里的人们穿衣服是为了防止汗的蒸发,同时避免日光暴晒(图 1-5)。此外,在
某些地区,高强度的紫外线也会对人体皮肤造成灼伤。在没有消炎药剂的过去,皮肤溃烂是致
命的危害。服装对人体表面的覆盖可有效遮挡紫外线,减少或避免身体被灼伤。

图 1-4　阿拉斯加的一个爱斯基摩人家庭,穿着自制
的毛皮服装,1929 年

图 1-5　中东地区的男子穿着传统的阿拉伯
大袍

3

（二）身体保护说

身体保护说认为人类穿衣是为了避免自然界中存在的危害人类生存的因素。人类从爬行进化到直立行走，原来处于安全的性部位从身体末端移至身体中央，男性尤为敏感，最易受伤。为了不被外界伤害，如为防止昆虫、蚊、蝇的侵害，人们用腰布或条带物围在腰间，随人体活动产生的摆动来驱赶昆虫，故腰布为男性最先使用。之后，人们如法炮制，把身体其他部位也裹起来，便产生了服装。在非洲、南亚、澳洲等地还广泛存在着男性穿植物韧皮制裙子的习惯（图1-6）。另外，以布块缠在腰间，再从两腿间穿过，用带子前后固定的缠腰方式更普遍，这使得男性免去了不必要的精神负担，又可精神抖擞不顾一切地与野兽拼杀（图1-7）。①

图1-6　土著斐济人用当地蓑草编成一片围在身上，具有防蚊虫叮咬和遮风挡雨等优点

图1-7　散居在非洲南部国家博茨瓦纳西南部的丛林和卡拉哈迪沙漠中的布须曼人，是世界上最古老的部族之一，至今仍保持原始的生活与着装方式

二、心理需求论

心理需求论是从心理的角度出发去研究、分析原始人类在努力生存、保护种族、繁衍后代、建立社会结构等过程中进行着装的出发点和目的。这一理论包含护符说、象征说和装饰审美说。

（一）护符说

这种学说认为在生产力低下的原始社会，人类在强大的自然面前显得非常渺小，因而希望借助于精神力量对抗自然，故此有了灵肉分离的想象。为了取得善灵保佑，避开恶灵侵害，人们在身体上装饰具有神力的图案，或将自然界中被认为比人更有神力的东西佩戴在身，如佩戴足蹄、尖角、贝壳、羽毛、兽牙等（图1-8）。根据护符说理论，原始人类穿衣源自两种心理需求。一方面，人们相信图腾或护符具有肉眼看不见的超自然力，装饰佩戴它能辟邪、护己。护符发展到最后成为人类佩戴在身体上的装饰品。原始人还会在身体上涂抹颜色，用以吓走鬼魂保护生

---

① 乔洪.服装导论.北京:中国纺织出版社,2012.

命。另一方面,在一些原始部落里,为求得群族的认同及表达对种族信仰的坚定,会在身上涂抹或穿戴象征该种族图腾的符号,以博取该种族间的尊重和互相信任,这也是一种信仰寄托。

图 1-8　非洲原始人军团

(二) 象征说

这种学说认为披挂在身上的物品最初是作为身份象征而使用的。在原始人看来,佩戴动物的牙齿、羽毛、贝壳等,被认为是具有令人倾慕的特殊本领,同时也是财富的象征。原始人用兽皮等饰物象征自己的英武;用野兽的牙齿、骨骼和身体的刀痕等向人们显示自己在狩猎中的勇敢和成绩。如印第安人头冠的高低,标志着主人财富的多少,头冠越高威望越大,借此显示优越感。

(三) 装饰审美说

这一学说认为服装起源于原始人类美化自我的愿望,是人类追求情感的表现。原始人看到美丽的花朵、光洁鲜艳的羽毛会摘下来装饰在自己的身体上;会将偶尔捡到的玛瑙、宝石细心琢磨后镶嵌在圆环上(这就是最早的项链和手镯)。从古至今,虽然有不穿衣服的民族,但极少有不对身体进行装饰的民族。现在有些原始部落仍崇尚用彩泥涂身、纹身、疤痕甚至毁体装饰自己,以表达自己的年龄和社会地位(图1-9)。

图 1-9　埃塞俄比亚奥莫河(Omo River)低谷原始部落中最小的民族卡鲁族人喜欢用斑点涂绘面部和身体,在下嘴唇中穿孔,插上羽毛或鲜花等装扮自己,在前胸留下刀刻疤痕,好以红泥涂抹头发

三、性别需求论

男女两性相互爱慕和吸引是远古以来就存在的现象。服装起源与发展的最终原因是两性的存在这一论断虽至今尚能服众，但无可否认，两性差异导致现今人们要求穿用服装。

（一）遮羞说

这一理论认为人们开始穿衣是为了遮蔽身体隐私的部位，该理论衍生自基督教《圣经》故事，基督教中通常以亚当和夏娃的神话故事解释服装起源（图1-10）。据《旧约全书》说法，亚当和夏娃起初不着服装，只因受到蛇的怂恿，偷吃了禁果，眼睛明亮了，知道了羞耻，因此开始用无花果树叶遮住下体，这便是服装的雏形。不少学者对该理论提出质疑，认为人的羞耻心不是天生的，羞耻观念只会在文明社会出现，即摆脱了蒙昧社会和野蛮社会后，随着时间、地点和习惯的不同而相异。因此，服装起源于遮羞之说未能服众。

图1-10 《亚当与夏娃》，油画，提香·韦切利奥（Tiziano Vecellio），意大利，1550年

（二）吸引说

这一理论认为人们用衣物装饰自身是为了突出男女的性别差异，以引起异性的好感与注意并相互吸引。原始人认为性爱是一种美好神圣的行为，他们渴望子孙繁衍，出现过性崇拜、性装饰。在我国出土的彩陶纹样中就有用妇女性生殖器代表部落兴旺和财富的抽象符号。人们对生殖器的崇拜也是服装起源的动机之一。美国心理学家赫洛克（E. B. Hunlock）在《服装心理学——时装及其动机分析》中说："在许多原始部落，妇女习惯于装饰，但不穿衣服，只有妓女穿衣服。在撒利拉斯人中间，更加符合事实。按他们的观点，穿衣很明显地是起了引诱作用"（图1-11）。

图1-11 澳大利亚凯恩斯市查普凯土著文化公园的加巴盖剧场，当地土著民族正在进行歌舞和钻木取火表演。

第二节　服装的界定

"服装"二字对于现代人而言毫不陌生，可到底什么是服装，作为服装专业人士还需从学术角度给出一个明确的定义。人类生活的"衣、食、住、行"四个方面中，"衣"之所以排在第一位，是因为人类社会活动需要决定的，"衣"的出现是人类有别于动物的主要特征之一。这里的"衣"就是我们常说的服装的名词概念。

一、服装学界定

　　服装学定义的服装可以分为广义和狭义两种。广义的服装是指衣服、鞋帽、服饰配件的总称，包括首饰、帽子、围巾、包、腰带、手套、鞋袜等，还包括任何形式的作用于人身上的某种装束。有些非常规状态的服装用以表现设计思维的拓展，尝试新的服装形式，突破传统概念上的服装形式，使服装的范围更加广阔。图1-12是日本著名服装设计大师三宅一生（Issey Miyake）采用非服用材料设计的概念服装。这种服装已远远抛弃了保暖、御寒、蔽体等服装的自然属性，也不再具有标志身份、区分性别等社会属性，它所表达的是服装设计师对服装的思考，是一种全新观念的服装。这种信马由缰、独辟蹊径的设计带给人们的是在形式上对服装的另一种理解。

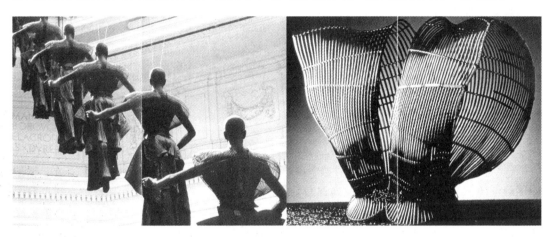

图1-12　三宅一生的概念服装设计

　　狭义的服装是指以服用材料制成的用于穿着的物品，特指衣裤裙衫之类的人体装身用品。狭义服装从物的角度研究服装的构成，包括：服装造型、服装材料、服装色彩、服装结构、服装工艺等几大基本要素。从不同角度出发，其分类有很多种不同的方式，具体见本章第四节服装的分类。

二、词义学界定

　　从文字属性来看，服装可有两种解释，一种解释是把服装两个字拆分开来，"服"字作动词解，意为穿，即"穿……装"、"使……服"；"装"字作名词解，意指某类服装。服装二字意为穿着服装，这里的服装表达的是人体在穿着服装之后的一种整体状态。

　　另一种解释是作纯粹的名词解，即以物质形态存在的用于覆盖、遮蔽、美化人体的装身物品。作为名词解释的服装亦有广义和狭义的解释。

三、社会学界定

　　从社会学角度看，构成服装还需要与之相关的一些条件，这一概念与服装的定义中服装作为人体着装后的整体状态的概念是一致的,即服装还需要包含有人的因素。

(一)有穿着者

没有人体作为基本支撑,服装只能称为衣服,其造型难以完整而淋漓尽致地表现出来。这一点是服装艺术设计相对于其它现代艺术设计最大的区别,服装所有的表现必须依附于人体并受到人体的基本限制。有了衣服与人体的完美结合,才能实现服装的整体表达。

(二)意识到观察者的存在

对于着装者而言,着装时能够清晰地意识到自己的着装是为旁观者所看见的,即存在有自己着装效果的观察者。这种意识会使得着装者在选择着装时有所挑选和要求。古人云:"女为悦己者容",我们暂且不讨论这句话中所包含男性与女性的社会地位关系,单从着装意识的角度来看,它所表达的是女子的着装出发点和目的。

(三)具备充分的着装意识

着装者清楚地意识到自己在穿着怎样的服装,着装后的效果如何,通过着装使自己能够表现出怎样的面貌,比如:精明强干、性感华丽、精致优雅、活泼可爱、稳重大方等不同形象。这种意识的具备使得人们在对服装进行选择时有不同的要求。当然,对于着装效果的评判因人而异。可能会因为标准的不同导致对着装效果评判结果的不同,也可能出现着装者本人想达到的预期效果与旁观者所得到的观察效果大相径庭的现象,这只能说是着装者对服装的把握还不够好,其本身仍然具备了清醒和充分的着装意识。

(四)得到社会的认同

人的社会属性使得人们都有得到社会认同的心理需求。每个人都隶属于这个庞大繁复的社会体系中的某一特定阶层。随着作为个体的人的自身发展变化,他/她在不同阶段可能属于不同阶层,但无论属于哪一阶层,他/她都会希望自己得到这一阶层的认可。在这种被认可的渴望的表达中,服装是非常重要的一种表现形式。"服装是人们在某个阶层的通行证"表达的就是这一含义。人们选择和这个阶层相符合相适应的服装服饰品装饰自己以表明自己的身份、财富、职业、地位等隐形内容,以求得到这个阶层的认同。

第三节　服装的功能

服装是人体的外包装,对人而言服装是人的外部环境。这个外部环境主要受到自然环境和社会环境的影响。因此,服装的功能可从两方面考量:一是满足着装者作为自然人的生活需求的物理功能;二是满足着装者作为社会人的精神需求的社会功能。二者相互配合,互相渗透,满足作为自然人和社会人的共同需要。

一、服装的物理功能

服装的物理功能是一种实用功能,是人类着装的主要目的之一。服装由服用材料加工而成,物质是服装存在的基础。服装的物质性是服装的基本属性,服装的物质属性所具有的使用价值满足了人类穿着服装以达到生理机能补益和身体保护的最基本需要。

（一）服装的保护性

在《辞海》中"保护"一词意为：保卫。如：保健；保家卫国。《左传·哀公二十七年》："先保南里以待之"。人类生活在自然环境中，风、霜、雨、雪、寒冷、暴晒等各种因素及其变化强烈影响着人的生活。随着人类的进化，人类作为生物体防御自然环境的能力越来越弱，身体表层既没有覆盖厚重的皮毛或羽毛，也没有坚硬的盔甲或鳞片。人类穿用服装以对应气候变化，弥补人体生理机能对抗环境的不足，保持身体处于健康舒适的状态，如羽绒服、防晒服、风雨衣。

（二）服装的防护性

在《辞海》中"防护"一词意为：为避免或减少敌人打击对己方的损害而采取的各种措施。包括对火力打击的防护，对核、化学、生物武器及其他特殊杀伤性武器的防护，对信息攻击的防护等。在人类改造自然、创造新世界的过程中，会受到来自外界物象的危害，人类穿用具有防护功能的服装以保护人体在有危害性的环境中工作或生活，如防尘服、防弹服、防辐射服。近两年由于中国空气污染严重，设计师们开始研究推出防霾服装。

（三）服装的适应性

在《辞海》中"适应"一词意为：适合，引申为适当，应当。《汉书·贾谊传》："以为是释然耳。"颜师古注："适，当也，谓事理宜然。"人体穿用服装时，既要保护身体，也要能够正常生活劳作。因此，服装还需要具有适应性：适应人体的生理结构，适应人体的动态需要，适应人体的吸湿排汗。适应生理结构需要能够正常顺利穿脱，适应动态需要需考虑人在行走、锻炼、运动、劳动等剧烈活动时最大活动量与服装形态变化的关系，适应吸湿排汗需要从健康和卫生的角度考虑保持清洁皮肤和身体舒适。

二、服装的社会功能

服装的社会功能由穿着者——人类的社会性决定。从原始人类至现代人类，人类始终是群居生物。这种群居生活使得人类带有不可避免的社会性，在社会中的个体对自己在群体中具有定位、标志需求。所以，服装的社会功能表现为服装在穿着后所产生的表征作用和对社会生活的影响及它们之间的互动关系，包含有精神性、标志性、象征性与文化性。

（一）服装的精神性

服装的精神性从着装的风格中表现出来，是通过消费者的心理体验来完成的。"爱美之心，人皆有之"，这是人类的天性和本能。从古至今，人们孜孜以求发现美、追寻美。这种追求在服装形式上的表现尤为突出。例如，原始人的装饰纹身、古代帝王的礼服、现代人的化妆、染发等面部修饰行为都说明无论古代还是现代，人们为了美一直在不停地积极行动着，这就是服装的精神性所驱动的必然效应。

（二）服装的标志性

服装的标志性是着装目的之一。在社会生活中，人们为了识别地位、职业、身份、性别、年龄等穿用不同的服装。服装最先担负的社会职能是标志作用。例如：在街头指挥交通的警察如果不穿制服，将无人理会他的指令；医生的白大褂带给病人的安心感和信任感是当医生穿着睡衣或休闲装时所无法产生的；学生们穿着不同学校的制服，不仅在心理上会产生归属感和自豪感，也会令旁观者很容易判断出学生的身份和学校。

（三）服装的象征性

服装象征着一个人的身份、地位，对服装的选择可以显示一个人的出身、教育背景、审美情趣、性格爱好，乃至工作性质、收入状况、生活层次等很多内涵。以服装的象征性实现自我认定的明显例子是：奢侈品近年来在全球受到追捧，尤其是在发展中国家呈急剧上升的销售态势。这种现象的深层涵义是人们对奢侈品所包含的象征意义的渴求。人们既需要用昂贵的奢侈品来表现自己所属的社会阶层，也希望感受由这些价值不菲的服装服饰品带来的心理满足感与旁人的目光织就的精神优越感。

（四）服装的文化性

服装文化是现代文化的有机组成部分，同商业文化、品牌文化、流行文化、审美文化、宗教文化等文化形态一样，组成现代文化的综合图景，对人的思想观念、行为方式产生深刻影响。作为大众文化形态之一的服装文化是被物化了的社会文化，是人际社会中重要的沟通媒介之一。它在人与人，人与社会、人与环境之间搭建了无形的桥梁。服装可表现出不同群体的文化与历史。人们对服装的选择既包含对时尚文化的理解和追求，也表达了对服装品牌文化的认同，还传递了自身文化素养与内蕴的外在表现信息。

第四节　服装的分类

现代服装工业进行的是成熟的产业化运作。完整齐备的服装产业链自原材料上游始至成品销售终，在未来的服装产业链中还将加入服装回收的环节。在产业链中，对服装进行详尽细致的分类有利于行业之间的信息传递与操作。从不同角度出发可有不同的分类方式，本书介绍行业中通用的分类法以及一些其它分类法。

服装的分类有很多形式，本书将服装视为穿着物与人体结合后的整体着装状态，因此在分类上从人（着装者）、物（服装）、人与物结合（整体状态）及其他（与前三方面关系较弱）这四个角度进行划分。

一、从人（着装者）的角度分

根据着装者进行服装的分类，主要是从装者着的自身因素及生活环境角度去度量服装，包括年龄、性别、季节、气候、用途、民族等因素。

（一）根据年龄分类

以年龄作为服装分类的依据主要是考虑人体形态的变化，人在成长期内体态变化迅速且明显，因此年龄层划分较细，进入成熟期后，体态相对稳定，则年龄层划分较宽泛。

（1）婴儿装：0～1 岁左右的婴儿使用的服装。

（2）幼儿装：2～5 岁左右的幼儿使用的服装。

（3）儿童装：6～11 岁左右的儿童使用的服装。

（4）少年装：12～17 岁左右的少年使用的服装。

（5）青年装:18～30 岁左右的青年使用的服装。

（6）成年装:31～50 岁左右的成年人使用的服装。

（7）中老年装:51 岁以上的中老年人使用的服装。

（二）根据性别分类

以性别作为服装分类的依据主要基于男性与女性在体型上的明显差异,以及由此形成的社会对男性与女性着装的审美评判的差异。因此,除了与男女两性分别对应的强化男性与女性特征的男装与女装之外,还有模糊两者界限的中性服装。

（1）男装:男性穿着的服装,主要追求对男性的阳刚、坚毅、儒雅、强壮等特性的表现。

（2）女装:女性穿着的服装,主要追求对女性温柔、浪漫、娴静、甜美等特性的表现。

（3）中性服装:男女可以共用的服装。如:普通 T 恤、牛仔裤等。这类服装弱化了男女两性的性别差异,以其简约、快捷、舒适的穿着体验受到人们的喜爱。

（三）根据用途分类

以用途作为服装分类的依据主要是考虑人们穿用服装的场合和时机。注重精神文化生活的人们对不同场合、不同时间穿用的服装有着明确而细致的要求。因此,用途往往是人们选择服装的一个重要出发点。

（1）日常生活装:在普通的生活、学习、工作和休闲场合穿着的服装。如:家居服、学生服、运动服、休闲服、旅游服装等。

（2）特殊生活装:特殊人群在日常生活中穿着的服装。如:孕妇装、残疾人服、病员服等。

（3）社交礼仪装:在社交礼仪场合穿着的服装。如:晚礼服、婚礼服、葬礼服、宗教服等。

（4）特殊作业装:在特殊环境下具有防护作用的作业服装。如:防火服、防毒服、防辐射服、宇宙服、潜水服、极地服等。

（5）装扮装:具有装扮、假饰等要求的场合穿着的服装。包括用于艺术表演的服装。如:舞台服、戏剧装;用于信仰活动的服装,如:祭祀服、巫术服;用于迷惑隐蔽的服装,如迷彩服、伪装服等。

（四）根据穿着环境分类

人类生活的地球地理环境丰富,气候带分布复杂,山川、丘陵、海洋、沙漠等不同环境具有不同的气候特征。根据穿着环境分类是基于人们在不同的环境与气候中需要穿着相适应的服装以使人体舒适健康。

（1）地带服装:在不同地理环境中穿着的服装。如:沙滩装、丛林装、雪地服等。

（2）气候服装:在不同气候条件下穿着的服装。如:防寒服、防晒服、防雨服、防风服等。

（五）根据生活季节分类

很多地区季节分明,季节转换带来气温显著变化,因而随季节变换更替服装成为人们日常生活的一部分。根据生活季节分类是以季节为服装命名的依据。

（1）春秋装:在春秋季节穿着的服装。如:套装、单衣等。

（2）夏装:在夏季穿着的服装。如短袖衬衣、短裤、背心等。

（3）冬装:在冬季穿着的服装。如:滑雪衫、羽绒服、大衣等。

（六）根据民族性分类

民族具有鲜明的文化属性,通过语言、文字、色彩倾向、服装服饰各方面表现出来。根据民族性对服装进行分类,就是基于通过服装所表现出来的民族性特征。

(1)中式服装:以中国传统服饰为蓝本的服装。

(2)西式服装:以西方国家服饰为蓝本的服装。

(3)民族服装:以各个民族服饰为蓝本的服装。

(4)民俗服装:带有地域文化色彩的服装。

(5)国际服装:能够在世界范围内流行的服装。

二、从物(服装)的角度分

从物(服装)的角度分类,是根据服装形成过程所涉及的如设计、材质、工艺等相关因素进行分类。这种分类角度更为注重服装作为物所具有的物质属性。

(一)根据国际通用标准分类

服装产业是全球化的,国际通用标准采用的是在现代服装发展中占据领先地位的欧美服装业约定俗成的各种称呼。

(1)高级定制服:分男士高级定制服和女士高级定制服。(图1-13)。

图1-13 Valentino 秋冬 CTR 时装发布秀

男士穿着的高级定制服装叫做 Bespoke,起源于英国萨维尔街(Savile Row),原意为全定制西服,以区别于半定制(made-to-measure)西服、成品(off-the-peg)西服。高级定制男装除西装外还包含衬衫、大衣等品类。[①] 此外,高级定制男鞋叫做 Bespoke shoes。

女士穿着的高级定制服装叫做 Haute Couture,也即高级女装。Haute 意为顶级,Couture 指女装缝制、刺绣等手工艺。高级女装以皇室贵族和上流社会妇女为顾客,由高级女装设计师主持的工作室(ateliers)为顾客量身,手工定制。[②]

(2)高级成衣:英语是 Ready-to-wear,也称 off-the-rack、off-the-peg,法语同义词是 prêt-à-porter。它介于高级定制与成衣之间,一定程度上保留或继承了高级定制服的精巧技术,以社会富裕阶层为对象,小批量多品种生产,属于高档成衣。[③] (图1-14)。

(3)成衣:英语称作 Garments。成衣是按照确定的标准号码区分大小,以机器化大生产形式制

---

① 著名的高级男装定制品牌有英国的安德森与谢泼德(Anderson & sheppard)、吉凡克斯(Gieves & Hawkes),意大利的齐敦(Kiton)、布里奥尼(Brioni)、阿托里尼(Cesare Attolini),以定制衬衫著称的法国夏尔凡(Charvet)等。——著者注

② 巴黎高级女装品牌主要有:阿玛尼(Armani Prive)、香奈儿(Chanel)、克里斯汀·迪奥(Christian Dior)、华伦天奴(Valentino)、艾莉·萨博(Elie Saab)、让·保罗·高提耶(Jean Paul Gaultier)、克里斯汀·拉克鲁瓦(Christian Lacroix)、马吉拉(Maison Margiela)、夏帕瑞丽(Schiaparelli)等十来家。——著者注

③ 高级成衣注重设计的创新与变化,多为设计师品牌。如:迪奥(Dior)、范思哲(Versace)、普拉达(Prada)、巴宝莉(Burberry)、古奇(Gucci)、切瑞蒂(Cerruti)、路易·威登(Louis Vuitton)等。——著者注

成的服装。人们在商店橱窗、专柜看到的号型齐全大量出售的衣服都是成衣。[①]（图1-15）。

图1-14 Versace 秋冬 RTW 时装发布秀

图1-15 超模吉赛尔·邦辰（Gisele Bundchen）为著名高街时尚品牌 H&M 拍摄的广告大片，展现高街新时尚

（二）根据外形分类

根据服装的外形分类是基于服装外轮廓线的剪影而得到的,这种分类法多为业内专业人士使用,如设计师、时装编辑及流行趋势专家等。

（1）字母形服装:外轮廓以对称的英文字母命名的服装。如：T形、H形、A形、O形、X形等（图1-16~图1-20）。

（2）规则几何形服装:具有规则几何形特点的服装。如:箱形、倒三角形、圆形等。

（3）自由几何形服装:具有自由几何形特点的服装。如:漩涡形、S型等。

（4）物象形服装:具有某种物体形状的服装。如:花篮形、箭形、磁石形、吊钟形等。

图1-16 T形——A. F. Vandevorst 秋冬 RTW 时装发布秀

① 如美国的盖璞（GAP）、西班牙的飒拉（ZARA）,瑞典的 H&M,日本的优衣库（UNIQLO）等都是以成衣著称的国际品牌。——著者注

图 1-17 H 形——Zac Posen 春夏 CTR 时装发布秀

图 1-18 A 形——Gareth Pugh 秋冬 RTW 时装发布秀

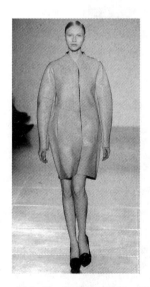

图 1-19 O 形——Jil Sander 秋冬 RTW 时装发布秀

图 1-20 X 形——McQ 秋冬 RTW 时装发布秀

（三）根据构成形态分类

根据构成形态分类是从构成学的角度评判服装的构成形态,这种分类法多为设计师采用。

（1）封闭角度:分为开放型服装和密闭型服装。

（2）立体角度:分为平面构成和立体构成服装。

（3）成型角度:分为非成型服装、半成型服装和人体型服装。

（四）根据设计目的分类

服装设计是以用为美的设计,设计目的在很大程度上决定服装设计的出发点,以设计目的为依据进行服装的分类也是一种业内的专业区分法。

（1）比赛服装:为了参加各类服装设计比赛而设计的服装。

（2）发布服装:为了各种服装发布会而设计的服装。

（3）表演服装:为了适应各种表演目的而设计的服装。

（4）销售服装:为了适应市场销售而设计的服装。

（5）指定服装:为了符合特殊需求而设计的服装。

（五）根据材料分类

服装物质构成的关键要素是材料,依据材料进行服装分类是基于服装材料的分类进行的。

（1）纤维服装:用不同纤维织物制成的服装。如:羊毛衫、棉麻衫、腈纶衫、涤纶长裤等。

（2）毛皮服装:用动物毛皮制成的服装。如:狐皮大衣、狗皮大衣、貂皮大衣等。

（3）革皮服装:用去毛的动物皮革制成的服装。如:牛皮夹克、羊皮夹克、猪皮夹克等。

（4）其他材料服装:用不常用的材料制成的服装。如:报纸服、树叶服、金属服等。

（六）根据制作方式分类

在现代服装业中,服装的制作主要由机器化大生产完成,同时也有部分针对客户个性需求的定制服装,还有极少数具有缝制能力的人自己在家缝制服装。

（1）工业化服装:工业化批量生产的服装,是目前服装业的主流。

（2）定制服装:符合个人要求定制的服装,根据定制的档次可分高级定制、中档定制、低档定制。除传统的高级定制外,越来越多的成衣品牌开始尝试提供一定程度的私人定制服务以适当的价格满足顾客的个性化需求。

（3）自制服装:在家里自制的服装。这类服装多以自制婴幼儿及童装为主,也包含家居服、简式内衣、旧衣改造等。

（七）根据品质分类

服装作为商品与日用品,其品质高低是一个重要的评判标准。根据品质进行服装分类符合人们对服装的主观判断思维习惯。

（1）高档服装:服装的设计、材料和制作呈高标准组合的服装。

（2）中档服装:服装的设计、材料和制作呈中等标准组合的服装。

（3）低档服装:服装的设计、材料和制作呈低标准组合的服装。

（八）根据服装配套形式分类

服装与人体组合完成的整体着装状既可由单件服装完成,也可由多件成套服装完成,还可由数件非成套服装组合完成。根据服装配套形式分类常用于服装产品策划、出样陈列、销售指引等。

（1）单件式服装:上下连体的全身连衣服装形式。如:连衣裙、连衣裤、婚纱、女士晚礼服等。

（2）两件式服装:上下分开的两件套装形式。如:运动套装、职业套装、春秋套装等。

（3）三件式服装:上下、内外分开的三件套装形式。如:带背心的套装、内长外短的套装等。

（4）多件式服装:三件以上的套装形式。如:带衬衣的三件式套装,可组合搭配的多件式套装等。

（九）根据主从部位分类

人们除了覆盖躯干部位的衣服之外,还有许多用于保护、防护、装饰的服饰品。根据这些服装服饰品在人体上的主从部位分类,表明了服装穿着与使用的主从顺序。

（1）衣服:所有符合狭义服装概念的穿着物。

（2）服饰：穿戴或系扎于服装及人体上的、具有实用价值的物品。如：围巾、耳套、领带、皮带、臂章、领章、眼镜等。

（3）饰品：在服装中主要起装饰作用的物品。如：头饰、颈饰、胸饰、腰饰、腕饰、指饰、脚饰等。

（4）配件：随身携带与着装进行搭配，并具有盛物、护身、行动和爱好等意义的物品。如：包袋、雨具、手杖、手表、烟具、扇子等。

（十）根据品种分类

根据服装的品种命名是在服装策划、销售、流通环节常用的分类方法，符合人们日常购买、穿用、及搭配服装的习惯与需要。如：大衣、风衣、套装、衬衣、裤子、裙子、内衣、鞋帽等。

三、从人与物的关系（着装者穿用服装）的角度

从人与物的关系的角度对服装进行分类，是将服装与人视为一个整体。服装与人体相结合的过程中所采用的各种方式，人体在着装之后所表现出的各种状态等因素是这一角度分类的依据。

（一）根据着装方式分类[①]

纵观服饰发展历史，不同种族的人们在穿着服装的方式上各有不同，归纳起来如下：

（1）佩戴式服装：将片状材料固定于身体的某一部分。这是最初在原始时期出现的服装形态，现代原始民族仍部分保留这种着装方式（图1-21）。

（2）系扎式服装：将线状材料系扎于身体的某一部分。通常以绳索、线带等材料系扎在腰颈腕腿等部位，在部分热带土著居民中仍能看到这种着装方式（图1-22）。

图1-21　非洲原始部落的女人将兽皮佩戴于肩部、腰部　　图1-22　南非土著少女将羊毛系扎于胸部

（3）披挂式服装：以上身某一部分为支点，用布料披挂于身上的形式。现代的披肩、斗篷、长巾等服饰皆源于此（图1-23）。

---

① 李当岐. 服装学概论. 北京：高等教育出版社，1998.

（4）包缠式服装:用大面积的布料将身体缠绕包裹起来的形式。从古希腊、罗马的壁画和雕塑以及现代印度妇女的沙丽中都能看到这种方式的着装(图1-24)。

图1-23 格温·史蒂芬妮（Gwen Stefani,美国歌手、服装设计师）身穿披挂式服装街拍

图1-24 加德满都杜巴广场（Durbar Square）,参加洒红节的印度女人身着色彩艳丽的纱丽

（5）曳地式服装:长而垂地的、上下连装的全身连衣形式。起源于古埃及时期,经过拜占庭时期和中世纪的延续,在现代晚礼服中也能见到它的影响(图1-25)。

（6）套头式服装:在衣料中央挖洞套在肩部的形式。原先多见于西方古代服装,现今广为流行的套头衫是这类服装的变化形式(图1-26)。

图1-25 伊丽莎白·班克斯（Elizabeth Banks,美国演员）身着 VERSACE灰色抹胸式曳地雪纺晚礼服

图1-26 Y-3春夏RTW时装发布秀

17

（7）包裹式服装:左右襟重叠的前开式全身衣。这类服装一般为直线裁剪、扣系两便,多属于中国、日本、朝鲜、波斯、中亚等国的东方服饰(图1-27)。

（8）体形式服装:按照身体结构的特点进行分别包装的着装方式。这种服装已成为国际通用的着装方式,绝大部分服装均属此列(图1-28)。

图1-27 日本人的传统婚礼

图1-28 Micheal Kors 早春度假系列

（二）根据着装状态分类

这种分类法是以服装与人体结合后所表现出的视觉效果及心理感受为依据,如:大与小、轻与重、软与硬等等对比性的感受。

（1）轻便型、笨重型:从着装的庄重角度和服装的份量角度区分服装。

（2）夸大型、缩小型:从着装的张扬角度和服装的体积角度区分服装。

（3）上重下轻型、上轻下重型:从着装的对比角度和服装的重量角度区分服装。

（4）硬挺型、柔软型:从着装的舒适角度和服装的软硬角度区分服装。

（5）叠合型、单衣型:从着装的层次角度和服装的保暖角度区分服装。

（三）根据覆盖状态分类

这种分类方法是以服装与人体结合的紧密程度为依据,考量服装与人体表面形成的空间距离、离散关系。

（1）贴体型、离体型:从服装与身体的接触程度区分服装。

（2）紧身型、宽松型:从服装与身体的松紧程度区分服装。

（3）束紧型、放松型:从服装的机能角度区分服装。

（4）前开型、后开型:从服装闭合方式和闭合部位区分服装。

（5）包裹型、裸露型:从服装对人体的暴露程度区分服装。

（6）分离型、整体型:从服装的结合程度区分服装。

（四）根据着装部位分类

这种分类方式是以服装穿用在人体上的具体部位为依据,根据人体的命名而命名。

（1）首服:穿戴或系扎于头部的服饰。如:头巾、帽子、网罩等。

（2）躯干服:穿戴或系扎于躯干部的服饰。如:大衣、文胸、套衫等。

（3）足部服:穿戴或系扎于足部的服饰。如:鞋子、袜子、绑腿等。

（4）手部服:穿戴或系扎于手部的服饰。如:手套、护腕、手笼等。

（五）根据着装类别分类

以人体为参照物,根据人体的上下身、内穿与外穿等进行划分。

（1）外衣:穿着在人体最外部的服装。如:大衣、风衣、雨衣等。

（2）内衣:穿着在外衣内层的服装。如:羊毛衫、马夹、棉袄等。

（3）肌体衣:紧贴人体肌肤穿着的服装。如:文胸、泳装、内裤等。

（4）上装:穿着在人体上部的服装。如:夹克、衬衣、套头衫等。

（5）下装:穿着在人体下部的服装。如:裤子、裙子、连裤袜等。

四、其他

还有一些常用的服装分类法,不是严格地根据上述角度进行划分,但符合人们的使用习惯,我们将其简单地罗列如下:

（一）根据商业习惯分类

商业上采用的服装分类以简明扼要,好记易辨识为原则。因此,这种分类法是对上述各种分类法的部分选取与混合运用,常用的名称如下:

（1）男装:所有男士使用的服装。

（2）女装:所有女士使用的服装。

（3）童装:0~12岁左右儿童穿着的服装。

（4）少女装:14~18岁左右,处于快速发育阶段,体型明显区别于儿童的未成年女性穿着的服装。

（5）少淑装:介于少女装和淑女装之间,适合年轻女性穿着的服装。

（6）淑女装:适合成熟女性穿着的服装。

（7）职业服:在有统一着装要求的工作环境中穿着的服装,又称行业服、行政服、通勤服。

（8）家居服:在家里穿着的服装,包括起居服和睡衣。

（9）休闲服:在休闲场合穿着的服装,包括各种便服。

（10）运动服:方便人体运动而穿着的服装,包括用于各种体育运动的比赛服、训练服及户外运动服等。

（11）内衣:针织面料为主的贴体穿着的服装,如汗衫、背心、短裤、文胸等。

（二）根据时间分类

以服装出现的年代顺序划分,常用于对服装服饰进行研究的领域。如:原始服装、古代服装、中世纪服装、近世纪服装、近代服装、现代服装、当代服装等。

第五节　服装的流行

流行广泛涉及人们生活的各种领域,既可以发生在一些日常生活中最普通的领域,如衣着、服饰等方面;也可以发生在社会的接触和活动上,如语言、娱乐等方面;还可以发生在人们的意识形态活动中,如文艺、宗教、政治等方面(图1-29、图1-30、图1-31)。服饰文化的流行表现尤为突出。

图1-29　流行建筑——建筑具有强烈的流行特征,从建筑的风格可判断其所属的设计及建造年代

图1-30　流行音乐——迈克尔·杰克逊(Michael Jackson)以其杰出的音乐才华、强烈的个人风格、非凡的音乐魅力成为当之无愧的流行音乐天王

图1-31　流行舞蹈——诞生于20世纪60年代末的美国黑人城市贫民的街舞(Street Dance 或 Street dancing),在70年代被归为嘻哈文化(Hip-Hop Culture)的一部分

一、服装流行的内容

流行又称时尚,是指在一定的历史时期,一定数量范围的人,受某种意识的驱使,以模仿为媒介而普遍采用某种生活行动、生活方式或观念意识时所形成的社会现象。它通过社会成员对某一事物的崇尚和追求,达到身心等多方面的满足。流行的普及性和约束力虽不及道德规范,但在某些波的社会成员中,人们所感受的压力足以导致一致性的心态。

(一)服装流行的要素

流行包含四要素:A.权威的、B.合理的(实用的)、C.新奇的、D.美的。这四要素组合不同,形成的流行的性格也不同。近世纪的服装流行多表现出 A + C + D 的组合倾向,即流行是以对权威的追随为中心展开的,流行的方向是自上而下的。现代的流行多是 B + C + D 的,因为现代社会的民主化,现代人重视合理的功利主义思想,使流行开始排除权威因素的影响,流行的方向是水平的横向扩散。所有的流行不可缺少 C 和 D 两种因素,否则难以成立。

(二) 服装流行的种类

从不同的角度去看,服装流行的种类可有不同的分法,按流行的形成途径可分为自然回归型的流行、不规则的流行、人为创造的流行和象征性流行(图 1-32);按流行的周期和演变的结果可分为稳定性流行、一过性流行、反复性流行和交替性流行(图 1-33)。

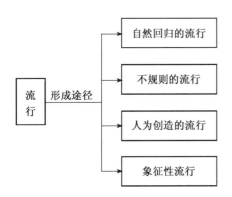

图 1-32　流行的种类(按形成途径分)

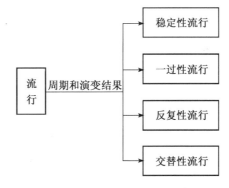

图 1-33　流行的种类(按流行周期分)

(1) 自然回归型的流行:一个流行诞生后,逐渐发展,达到极盛期,然后开始衰落,最终消失或转换成一个新的流行。并且总是朝着其有特色的方向发展,如:大是特色,就会越来越大,直至不经济、不卫生、不方便,又反过头来向原来的方向复归。在服装变迁中称之为"竞进反转"。这是一种有周期性变化规律可循的流行(图 1-34)。

(2) 不规则的流行:受政治、经济、文化思潮的变动、战乱、灾害等各种社会因素的影响而产生的流行。这是一种偶发型流行,受社会的政治、经济、文化等事件影响产生的流行现象,常常由突发事件或偶发事件引起。这类流行带有突发性,通常以骤止告终,往往难以预测(图 1-35)。

(3) 人为创造的流行:由服饰产业部门和商业部门利用各种宣传媒介,人为地发布流行趋势。这是一种引导型流行,引导人们按照既定的方向去消费,是在深入研究国内外各种流行情报和过去的流行规律的基础上针对目标市场之

图 1-34　自然回归型的流行——迪奥 20 世纪 60 年代的喇叭袖连衣裙

21

图1-35　不规则的流行——BLACKGATEONE在2014年秋冬男装发布会迎合上海当地雾霾泛滥的主题,出现了金属感定制口罩,神似CS和恐龙战队的毛线头套

需推出的,是企业有计划的占有市场和控制市场的有效战略手段(图1-36)。这是现代生活中最普遍的流行现象。

图1-36　人为创造的流行——花呢面料是Chanel永不衰退的元素,每一季都会以新的形式出现

　　(4)象征性流行:人们的信念、愿望通过追求流行以物化的形式表现出来,具有某种象征意义。如运动服的流行反映了人们追求健康生活的志向,休闲装的流行反映了人们重视生活质量的深层意识(图1-37)。

　　上述四类流行实际上并无明确的界线,常常是互有联系,呈现交错状态,反映了流行现象的多样性与丰富性。

(三)服装流行的特征

　　流行的本质特征是新奇性,时间特征是短暂性和周期性,空间特征是普及性。

　　新奇性是流行现象最为显著的特征,既有时间的内涵,也有空间的内涵。从时间角度说,流行的新奇性表示和以往不同,和传统习俗不同,即所谓"标新";而从空间角度说,流行的新奇性表示和他人不同,即所谓"立异"。标新遵循的是"新奇原则",立异则遵循的是"自我个别化原则"。①

① 　赵平,吕逸华,蒋玉秋.服装心理学概论.北京:中国纺织出版社,2004.

图 1-37　象征型流行——运动风格的流行反映了人们追求健康生活的
志向(Y-3 秋冬男装发布秀)

　　流行在时间上的相对短暂性由流行的新奇性决定。一种新的样式或行为方式的出现,被人们广泛接受而形成一定规模的流行,如果这种样式或行为方式经久不衰就成为一种日常习惯或风俗,就会失去流行的新奇性。

　　普及性是现代社会流行的一个显著特征,也是流行的外部特征之一,表现为在特定的环境条件下,某一社会阶层或群体的人对某种样式或行为方式的普遍接受和追求。这种接受和追求通过人们之间的相互模仿和感染形成。

　　从流行的实践过程来看,有产生、发展、盛行和衰退等不同阶段,具有较明显的周期规律,这在服装的流行中尤为明显。如裙子的长短、领带的宽窄、裤脚的肥瘦等的交替变化(图 1-38、图 1-39)。

图 1-38　裤脚宽窄的变化——1970 年代流行的喇叭裤

图1-39 廓形的变化——20世纪80年代初,当时的女装设计遵循Yves Saint Laurent的修身窄细线条原则。乔治·阿玛尼(Giorgio Armani)将传统男西服特点融入女装设计,拓宽衣身,创造出划时代的圆肩造型,配合无结构的运动衫、宽松便装裤,引领女装迈向中性风格

二、服装流行的原理

人的心理存在两种截然相反的倾向,这两种心理倾向以不同比例混合共同存在于每个人的心理上。一种是求异心理,即想与众不同,希望突出自己,不满足现状,喜新厌旧,不断追求新奇和变化的求变心理。一种是惯性心理,即不想出众,不大愿意随便改变自己,希望把自己埋没于大众之中,墨守常规才心安的从众心理。

(一)服装流行的形成

服装流行的形成首先是求异心理强的人对现状不满。他们性情浮躁,多愁善感,对流行非常敏感。他们开始寻找或者主动创造与众不同的东西,如服饰、行为、生活方式等。他们是新流行的创造者,先决者和先驱模仿者。新的流行由此萌芽。

上述人群不断增加,由最尖端的极少数人创造的流行开始扩大化,逐渐形成新的"势力",对社会成员形成一种"不模仿就意味着落后和保守"的心理强制作用,流行更加扩大化。那些从众心理强的人,则是被动的开始参与流行。到了这个阶段,流行被普及和一般化。同时,该流行失去新鲜感和刺激性,与此同时,新的流行寻机勃发。

上述过程周而复始,形成连绵不断的流行。在上述过程中可以看出服装流行的过程分为三个阶段,这三个阶段分别由不同心理状态的人组成(图1-40):

(1)盲目追随阶段:求变心理强的人。

(2)积极追随阶段:理性的个性追随者。

(3)消极追随阶段:从众心理强的人。

(二)服装流行的心理动机

根据以上分析,从流行的

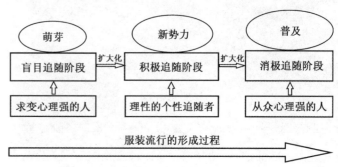

图1-40 服装流行的形成过程

个人机能和社会机能看,流行采用的动机主要有以下 5 种类型。

（1）追求新奇和变化的动机。流行的最大魅力在于其样式的新奇性。人们生活在社会中既希望维持现状,有一个相对安定的生活环境,又不满足于每天单调重复的生活,要求有新的刺激和变化。流行是最易满足这种安定与变化的相反欲求的有效手段,服装是对新奇和变化有着更为强烈欲求的领域。人们通过穿着流行的新样式来变换心境,表现与以往不同的新自我,寻求变化的刺激（图1-41）。

图 1-41 1992 年,两名少女身着当时很新颖的翻领花卉镶色连衣裙与束腰套裙,头戴大沿遮阳帽,造型时髦靓丽,表情愉快

（2）追求差异和他人承认的动机。人们或多或少都有在所属的群体或社会中受到他人注目、尊重的愿望。比一般人在地位、财富、权利、容貌等方面优越的人要想显示其优越感,最有效且易于表现的方式便是服饰的利用。过去服饰用于标志等级差异,社会上层的人通过时髦的、与众不同的穿着显示其地位与富有。现代社会衣着服饰更多用来表现个性和美的魅力,以引人注目和获得赞赏。

（3）从众和适应群体或社会的动机。最有效的被所属群体或希望所属的群体接受的方法是遵从群体或社会的规范。服装可用来表达群体成员的亲密感和所属群体的一致,利用服装获得群体的认同和归属感是最简单而有效的方法。流行虽不具有强制执行的性质,但却是一种无形的压力。当一种样式在群体成员中或社会上广为流行时,便会对个体产生相当大的影响,"迫使"有些人不得不追随流行。

（4）自我防卫的动机。一般人对自己的体形和容貌、能力和性格、社会地位和角色等多少都会有一点自卑感。因此无意识当中,人们都有利用自我防卫机制对自卑感进行克服的动机,通过时髦的穿着掩饰自己的不足来克服自卑感是最简单有效的方法之一。

（5）个性表现和自我实现的动机。每个人都有与他人不同的个性特征,表现自我、表现个性的愿望常常和希望发挥自己的潜能、增加自己获取知识的能力、发挥美的创造力等自我实现的动机相联系。新的流行样式为人们表现自己的个性、发挥创造性提供了有效的手段,追求个性和自我实现的动机通常是对传统的价值观的反抗和背离。20 世纪 60 年代,超短裙在青年人中间大流行便是有名的例子（图1-42）。

图 1-42 20 世纪 60 年代,超短裙在青年人中间大流行

三、服装流行的规律

服装的流行看似随意,实则有内在规律,对服装流行规律的分析主要针对色彩和造型进行。

(一) 服装色彩的流行规律分析

作为最明显的流行因素,服装色彩不仅能引起视觉快感,使人们情绪愉悦,同时因为色彩常被人们赋予一定的情感因素,从而引伸出社会性的内容,让人们产生联想。一般来说,研究服装流行色规律的过程,重要的不是主题性名称的命名,而是纺织品色彩所依赖的印染技术与实现能力的提高。越是完备的色标色谱,越容易适应流行色变幻的市场需求,越具有市场竞争力。此外,不同国家和民族有各自喜欢的不同的常用色,服装色彩流行的规律也具有时间和空间的相对原则。

(二) 服装造型的流行规律分析

服装造型以外轮廓特征为主,其次才是领、袖、结构分割等局部造型要素。本书只对经常用到的服装造型变化规律加以讨论。我们先来看一组西洋服装的廓形剪影,大致了解一下服装廓形的变化规律(图1-43、图1-44)。

古埃及　　古希腊　　古罗马　　拜占庭　　12世纪　　13世纪

14世纪　　15世纪　　16世纪　　17世纪　　18世纪

18世纪　　19世纪　　19世纪

图1-43　西洋服装的廓形发展变化

20世纪上（第二次世界大战前）　　　　　　　　　20世纪下

图1-44　现代西洋服装的廓形发展变化

1. 简繁对换的规律

按照造型的难易程度,可简单地将服装分为简洁风格和繁复风格。服装的简洁与繁复随着时尚品位的变化而变幻,从简洁到繁复的对换速度时快时慢,周期或长或短。没有哪一种风格可以永远成为时尚主流,服装的风格及其相对应的造型总是不断地变化着的。简洁与繁复可以同一时期出现在同一地域,关键看主流。一个设计师在同一台发布会上也会推出简洁与繁复的设计。

2. 层次渐近的规律

从造型层次变化角度来看,服装有内层衣服渐进为外层衣服的规律。由内层衣服转变而来的外层衣服会在新的内层衣服的推动下被抛弃,后者会成为新的外层衣服。这种像动物蜕皮似的现象是服装层次渐进规律的具体表现。这一规律也包括层次的逆向渐进,或称层次渐退规律,即把内衣和外衣合二为一,省略掉内衣,将外衣直接穿在人体上,尺寸则按照内衣的规格制定,使服装带有另外一种观感。

3. 终极返转的规律

当服装的造型走向极端后,会从这个极端走向其反面的另一个极端,这就是服装的终极返转规律。服装平面造型上的极端主要有长短、大小、宽窄、方圆、尖钝、高低、正斜等;服装立体造型上的极端除了具有平面造型的极端之外,还包括厚薄、凹凸、平褶、空实、粗细等;服装的造型表现形态上的极端主要有软硬、皱挺、飘僵、光糙、轻重、亮暗、素花等效果。服装造型常常在这些范围内变化。

4. 系列分化的规律

服装造型很容易受系列化的影响而分化,即通常从一个母型出发,分化成若干子型。我们在日常做的设计练习或是参加服装设计比赛的时候也常常被要求做一系列若干套的设计。有些特殊品种的服装更是利用系列分化的规律进行造型变化。系列分化还可引申为用途分化、材料分化、年龄分化、品质分化和功能分化等形式。

5. 性别对立的规律

在不同的历史时期,受当时人文背景和社会思潮的影响,男女性别差异会在许多方面产生对立或融合。某个时期男女性别的行为差异被扩大,形成男强女弱的格局,或者上述行为差异被缩小,形成男弱女强的格局。这种结果势必会影响到服装,出现男装更加男性化、女装更女性化或男装女性化、女装男性化的结果(图1-45)。有时也会出现男女装相互让步至临界状态,产生所谓"中性"服装的说法。

图1-45　男装女性化——从左至右：Comme des Garcons，Raf Simons，Alexis Mabille，J.W. Anderson

6. 重视功能的规律

当今服装越来越重视服装的功能性,逐渐摒弃服装的装饰性。造型变化服从功能的需要,今天具有功能意义的设计也许会变成明天的装饰,随即面临被淘汰的危险。服装功能与生活内容密切相关,是为生活内容而开发出来的。当原先的生活内容已发生改变时,原有的服装造型也可能随之改变;当新的生活内容产生时,新的服装造型可能要增加方便这些生活内容的结构。现代高科技的发展为服装带来了功能优异的面料,也为服装造型开辟了新天地,原有服装将根据新面料的特点而改动造型(图1-46)。

四、服装流行的传播

服装流行的领导者决定了服装流行的群体传播过程,是在特定社会环境下流行样式从一些人向另一些人的传播、扩散的过程。通常认为有四种基本模式,即下滴论、水平流动论、下位文化层革新

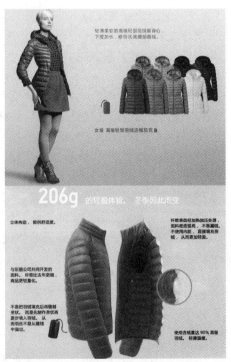

图1-46　优衣库的轻型羽绒服广告

论和大众选择论。

（一）下滴论

德国社会学家、新康德派哲学家西梅尔（Georg Simmel, 1858—1918）于20世纪初提出下滴论。其观点是：某种新的样式或穿着方式首先产生于社会上层，社会下层的人通过模仿社会上层人的行为举止、衣着服饰而形成流行。流行的领导者是具有高度政治权利和经济实力的上层阶级，流行通过下层阶级的模仿逐渐渗透和扩大到整个社会下层，使上下两个阶层的界线变得模糊不清。于是，上层阶级的人们又创造出能够象征和表现其地位的新流行，这是一种上传下模式（图1-47）。美国经济学巨匠托斯丹·邦德·凡勃伦（Thorstein B. Veblen, 1857—1929）的"有闲阶层论"与之类似，他认为：时尚是社会上层阶级提倡，社会下层随从的社会现象（图1-48）。

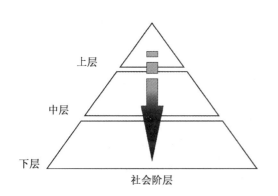

图1-47　下滴论——上传下模式

图1-48　下滴论的表现——1986年，被称为是"英伦玫瑰"的王妃戴安娜，在英国和日本的一些重大活动期间，穿上了波尔卡圆裙，引领了20世纪80年代的一个流行趋势

（二）水平流动论

美国经济学家金（A. Thomas King）1963年提出水平流动论。其观点是：随着现代社会等级观念的淡薄，生活水平的提高，服装作为地位的象征已不再具有很大的重要性。发达的宣传媒介把有关流行的大量情报同时向社会的各阶层传播，流行的实际渗透是所有阶层同时开始的（图1-49）。水平流动论是一种水平传播模式，是现代社会流行传播的重要方式。水平传播模式是一种多向、交叉的传播过程，是在同类群体内部或之间的横向扩散过程。在多元化社会中，每一社会阶层或群体，都有其被仿效的"领袖"或"领袖群"。

（三）下位文化层革新论

美国社会学家布伦博格（Blumberg）在20世纪60年代提出下位文化层革新论，亦称"逆上升论"。其观点是：现代社会中许多流行是从年轻人、黑人、蓝领阶层以及印第安等"下位文化层"那里兴起的，下位文化层掌握流行的领导权（图1-50）。下位文化层革新论是一种下传上模式,是一种逆向传播。如牛仔裤的流行:牛仔裤最早是美国西部矿工的工装裤,后来得到年轻人的欢迎,并逐渐为社会上层人们认可和接受。其他如波西米亚风格、印第安风格等服装的流行都兴起于那些并不富有的年轻人,以后才慢慢影响到富有阶层(图1-51、图1-52)。

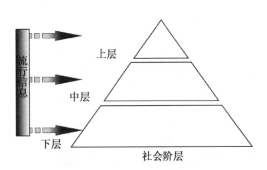

图1-49　水平流动论——水平传播模式

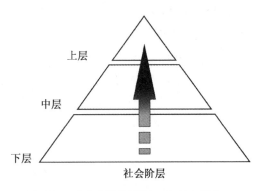

图1-50　下位文化层革新论——下传上模式

图1-51　下位文化层革新论的表现——印第安人的服饰艺术主要来源于自然,服饰花纹表现部族的崇尚和标识

图1-52　下位文化层革新论的表现——波西米亚为Bohemian的译音,原指豪放的吉卜赛人和颓废派的文化人。波希米亚风格服饰以流苏、褶皱、大摆裙为主要特征

(四)大众选择论

美国社会学家布卢墨(Herbert Blumer, 1900—1987)提出大众选择论。其观点是:现代流行的领导权是通过大众选择实现的。流行的领导权掌握在消费者手中(图1-53)。

以上四种流行模式,与各自的流行环境有着密切的关系,无论是哪种模式,其过程都是渐变的。正如前面所述,一种新样式的服装首先在流行革新者中产生,他们是流行的创造者或最早采用流行的人,之后通过流行指导者的传播和扩散,被流行追随者模仿和接受,将流行推向高潮,当大多数人开始放弃流行样式时,流行迟滞者才开始采用。

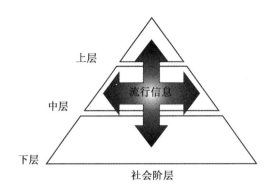

图1-53 大众选择论

本章小结

服装的起源存在生理需求论、心理需求论以及性别需求论三种理论。服装的定义包含广义与狭义两种定义。从社会学的角度看,构成服装还需要包含有人的因素:有穿着者、意识到观察者的存在、具备充分的着装意识、得到社会的认同。

服装的功能可以从两方面考量:一是满足着装者作为生物体的生活需求的物理功能,二是满足着装者作为社会人的精神需求的社会功能。

服装的分类从不同角度出发可有不同的分类方式。本书从人、物、人与物结合及其他角度四个方面对服装进行分类。

流行具有新奇性、短暂性、普及性和周期性。

服装流行包含四大要素:A. 权威的、B. 合理的（实用的）、C. 新奇的、D. 美的。其种类按形成途径可分为自然回归型的流行、不规则的流行、人为创造的流行和象征性流行。

服装流行的领导者决定了服装流行的群体传播过程,通常有四种基本模式,即下滴论、水平流动论、下位文化层革新论和大众选择论。

思考与练习

1. 为什么从社会学的角度看,服装需要包含人的因素？服装与衣服的区别何在？
2. 请思考服装的流行趋势与设计师的个性之间的关系,在实践中如何平衡？

服装设计的内涵

作为一名时装设计师,我一直都很清楚我不是一名艺术家,因为我所创作的东西是要销售、要在市场上推广、要被使用并且到最后是会被丢弃的。时装和电影都是那种观众感受不到或者看不到光鲜表面背后的工作的行业。作为 Gucci 和 Yves Saint Laurent 的设计师,我要做的就是创造出一个角色形象,然后将这个角色形象的整个生活服饰化。

——汤姆·福特(Tom Ford, 1961 年,美国,曾任 Gucci 集团创作总监,

Yves Saint Laurent 创作总监)

第一节　服装设计的概念

　　人类的生存离不开各种各样的物品和器具,如:食器、房屋、衣服等。对于这些物品,人们不仅要求有用,还要求美观,即人们在创造这些物品的意识中既有够用好用的理性心理需求,还有好看漂亮的感性心理需求。由此可知,"用"和"美"是人们的自然愿望,这种愿望产生了设计的意识。在实际生活中,这种意识的形成促成了设计的实践,这种意识行为的产物即设计产品。

一、设计的含义

　　设计 design 一词来自于拉丁语 designare、意大利语 disegno、法语 dessin 的融合,最早源于拉丁语 designare 的 de 与 signare 的组词。Signare 是记号的语义,从这一词义开始,又有了印迹、计划、记号等意义,如今 design 一词已融入了现代生活的"计划后的记号再现"设计意义之中。今天的设计一词,广泛应用于各个领域,包含了意匠、图案、设计图、构思方案、计划、设计、企划等众多含义。

　　设计是为满足用的机能性和美的感性需要而展开的劳动行为,是"用"和"美"的意识融为一体的产物,是为达成某种目的、表达某种效果进行的计划、设想、构思、设计实施的创造性立体思维及实际行为的过程。

　　对于设计类型的划分,不同的设计师和理论家曾根据不同观点进行过不同的归类。近年来,越来越多的设计师和理论家倾向于按设计目的之不同将设计划分成:为了传达的设计——视觉传达设计;为了使用的设计——产品设计;为了居住的设计——环境设计三大类型(图2-1、图2-2)。这种划分原理是将构成世界的三大要素:"自然—人—社会"作为设计类型划分的坐标点,由它们的对应关系形成相应的三大基本设计类型。这种划分具有相对广泛的包容性、正确性和科学性。[2]如图2-3所示。

图2-1　视觉传达设计——Traffic shop,2013IF[1] 传达设计获奖作品,Ksenialery Ru 设计

---

① IF Design Award(IF 设计大赛),简称"IF",创立于 1954 年,由德国历史最悠久的工业设计机构——汉诺威工业设计论坛 IF(Industrie Forum Design)创立,每年邀请全球制造商及设计师为其作品报名参与 IF 设计奖项评选,全球设计专家齐聚 IF 评审会参与评选。IF 标志是全球象征优质设计的标记。它以振兴工业设计为目的,提倡设计创新理念,在国际工业设计领域有"设计奥斯卡"的美誉。——著者注
② 尹定邦.设计学概论.长沙:湖南科学技术出版社,2004.

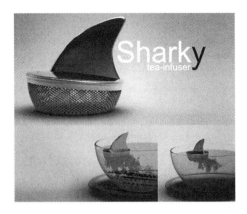

图2-2 产品设计——阿根廷设计师 Pablo Matteoda 设计的泡茶器灵感来源于鲨鱼鳍,在泡茶器里放入茶叶,再将整个鲨鱼鳍放在杯子里,茶色会逐渐在水中扩散开来,仿佛鲨鱼咬噬后的鲜血在水中扩散开来

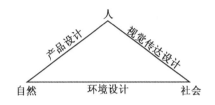

图2-3 设计类型的划分

二、服装设计的含义

服装设计是一种对人的整体着装状态的设计;是运用美的规律,将设计构想以绘画形式表现出来,并选择适当的材料,通过相应的技术制作手段将其物化的创造性的行为;是一种视觉的、非语言信息传达的设计艺术。服装设计的对象是人,设计的产品是服装及服饰品。

服装设计属于产品设计的范畴。从空间角度看,它属于三维立体设计,包含多方面内容:既有关于设计对象——人的内容,也有关于设计产品——服装的内容,还有关于设计传达——设计信息的内容。

第二节 服装设计的要素

世界上任何事物都由具体要素组成,无论可视抑或不可视,如人体,如海洋,如音乐。服装设计亦是如此。从客观的角度分析服装设计,了解构成服装设计的要素是一名服装设计师必备的专业基础知识,也是今后进行服装设计的重要技术资源。本书介绍服装设计中的造型、色彩、材质、工艺、结构、配件要素。

一、造型要素

点、线、面、体被称为形态要素,是一切造型艺术的基本要素。点、线、面、体四者之间相互联系,既可相互转化,又是相对而言,难以进行严格的区分。如:点沿一定的方向连续下去变成线,线横向排列变成面,面堆积起来形成体。形态中的点、线、面、体也是相对而言的,相对于一片森林,一棵树可以看作点,但相对一片树叶时,一棵树就是一个体。

"点、线、面是造型艺术表现的最基本语言和单位,它具有符号和图形特征,能表达不同性格和丰富的内涵,它抽象的形态,赋予艺术内在的本质及超凡的精神。"①

在造型学上,点、线、面、体是一种视觉上引起的心理意识。在服装设计中,点、线、面、体,包括肌理是造型设计的基本要素,是造型元素从抽象向具象的转化,是抽象的形态概念通过物质载体在服装这一实物上的具体表现。

(一) 点

"从内在性的角度来看,点是最简洁的形态";"(它)是所有其它形状的起源,其数量是无限的。一个点的面积虽小,却有着强大的生命力,它能对人的精神产生巨大的影响"。②点在设计中有概括简化形象、活跃画面气氛及增加层次感等作用,富有创意的设计师可利用不同材料、肌理形成点的设计,创造出独具个性的设计作品。

1. 点的概念

《辞海》对点的解释为:①细小的痕迹。如:斑点。《晋书·袁宏传》:"如彼白质无尘点。"②液体的小滴。如:雨点③汉字笔画的一种,即"、"。③

《英汉大词典》对点(dot)的解释为:①点,小圆点。②点状物;微小的东西;少一点儿。③(莫尔斯电码中的)点(莫尔斯电码由点和画组成)。④〔数〕(代替乘号的)点;小数点。⑤〔音〕附点:顿音记号。④

点是一切形态的基础,在造型学上,点是具有空间位置,并且具备大小、面积、形态、浓淡甚至方向等性质的视觉单位,可用作各种视觉表现。点可以通过任何形态出现,如方形、圆形、三角形、四边形等规则形态,或任意不规则形态。点是设计的最小单位,也是设计的最基本元素。

2. 点的种类

点的种类极其丰富。从数量上可分单个点与多个点;从大小上可分大点与小点;从形状上可分几何形、有机形、自由形;从状态上可分固态或是液态。单个点在画面中是力的中心,有集中、凝固视线的作用,它总是企图保持自身的完整性,有极强的视觉冲击力。在视觉形式中,点在生成的同时就具有了一定的大小。

3. 点的表情

不同的点具有不同的视觉表情,其多样性与点被运用的目的及用于表现的材料、肌理具有密切联系。不同的目的、功能、观念、表现手段、工具、材料、媒介呈现不同的点。

(1)点的大小与形状给人不同感受:大点给人感觉简洁、单纯、缺少层次;小点给人感觉丰富、有光泽感、琐碎、零落;方点具有秩序感和滞留感;圆点有运动感、柔顺和完美的效果(图2-4)。

图2-4 点的大小与形状

---

① 康定斯基. 康定斯基论点线面. 罗世平等译. 北京:人民大学出版社,2003.
② 康定斯基. 论艺术的精神. 查立译. 北京:中国社会科学出版社,1987.
③ 夏征农. 辞海,普及本(音序,三卷本). 上海:上海辞书出版社,1999.
④ 陆谷孙. 英汉大词典. 上海:上海译文出版社,2007.

（2）点的位置关系给人不同感受：空间中居中的点引起视知觉稳定集中的注意。点的位置上移产生下落感。点移至下方中点会产生踏实的安定感。点移至左下或右下时，会在踏实安定中增加动感（图2-5）。

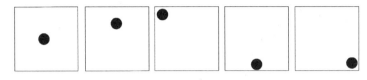

图2-5　点的位置

（3）点的线化和面化：点按照一定的方向秩序排列形成线的感觉，点在一定面积上聚集和联合形成一个与外轮廓构成的面的感觉（图2-6、图2-7）。

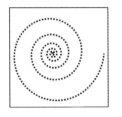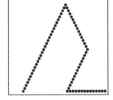

图2-6　点的线化

图2-7　点的面化

4. 点在服装中的表现

点在服装中的表现形式十分丰富，既可以单个点的形式出现，如：拉链头、小的LOGO、小型印花或刺绣图案、小的破洞处理、铆钉等等，也可以多个点的形式出现。以多点的形式出现在服装上的点排列形式的不同，有着不同的效果。如：手针装饰、拉链齿、纽扣等等作为点元素进行构成时，是以线状排列的，而一些小型几何图案、根据花型进行的烫钻、钉珠装饰则是以面状的形式出现的。

单独的点出现在服装中，往往会成为服装上的视觉中心，如：胸花、腰扣等。这时，点的位置十分重要，它将决定服装的重点部位，也是观赏者注意的焦点所在。当多个点出现在服装上时，以线的形式排列的点更多表现出线的视觉效果，如直线效果、曲线效果等等；以散点形式出现的点则会表现出面的效果（图2-8~图2-11）。

图2-8　点在服装中的表现——单个点在服装上出现成为视觉中心

图2-9 点在服装中的表现——修长、粉笔白、几近宗教感的长礼服，装点着金色的纽扣

图2-10 点在服装中的表现——以贝壳、羽毛、玻璃等材质制成的小饰品点缀全身，在深色的服装上熠熠生辉

图2-11 点在服装中的表现——密布的黑色珍珠散落全身，如夜空中繁星闪烁

（二）线

线是人类用以描绘事物最常用的造型元素。原始壁画无一不是以线进行表现的，它最活跃，最富有个性，也最易于变化（图2-12）。

1. 线的概念

《中国大百科全书》对线的定义为：线（line），美术作品的重要表现因素。按几何定义，线是点的延伸。其定向延伸是直线，变相延伸是曲线。直线和曲线是线造型的两大系列，有宽度和厚度，它是绘画借以标识在空间中位置和长度的手段。人们用线画出物体的形态和态势。[①]

线是点移动的轨迹，是由运动产生的。在二维空间中，线是极薄的平面相互接触的结果，是面的边界线。在三维空间中，线是形体的外轮廓线和标明内结构的结构线。从设计学上讲，线具有位置、长度、粗细（宽度）、浓度、方向等性质，线由于面积、浓淡和方向的不同可用作各种视觉表现。线具有卓越的造型能力。线的聚集造成面，封闭的线造成面。

图2-12 将军崖岩画——位于连云港市海州区锦屏镇桃花村锦屏山南麓的后小山西端，在南北长22.1米、东西宽15米的一块混合花岗岩构成的覆钵状山坡上，分布着三组以石器敲凿磨制而成的岩画，线条宽而浅，粗率劲直，作风原始

---

① 中国大百科全书总编委会. 中国大百科全书. 2版. 北京：中国大百科全书出版社，2009.

2. 线的种类

线从性质上可分为直线和曲线。从形态上可分为几何曲线与自由曲线。直线主要包括水平线、垂直线与对角线，其它任何直线都是这三种类型的变通。曲线包括波浪线、螺旋线等（图2-13）。

3. 线的表情

一般而言，几何形线具有单纯直率、有序稳定的特点，自由形线呈现出自由放松、无序而富有个性的特点。粗线具有力度，起强调的作用，细线则精致细腻、婉约。

图2-13　线的种类

（1）直线：直线具有力量的美感，简单明了、直率果断。它自身的张力和方向性是造型表现的关键（图2-14）。

① 水平线：线最简洁、直接的代表形式。它持续地呈水平方向无限伸展，相对平静、安定、柔和、无争但渗透出一种冷峻。

② 垂直线：完全相反于水平线，但与水平线一同被称作"沉默的线条"。庄重、攀升，具有一切发展的可能性，从而带来一丝温暖。

③ 对角线：由中分上述两条线得来，它通过画面的中心，倾斜的方向造成强烈的内在张力，充满运动感。它敏感、善变但又具备原则性。

④ 任意直线：或多或少地偏离对角线，往往经过画面中心，或许更加自由。它具有对角线的大部分性格特点，但极不稳定且失去原则。

⑤ 折线或锯齿形线：由直线组成，在两种或多种力的作用下形成的线形。它具有紧张、焦虑、不安定的感情性格。

（2）曲线：曲线具有圆润、弹性、温暖的阴柔之美。它较直线减弱了冲击性，却蕴藏着更大的韧性——一种成熟的力量（图2-15）。

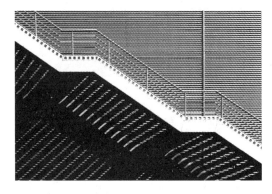

图2-14　直线的表情——水平线、垂直线、斜线、折线，丰富而统一的直线在画面上密集排列，形成规整有序层次丰富的审美效果

图2-15　曲线的表情——完全用曲线构成的画面，以表现女性的柔美浪漫情怀以及服装的塑型效果

① 规则曲线：有数学规则的、较严谨、规律的几何曲线。圆形是规则曲线的典型代表，椭圆形、心形等均为封闭的几何曲线，抛物线、规则波状线、涡状线等属于开放的几何曲线。规则曲线的整齐、端正及对称性使它具有秩序的美感。

② 自由曲线:用绘图仪器制作不出来的、徒手画的自由之线。自由曲线更加伸展、奔放而不拘泥于形式,流露出优雅、柔软的女性情调,流畅的线条充满表达的欲望和视觉的魅力。19 世纪末处于艺术综合时期的"新艺术运动"所流露的特征恰是以运动感线条为审美基础的对各种艺术的综合。这种以线条为基础的美学原则曾风靡一时。巴黎地铁入口系统的设计就是在这种艺术氛围下诞生的,时至今日仍然作为"新艺术运动"的典型作品成为巴黎的一处著名景观(图 2-16)。

图 2-16 建筑大师埃克多·吉玛德(HECTOR GUIMARD,1867—1942 年)设计的巴黎地铁入口,由可互换的预制铸铁和玻璃构件建造而成。吉玛德利用当时新颖的施工技术,将暗绿色铸铁与毛玻璃构成阿贝斯站出入口放射型遮棚,复杂的铸铁"触角"从地下迷宫中冒出来,支撑起棚栏、藤架、指示地图、照明装置和玻璃天棚,可见流动的曲线运用已经到了圆熟的境界

4. 线在服装设计中的表现

线在服装中是必然存在的,一件服装可能没有点的构成,但必定有线的构成。首先,服装的分割线就是不可缺少的线的构成;其次,服装的外轮廓也是线的表现;再者,服装的内部结构也或多或少存在线的构成,如:省道、口袋、褶裥等。此外,还有一些以线的形式出现的装饰,如:狭窄的花边、车缝线迹、流苏等。深受服装设计师们喜爱的条纹图案也是线的表现。

线将粗细、长短、方圆、松紧、疾涩、连断、主从、藏露、刚柔、敛放、动静等对立的审美属性统一于广阔的审美领域,在相互对立、相互排斥又相互依存、相互联系中实现线条的和谐之美。恰当的运用几何形线和自由形线可构成线的形式美感。

线在服装中的表现与线的形式直接相关,服装中线形的不同会影响服装的风格趋向。直线干脆、爽朗、男性化的性格使服装具有干练、严肃、庄重、中性化的风格倾向。曲线柔美、圆润的性格则使服装表现出浪漫、温柔、妩媚、可爱、女性化的风格倾向。有时,仅仅是线形的变化就会改变服装整体风貌,因此,在进行服装风格调整时,改变服装线形是一种常用方法(图 2-17~图 2-21)。

(三) 面

面是相对点和线较大的形体,它是造型表现的根本元素。作为概念性视觉元素之一,无论对于抽象造型或是具象造型,面都是不可缺少的。

1. 面的概念

面是线移动的轨迹。直线的平行移动为方形;直线的回转移动成为圆形;直线和弧线结合运动形成不规则形。因此,面也称形,是设计中的重要因素。点的大量密集产生面,点在一定程度上的扩大相对成面,线按照一定的规律排列产生面,线以一定轨迹呈封闭状造面:如垂直线或水平线平行移动,其轨迹形成方形;直线以一端为中心呈半圆形移动可形成扇形;直线回转移动构成圆形;斜线向一定方向平行移动,并呈长度渐变形成三角形等。各种平面图形的产生方法数不胜数。面在三度空间中存在即是"体"。面形态在二维画面中所担任的造型角色比之点和线形态显得更为稳定和单纯。[①]

---

① 刘海波. 设计造型基础. 上海:上海交通大学出版社,2007.

图2-17 线在服装设计中的表现——带有科技感的编织服装单品，将物体变得更小，从远处看，每条平行线都发生了弯曲

图2-18 线在服装设计中的表现

图2-19 线在服装设计中的表现——纤细的亮条随着面料的垂荡在暗蓝如夜空的裙子上熠熠生辉，宛如深夜的星光

图2-20 线在服装设计中的表现

图2-21 线在服装设计中的表现——简单的红色仅以细密的褶裥进行强调

2. 面的种类

根据面的形态，可分为无机形、有机形、偶然形三大类。由直线或曲线、或直曲线两者相结合形成的面称为几何形，也称无机形。它以几何学法则构成，简洁明快而具有数理秩序与机械的冷感性格，体现出理性的特征。不可用数学方法求得的有机体的形态称为有机形，它富有自然法则，亦有规律性，具有生命的韵律和淳朴的视觉特征。如自然界的鹅卵石、树叶等都是有机形。自然或人为偶然形成的形态称为偶然形，如随意泼洒的水迹或墨

迹、树叶上的虫眼等,因其结果无法被控制,故具有不可重复性和生动感(图2-22 ~
图2-24)。

图2-22 无机形

图2-23 有机形

3. 面的表情

面的表情呈现于不同的形态类型中。在二维世界中,面的表情是最丰富的,随着面的形状、虚实、大小、位置、色彩、肌理等变化可以形成复杂的造型世界。它是造型风格的具体体现。面的情感与表现手法有关:当轮廓轻淡时,就比使用硬边显得更为柔弱;正圆形面过于完美而缺少变化;椭圆形面圆满并富于变化,于整齐中体现自由;方形面具有严谨规范感,易于呆板;角形面具有刺激感,鲜明、醒目;有机形面在心理上产生典雅、柔软、有魅力和具有人情味等感受。

图2-24 偶然形——由于虫咬在树叶上形成的自然的虫洞

4. 面在服装中的表现

面是构成服装不可缺少的。即使极少数的服装单纯以线构成,也会有相应的面存在,这个面或者是较小的面积,如比基尼泳装,或者是线的密集排列以形成面的视觉效果。现代服装中人体的某些局部是必须被覆盖的,这决定了面在服装中存在的必然性。绝大部分的服装是由服装材料构成的,这些材料的本身都是以面的形式出现的,每个裁片就是一个面的构成。除裁片之外,面还可以图案形式出现,如大型团花、补子等。以大块面镶色形式出现的服装对面的形式表现力更强。以面为主要表现形式的服装具有很强的整体感(图2-25 ~ 图2-29)。

(四)体

与前几种形态相比,体更为厚重、结实,更为踏实可信,也更有力度。自然界中最美的有机体为人体,其自然流畅的曲线和柔和平滑的曲面,极富于弹性且充满活力。

1. 体的概念

体是面的移动轨迹和面的重叠,是具有一定广度和深度的三次元空间。相对块状,封闭的形体有重量感与稳定、浑厚感。力度感强的形体犹如人的肌肉。它是最具立体感、空间感、量感的实体,具有长、宽、高三维实体特征。

图2-25 面在服装中的表现——主要廓形是四四方方的,丝毫没有突出腰臀曲线

图2-26 面在服装中的表现——Hussein Chalayan以简单的斜裁表现对品牌风格的继承

图2-27 面在服装中的表现—— 川久保玲 (Rei Kawakubo) 推出以"崇尚平面"为主题的花毡布料剪裁的粉色大衣

图2-28 面在服装中的表现

图2-29 面在服装中的表现

2. 体的种类

体从构成上可分为单体、组合体、直面体、曲面体和有机体五类。圆柱、圆锥、立方体、方柱体、方锥体等几种基本型称为单体;2个以上单体组合在一起形成组合体;以界直平面表面所构成的形体或以直面、直线为主所构成的形体称为直面体;几何曲面体和自由曲面体共同构成曲面体,曲面体的基本形包括圆柱体、圆锥体、圆球体和椭圆体;物体由于受到自然力的作用和物体内部抵抗力的抗衡而形成的形体称为有机体(图2-30)。

图2-30 单体

3. 体的表情

几何直面体主要用以表现块的简练庄重感,具有简练、大方、庄重、安稳,严肃、沉着的特点。正方体、长方体厚实的形态与清晰的棱角,适于表现稳重、朴实、正直,原则分明。锥形物体锐利的尖角显示出与众不同的特征,有力度,具有进攻性与危险感,常用于突破常规的设计表现。

几何曲面体是由几何曲面所构成的回转体,秩序感强,能表达理智、明快、优雅、严肃和端庄的感觉。球体形体饱满而完整,圆形球体象征美满、新生、内力强大、传统,椭圆形球体容易让人联想到科技、未来、宇宙、生命的孕育等多重含义。由自由曲面构成的立体造型,如柱体等,其中大多数造型是对称形态。规则的对称形态加上变化丰富的曲线能表达凝重、端庄、优雅活泼的感觉。

有机体是物体受到自然力的作用和物体内部抵抗力的抗衡而形成的,它具有流动性强、层次丰富、饱满、柔和、平滑、流畅、单纯、圆润等特征,表现为朴实自然的形态。

4. 体在服装中的表现

对于体而言,服装本身就是三维的体。这里所说的体的表现意指服装造型。就整体造型而言,具有膨胀、突兀感的服装体感较强,如传统造型的婚纱、具有强烈创意感的个性化服装等。就局部造型而言,明显凸现在服装之外的服装部件具有较强烈的体感,如加了填充材料的领子、立体袋、以打褶或省道的方式使之膨胀的泡泡袖、羊腿袖等。

体的形式在服装中的表现效果和体的种类有关,以几何多面体的形式出现,具有厚重、踏实的效果,会使服装表现出强烈的建筑感和雕塑感;以曲面体的形式出现在服装中,具有流畅、圆润饱满的效果,会使服装具有很好的层次感(图2-31~图2-35)。

体在服装中的应用使服装从不同的角度观赏有着完全不同的视觉感受,这种感受强于以面或线为主要表现形式的服装。一些以强烈个性著称的设计师,其作品往往具有强烈的体的特征(图2-36~图2-38)。

(五)肌理

肌理是形体的构造,与形体关系密切。肌理在设计中是不可缺少的因素,肌理应用恰当可使设计更具魅力。

1. 肌理的概念

肌理类似于但不同于"质感",是指物体表面的各种纵横交错、高低不平、粗糙平滑的组织纹理变化结构,给人以视觉感受加上某些心理感受。由物体表面所引导的视觉触感称为视觉肌理;由物体表面组织构造所引导的触觉质感称为触觉肌理。利用同种材料构成的肌理,因材料相同,自然具备统一协调性。当利用不同材料构成肌理时,材料对比变化(形状、面积、色彩等)

显著,则侧重在统一协调上。

图2-31 体在服装中的表现——Pierre Cardin 大量汲取"光之城"建筑艺术灵感,将建筑材料应用于时装体系,采集室内装修常用的保温海绵沿用到裙摆上,与弹性面料相配合设计,随着模特走动的旋律,呈现出既有雕塑形态又带几分动感的立体效果

图2-32 体在服装中的表现——Gaytten 在设计中融入建筑结构的特点:裤子被设计得很肥大。同时,略带爱德华七世时代风格的服装重新诠释了由 Stephen Jones 创造的"mille-feuille"帽子风格

图 2-33 体在服装中的表现——感觉主义者 Vivienne 将自己的一些女装代表作融合成一体,呈现出松垮的肩膀,以及被包裹住的臀部

图 2-34 体在服装中的表现——事先没有用白坯布在人台上进行设计,作品完成后也没有在人体上进行试穿,设计师通过超越人体的夸张廓形重新定义什么是时尚

图2-35 体在服装中的表现——川久保玲(Rei Kawakubo)用暗沉的色调和厚重的针织设计塑造出类似怪兽一般的形态,以此思考和表达以及重申所谓的美的定义

图 2-36　体在服装中的表现——急速成冰,一个惊人的
服装效果,我们看到的是设计师瞬间灵感的迸发

图 2-37　体在服装中的表现

图 2-38　体在服装中的表现

2. 肌理的种类

　　根据肌理予人的不同感受方式可分为视觉肌理和触觉肌理。视觉肌理通过人眼可观察到。形和色是视觉肌理构成的重要因素,表现手法和可用材料很多。触觉肌理用手抚摸可感知到凹凸起伏,在适当的阳光下眼睛可看。

3. 肌理的表情

　　肌理的形状效果侧重以情态和逻辑为主的组织构造法。肌理的光感效果侧重以视觉为主的造型设计,来自于对物体光泽度的体现。光泽度是由发射光的空间分布所决定的对物体表面的知觉属性。如细密光亮的质面反光强,感觉轻快活泼(图2-39);平滑无光的质面没有反光,感觉含蓄安静;粗糙无光的质面感觉稳重生动。触感效果侧重以触觉为主的造型设计[1](图2-40)。

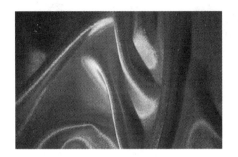

图2-39 肌理的表情——丝绸质感

图2-40 肌理的表情——树皮肌理—青绿色褶皱状的老树树皮

4. 肌理在服装中的表现

肌理在服装中的应用主要有两种方式:一种是面料本身所具有的肌理效果。这种肌理可能是在进行面料设计织造时通过特定工艺手段使之具备的,服装设计师可直接拿来使用(图2-41);也可能是服装设计师根据自己的设计要求对于成品面料进行再加工,从而使得面料表现出新的肌理效果,这种处理方法使得服装设计师的设计带有强烈的个人色彩,如对面料进行压皱、烫印、粘合等处理。第二种是在设计作品的表面进行局部的面料再造,使之表现出丰富的肌理效果(图2-42~图2-47)。

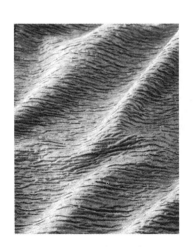

图2-41 肌理在服装中的表现——压皱面料肌理

图2-42 肌理在服装中的表现——灵感来自海上的船,就像是溺水的女孩

---

[1] 触觉作为造型要素,源于20世纪至上主义艺术奠基人马列维奇(Kasimier Severinovich Malevich)发表的触觉主义宣言。触觉是组合压觉(硬、软、滑、糙等)、痛觉(痒、酥、浅痛、深痛等)、温度觉(热、温、凉、冷等)和湿度觉(干、阴、潮、湿等)的综合皮肤感觉。——著者注

图 2-43　肌理在服装中的表现——Lagerfeld 将混凝土作为灵感来源,把混凝土形式塑造为小巧的瓦片,混凝土珠串变成美丽的马赛克

图 2-44　肌理在服装中的表现——蕾丝覆以硅胶,同时辅以塑胶材质

图 2-45　肌理在服装中的表现——金色系列搭配立体刺绣花纹

图 2-46　肌理在服装中的表现——晶洞是外观酷似岩石的矿质沉积物,剖开后会看到其内部的多彩水晶。Lim 的刺绣敏锐地捕捉到这一精髓,在欧根纱上以刺绣与丝印的方式表现晶洞图案

图 2-47　肌理在服装中的表现——"蒸汽拉伸":由计算机程序驱动蒸汽发热,引发提花织物收缩为三维压线,类似树木的年轮

二、色彩要素

　　"远看色彩近看花"意指从远处看一件事物,首先看到的是其表面色彩,近了才能看见它的细节、图案、花纹、装饰等。这句话充分说明了色彩在人们观察事物时先入为主、先声夺人的地

位和重要性。

（一）色彩基本知识

色彩的基本知识是艺术设计专业学生必须掌握的,本节对色彩的基本概念进行简介。

1. 对色彩的感知

人们通过眼睛感知色彩。物体经光的照射对光产生吸收及反射现象。被物体反射出来的光通过人体的眼角膜、水晶体、玻璃体进入视网膜,再通过视神经传递到大脑的视觉区,人体从而获得色彩信息。

2. 色光色与物体色

空中彩虹从外向内顺序地排列着赤、橙、黄、绿、青、蓝、紫,称之为七色彩虹。用三棱镜对阳光的白色光进行分解,被分解出来的光带投映在白色屏幕上,如彩虹一般,被称之为"光谱色",即"色光色"。在日常生活中,看到的自然物(山、海、花草、树木等)的色和建筑物色、家具色、涂料色、染料、印刷油墨色等物体颜色称为"物体色"。物体色与色光色的性质有一定区别,色光色较物体色强烈、刺激、耀眼。物体色是依附于形而存在的,会由于物体材质及表面质地的区别而产生鲜艳的、浊暗的或者透明的与不透明的等各种不同视觉效果。

3. 反射色光与穿透色光

我们看到的印刷品及面料的色都是光源照射到物体,物体表面反射回来的色光。不能看到已被吸收的色光,只能通过物体表面反射的色光来认识颜色,所以物体色是"反射色光"。同样是物体色,但透过有色玻璃、胶卷、太阳镜等透明物体看到的颜色不是反射光的色,是未被物体吸收而是透过物体的光的色,称为"穿透色光"。

4. 混色

色光越混合越明亮,多种色光混色后的结果就是白色光。对物体色来说,多种颜色混合后成为灰色或接近于黑色的色。色光混合称为"加色混合"。物体色混合称为"减色混合"。当色与色并列放置时,利用人的视觉对它们进行混合。如织物经、纬线的混色,彩色印刷中色点之间的混色等,这类混色的结果不会使颜色的明暗发生变化,被称为"并置混合"或"空间混合"。

5. 三原色

不论使用什么颜色混合都得不到的色就是"三原色"。三原色按一定比例混合可得到任何想得到的色。三原色有"色光三原色"和"色料三原色"之分。色光三原色是红、绿、蓝。色料三原色是红紫(品红)、黄、绿蓝。色光混合的最终结果是白色,色料混合的最终结果是黑色。

6. 补色

两种颜料混合成为灰色或两种色光混合成为白色时,这两色之间就是物理补色关系。补色关系的两色在色相环中位于直径两端180°的相对位置上。物理补色之间都按180°的相对位置配置得到的色相环称为物理补色色相环。此外还有一种心理补色,此处不赘述。

（二）色彩属性与色调

每种色彩都具有自己的相貌系统,称为"色相"。色有明暗之分,色彩的明暗程度称为"明度"。色彩的纯净或鲜艳程度称为"纯度",又称"彩度"或"饱和度"。色相、明度、纯度是色彩的三要素,也称为"色彩三属性"。[1]

---

[1]　文化服装学院.文化服装讲座·服装设计篇.冯旭敏,马存义,译.北京:中国轻工业出版社,2003

1. 无彩色与有彩色

色彩分为无彩色和有彩色两种,无彩色又称中性色。黑、白、灰是无彩色,只有明度而没有色相与纯度。有彩色多于无彩色,光谱色有200多种,考虑到明暗变化,又有500多种,由色的纯净与混浊造成的鲜艳程度的差别有170种,综合这些条件用视觉可判别的色彩总数达750万种之多。

2. 色相

色相是色彩的相貌,由波长决定,如红、橙、黄、绿、青、蓝、紫等。从红色开始到紫色,按照波长的顺序环状排列,再把有对比性质的色排在相对位置上,这种根据多种因素设计的圆环就是色相环。

3. 明度

明度是指色彩的明亮程度。物体色明度的高低由白色的量决定的,白色量多则亮,黑色量多则暗。色光明度的高低取决于色光的多少及所含波长强度是否均等。无彩色中,最亮的色是白色,最暗的色是黑色,中间排列着从白向黑过渡的各等级灰色,从白到黑的无彩色排列称为"明度阶调"或"灰色测试卡"。

(三)色彩体系

色彩体系是为了系统地把握色彩的整体特性而建立的。常用的有"蒙赛尔色彩体系""奥斯特瓦尔德色彩体系""日本色研配色体系(P·C·C·S)"等。

1. 蒙赛尔色彩体系(Munsell color system)

美国色彩学家蒙赛尔(Albert H. Munsell)1905年发表的色彩体系称为蒙赛尔色彩体系,后经美国光学学会(O.S.A)进一步改进完善为"蒙赛尔体系修订版"。其最大特点是能用数字和记号正确表示色彩三属性。色相用H(hue)表示,明度用V(value)表示,纯度用C(chroma)表示,各色的表示方法是用色相·明度/纯度(H·V/C)表示。有彩色如红色的纯色表示为"5R·4/14"。无彩色(neutral)则用打头字母"N"加阶段级数来表示,如"N7"、"N8"等(图2-48)。

图2-48 蒙赛尔色彩体系

图2-49 奥斯特瓦尔德色彩体系

2. 奥斯特瓦尔德色彩体系(Ostwald Color System)

德国化学家奥斯特瓦尔德(Wilhelm Ostwald,1909年诺贝尔化学奖获得者)1921年发表的色彩体系称为奥斯特瓦尔德色彩体系。其最大特点是容易计算出色彩的混合比,即纯色量的计算。各色的表述方法是"色相号/含白色量号/含黑色量号"。如焦茶色表示"5PL",含义是色相号是5,白色量为3.5,黑色量为91.0,纯色量为5.4(查奥斯特瓦尔德色相环可得出各项含量)。色立体形如两个正圆锥体的组合构成,断面是以黑色、白色、纯色为顶点的三角形(图2-49)。

3. 日本色研配色体系(Practical Color Coordinate System,简称 P·C·S)

日本色彩研究所1964年发表的色彩体系称为日本色研配色体系。它是综合蒙赛尔色彩体系和奥斯特瓦尔德色彩体系的优点整理出来的,作为根据系统色名与色调进行调和配色的配色工具广泛应用于各领域。各色的表述方法为"色相号或色相记号—明度—纯度",如纯黄表示为"8Y—8.0—95"(图2-50)。

图2-50　日本色研配色体系

(四)色彩形象

受色彩表情或色彩本身的启发产生联想是每个人生活中经常遇到的事。如白色服装给人清爽感,红色给人热情感等。

1. 色彩的共感觉

心理学中把由一种感觉引起的其它感觉领域的共鸣,称为共感觉。由于色视觉的引导,视觉、味觉、嗅觉等同时发生感觉的状态称之为色彩共感觉。包括:色听、色味、色香。色听(色彩与声音的联系):即听到某种声音的同时产生一定色彩感觉的现象,色听的有无,不同的人有很大差别,有的反应强烈,有的无动于衷。色味(色彩与味觉的联系):即通过体会某种味道会让人联想到一定的颜色的现象。通常甜味有粉色和奶油色感,辣味会有黄色感,咸味会有银色感,苦味会有浓绿色感,涩味会有褐色感等。色香(色彩与香味的联系):塞住鼻孔,在特定的香味中,拔掉鼻塞,会使人联想到某一种色彩的现象。如:天芥菜花香给人薄红色感,熏衣草香给人淡黄色感等色香联想。实际上天芥菜花为淡紫色,熏衣草花为淡紫藤色。

2. 色彩的知觉感情

色彩能够给人很多类似于知觉的感受,包括:色彩的轻重感、软硬感、强弱感、冷暖感。

色彩的轻重感:不同的色彩会让人意识到轻重感,决定色彩轻重感的是明度,明度高的亮色给人轻的感觉,明度低的暗色给人重的感觉。

色彩的软硬感:不同的色彩会给人以软硬感,给人柔软感的色彩是高明度、低纯度的暖色系色,给人坚硬感的色彩是中明度以下的暗色,或者是高纯度色及冷色系的冷色。

色彩的强弱感:不同的色彩会给人以强弱感,强的纯度较高,如极强色调的色、强色调色、鲜明色调等,弱的纯度较低,如灰色调、浅淡色调、迟钝色调等。

色彩的冷暖感:色彩的冷暖感与蓝色系色和红色系色紧密联系,暖色让人感到兴奋、舒畅,冷色让人感到沉静、理智。暖色与冷色表现出动与静、积极与消极等相对的情感效果。

3. 季节与色彩

人们往往把季节色形象带入日复一日的生活之中。明亮的浊色调象征春天,如:明亮灰色调,浅淡色调,淡明色调等。个性明朗强烈的色多用于象征夏天,如极强色调、深浓色调、鲜明色调,及黑、白色等。迟钝色调与深浓色调等有深度而又能让人产生丰富联想的色象征秋季。有温暖感的稳重色是冬天的主色调。如黑色、深暗色调、深浓色调等。

（五）色视错

人们在看物的时候，不是单纯只看到该物自身的色彩，而是同时看到它周围的其它色彩，该物的色会受到周围环境色的影响。如：画一幅描写红花的画，改变花的背景色，这时画中的花色多少会发生变化。这种同时看到两个以上的色时，这些色彩在人眼中发生的特别反应即色视错现象。

1. 残像现象

盯着某物仔细地看一定长的时间，然后把视线移开，这时视觉记忆中的影像不会突然消失，而是要残留一段时间，这就是残像现象。看过黑色布料后去看白色布料，会感到它异常的白，看过纯白布料后再去看灰色布料，会感到它多少有些发黑的倾向。在使用纯度较高的面料时，有必要考虑补色残像的影响，如高纯度色与中纯度色的面料组合构成服装时，会使中纯度色看起来极其混浊。另外，在服装面料或服装经营场所进行商品陈列布置时，要避免出现类似问题。

2. 对比现象

由于残像等原因，使色彩看起来比实际色多少发生一些变化的现象称为"色的对比现象"，对比现象有四种类型：补色对比、色相对比、明度对比、纯度对比。

3. 同化现象

与对比现象相反，放置在背景色上的色彩有时会被底色同化，这种现象称为同化现象。如在黄色上配置橙色条纹，这两色相互同化融合使底色的黄挂上了橙色。织物经纬色彩的混合、彩色印刷中用3～4种油墨混合得出多种色彩等，都是应用了同化现象的基本原理。条纹构成越细密，各种色彩的构成要素越小，色相环上色彩位置越近，越易产生同化现象。

4. 视觉适应（恒常现象）

人对客观世界的变化有着特殊的适应能力，这种功能性反应在视觉生理上称之为视觉适应。人的眼睛经过一段时间后，可对明暗及色彩起到调整作用。因此，在荧光灯或钨丝灯等不同灯光下很难认清正确的色彩，必须在接近标准光的太阳光（白色光）下识别色彩，如识别面料或服装的色彩等，应特别注意。

5. 色彩的运动性

相同大小的色彩有时看起来却比实际面积显大或显小，放在相同位置上的几种色彩，看起来却发生运动的远近变化，这也是一种视错现象。

（1）膨胀色与收缩色

看起来比实际面积显大、有膨胀感的色是膨胀色。明度高的色、纯度高的色、暖色及明灰、白色等都是膨胀色。看起来比实际面积小、有收缩感的色是收缩色。低明色、低纯度色、冷色、暗灰、黑色等都是收缩色。

（2）前进色与后退色

看起来比实际距离近一些的色彩是前进色，远一些的色是后退色。膨胀色多为前进色，后退色多为收缩色。暖色系的红、黄等色是前进色，而冷色系的蓝与紫是后退色。这种现象在服装的色彩设计中应用广泛，要使着装者显得丰满些，可使用高明度的膨胀色。这种色彩效果在进行立体造型设计的服装上表现尤为明显。

6. 色彩的视认性

距离很远是否可以正确识别出色彩及色彩的形状,背景色不同时色彩的可辨程度会发生哪些变化等类似问题均属于色彩的可辨别程度、可识别性、易见性的性质,被称为"色彩的视认性"或"色彩的视认度"。白色、黄色、红色等色彩的视认性较高,黑色、蓝色、绿色等的视认性较低。色彩的视认性在服装设计中更多地体现在服装的功能性、装饰性方面。如:清洁路面的工人穿用的黄、红色安全防护服;厨师的白色帽子及工作服使用白色可提高污物易见度,它们所使用的色彩视认性都很高;猎装、军服多选择与环境色相近的颜色以降低其视认性,起到隐蔽的作用(图2-51)。

图2-51 色彩的视认性
——适应于山地作战隐蔽的迷彩服

7. 色彩的诱感性

色彩的醒目感及对目光的吸引力、感染力等称为"色彩的诱感性",或"色彩的注目性"。一般红、橙、黄等暖色系色、高纯度有华丽感的色诱感度高,相反,冷色系及绿、蓝、紫等诱感度低,低明度、低纯度的诱感度更低。诱感性与背景色也有很大关系,白色背景中近似于黑的暗色同样很醒目,并对目光有强烈的吸引力,且与背景色呈补色关系时醒目感最强。

三、材质要素

选择或创造恰当的材质来表达设计构思是服装设计师必须完成的重要工作。服装设计师的创作构思不一定是先有灵感来源,然后才启发出对材料的肌理、质感的构想,有时材质本身就会引发设计师的创作灵感。

服装材质可分为面料和辅料两大类。服装面料是体现服装主体特征的材料,是制作服装的材料。服装辅料是指在服装中除了面料以外的所有的其它材料的总称。

(一)服装面料

由纤维或纱线所制成的纺织品称为织物。一般包括梭织物、针织物和非制造物(无纺织物)。从原料的角度可将服装面料分为:棉型织物、麻型织物、丝型织物、毛型织物、化纤织物、皮革、裘皮、人造毛皮、人造革、合成革、新型面料及特种面料。设计师选择面料更关注面料的手感、外观效果及塑型性。

(二)服装里料与絮填料

服装里料指服装最里层的材料,是为了补充只用面料不能获得服装的完备功能而加设的辅助材料,通常称里子或夹里。服装絮填料是填充于服装面料与里料之间的材料,是为了赋予服装保暖、降温和其它特殊功能(如防辐射、卫生保健等)。

(三)服装用衬与垫

服装衬料又称衣衬,是位于面料与里料之间的服装材料,可以是一层或几层。衬料是服装的骨骼和支撑,对衬托体形、完善服装造型有很重要的作用。服装垫料可保持服装的造型稳定和修饰人体体形的不足。

1. 服装衬料

衬料在服装用料上简称"衬",分类方法很多,按使用对象可分:衬衣衬、外衣衬、裘皮衬、丝绸衬和绣花衬等;按使用部位可分:衣衬、胸衬、领衬、领底呢、腰衬、折边衬和牵条衬等;按使用原料可分:棉衬、毛衬、化学衬和纸衬等;还可按厚薄质量分、按加工方式分、按基布分、按基布和加工方式分等。

2. 服装垫料

服装上使用垫料的部位较多,最主要的有胸、领、肩、膝几大部位。包括:胸垫、领垫、肩垫等。

（四）服装紧固材料与其它辅料

服装的紧固材料有纽扣、拉链、挂钩、环、尼龙搭扣及绳带等。这些材料在使用时不能破坏服装的整体造型,在某种程度上还应对服装起到装饰作用。其它辅料包括花边、绳、带、搭扣、珠片、尺码带、商标及标牌等。这些材料对服装具有一定的装饰作用,也影响服装的外观（图2-52）。

图2-52 服装固紧材料与其它辅料

四、工艺要素

服装工艺是将用于服装上的各种材料有机组合再加工成衣的方法。它是通过工艺技术手段将平面的服装裁片转变为立体的服装造型,并千方百计地体现总体设计意图,表现艺术质量与技术质量高度统一的过程。工艺要素主要包含以下内容:

（一）基础工艺

基础工艺是所有工艺的基石,包含手针工艺、机缝工艺、熨烫工艺。

1. 手针工艺

手工完成的服装缝制技法统称为"手缝",线迹上有一字形线迹、二字形线迹、八字形线迹和各种花形线迹等。在不少服装品种生产中,手针工艺必不可少(图2-53)。

2. 机缝工艺

服装在缝制过程中依靠机械来完成缝制加工的技法称为"机缝",通常称为缉缝或车缝。缉缝是服装加工生产中的主要工艺,方法有平缝、搭缝、包缝等多种。

3. 熨烫工艺

熨烫工艺是利用织物热湿定型的基本原理,以适当的温度、湿度和压力改变织物的结构、表面状态等性质的服装造型方法,最有代表性的是"推、归、拔"。它是服装加工过程中最重要的一道工序,服装界有句行话:"三分做,七分烫"指的就是熨烫的重要性。

（二）装饰工艺

装饰工艺是指用布、线、针及其它有关材料和工具通过精湛的手工技法,如:造花、扳网、镶、滚、盘、嵌、绣、编织、编结等与服装造型相结合,以达到美化服装的目的。重装饰主义可为服装形态带来犹如艺术品般的视觉效果(图2-54)。

图2-53　在DIOR的高级定制工作室,高级技工与其助手正在以手缝工艺进行晚礼服的制作

图2-54　该系列以拜占庭建筑中最具特点的马赛克壁画作为主线,将细碎精美的壁画印在质感硬挺的丝织面料上,加上宝石、珠片装饰,仿佛行走的壁画一般

（三）部位工艺

在服装上的有关部位进行加工制作的工艺统称为部位工艺,包括:省缝工艺、底边、贴边工艺(包含底边工艺、贴边工艺)、裁片角工艺、开衩工艺、袖头、腰头工艺、祥、腰带工艺、黏衬工艺、

挖扣眼工艺、风帽工艺、装垫肩工艺等。

（四）门襟工艺

对门襟进行制作的工艺称为门襟工艺。门襟是服装重要的开合部位,关系到穿脱的便利性与造型的分割与装饰效果。门襟工艺与设计直接相关,拉链、纽扣是最为常用的门襟配件,门襟工艺需要根据拉链和纽扣的具体应用情况进行处理。

（五）口袋工艺

对口袋进行制作的工艺称为口袋工艺,常用的有贴袋工艺、插袋工艺、挖袋工艺。这三种口袋工艺的难度依次递增。贴袋不破坏服装表面,直接讲袋布缉缝在服装上;插袋巧妙利用服装的拼缝线装入口袋;挖袋则需要在服装表面剪开袋口,在服装内部再加装袋布。

（六）领子工艺

对领子进行加工制作的工艺称为领子工艺。领子是服装的重要设计部位,出现在人体面部下方,最易成为视觉焦点,因此缝制技术要求比其它部件高,操作难度也大。无领设计的领子工艺相对最为简单,在领部边缘进行缝合或装饰即可。连领、装领等都具有鲜明详细的的工艺特征与指标。

（七）袖子工艺

对袖子进行加工制作的工艺称为袖子工艺,可分为单做与夹做工艺。袖子工艺可分为:连袖工艺、装袖工艺、插肩袖工艺、冒肩袖工艺、组合袖工艺。在缝制袖子之前,需根据不同结构及不同造型风格的袖子设计出相适应的工艺流程、工艺质量要求和缝制方法与技巧。

（八）整件服装缝制工艺

将各服装部件科学的组装成一个协调的整体十分重要。一般按结构和工艺处理方法不同,可分为高、中、低三个档次。简做服装具有成型轻巧、柔软舒适、洗涤方便的特点。精做服装具有成型挺括、造型生动、穿着得体的特点。

（九）裤子工艺

裤子缝制工艺大致相同。按裤子成品结构和工艺处理不同可分为高档、中档、低档。对裤子工艺档次的规定和工艺处理方法不必拘泥于传统,可根据结构、造型的需要灵活掌握。

（十）西装工艺

西装是国际通用款式,可精做为礼仪服装,也可简做为休闲服装。在西装传统工艺中,归、拔、推等熨烫塑形工艺,攻、缲、扳、甩、勾等手针工艺及别具特色的镶、拼、滚、嵌等装饰工艺都有淋漓尽致的发挥,制成的西装造型有挺拔的雕塑感。现代西服工艺以机缝取代手缝,以结构设计取代归拔工艺,使成型西装具有轻、薄、挺、软等造型效果,加工省时省力。

五、结构要素

服装设计大师伊夫·圣·洛朗（Yves Saint Laurent）曾说:"线条之优雅首先取决于其结构的纯洁和精致。"许多服装设计大师都精通结构、面料与工艺,具有从款式设计到结构设计再到工艺制作独立完成的能力。

服装结构是服装设计师画在纸面的服装款式向实物转化的重要因素,没有对服装款式结构的分解与设计,服装设计师的奇思妙想将可能永远停留在纸面上。因此,服装设计师也许不需要完成服装的结构制图,但必须熟悉并掌握服装结构。在款式设计时,要清晰详细地画出服装的平面结构图,准确表现服装的正反面造型及细节部位的结构特征,要求比例正确,标注成品尺寸。这是设计构思能够准确实现的技术保证的第一步。

结构要素是服装设计的重要组成部分,其知识结构涉及到人体解剖学、人体测量学、服装卫生学、服装造型设计学、服装生产工艺学、服装美学等,具有艺术和科技相互融合,理论和实际密切结合的偏重实践的特点。结构线条是服装设计师在进行造型设计时不可忽视的部分。服装的内部分割线与造型线要与服装整体外轮廓相适应。外轮廓硬朗的设计其内部结构分割线条往往也具有同样的性格特征,直线、折线造型使用较多,外轮廓柔美贴身的较多使用妩媚、浪漫的曲线型结构分割线(图2-55)。

图2-55 2014年夏季的世界杯令全世界年轻人沉浸在足球的狂欢氛围中,快时尚品牌 ASOBIO 不失时机地推出运动感连衣裙,裙身采用流线拼接设计造成曲线形的面料分割效果,营造活泼的运动气息

局部造型是款式细节设计的一部分,也是局部结构的构成。如领部造型,无论繁复多褶的轮状领型,抑或潇洒飘逸的垂荡领型,都是服装款式与结构的组成部分。同样,服装局部设计要注意与服装整体设计风格吻合,而其结构的拆分解读就需要打板师细细琢磨了。可以说,服装设计师完成的是结构要素应用的第一步,服装打板师完成的则是进一步。

六、配件要素

服饰配件是服装整体构成的重要因素之一,包括帽子、围巾、手套、鞋袜、腰带、包袋等实用品,还包括耳环、胸针、头饰、腰饰、腕饰等装饰品。服饰配件在服装整体构成中虽处于辅助地位,但作用不可低估,它可使服装产品或品牌的整体性、丰富性、人文性和艺术性得到更强烈的表现。适当合理的配件装饰能使人的外观视觉形象更为整体,其造型、色彩及装饰形式可弥补某些服装的不足。服饰配件独特的艺术语言能满足人们不同的心理需求。许多场合下,人们所追求的精神与外表上的完美是借助服饰配件得以完成的。下面选取在服装整体搭配与设计中使用率较高的服饰配件进行介绍。

(一)鞋

在所有的服饰配件中,鞋是最不可或缺的。鞋所传递出的有关着装者的内在信息往往超越了其他配件。绝大部分服装都离不开鞋的衬托。因此,鞋的设计举足轻重(图2-56)。

(二)包

现代的包袋除了盛装的功能外,更具备了装饰、表明身份、展示财富、象征地位等等多重符号功能。各大品牌每季都会推出新款包袋,包在服饰配件中的地位不可小觑(图2-57)。

图 2-56 鞋

图 2-57 包

（三）帽子

在人类开始利用各种饰物来装饰自己并逐步形成服装的过程中,帽子就与服装的产生相伴而生了。帽子的样式千姿百态,功能各有千秋(图 2-58)。

（四）围巾

围巾围绕在人们的肩颈部位,对脸部有重要的衬托作用。由于围巾的强烈装饰效果,在现代着装搭配中,围巾的使用越来越宽泛,几乎不受季节限制。超长超宽的围巾还可巧妙的系扎成服装(图 2-59)。

图 2-58 帽子

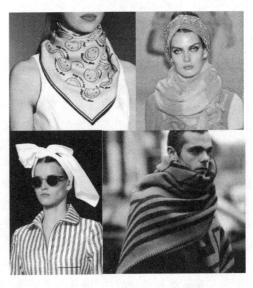

图 2-59 围巾

（五）腰带

　　腰带的装饰作用不可忽略。男士腰带相对较单一,质地以皮革或仿皮革为主,装饰较少。女士腰带则很丰富,质地多种多样,有皮革的、编织物的、其它纺织品的等等(图2-60)。

（六）手套

　　手套是既具实用性又具装饰性的服饰用品。手套的材料以棉织物、针织物、皮毛等居多,造型上有短筒、中筒和长筒之分。在装饰上有镂空、花边、刺绣、镶拼、钉珠等等。相对而言,在礼仪场合中,女士手套较男士的花样更多,使用率更高(图2-61)。

（七）袜子

　　袜子在现代服装的舞台上变得越来越重要,已远远超越了保暖保护的功用。近几年,设计师们在袜子上玩出了各种花样,袜的造型、色彩、质地都与服装相配合,表现出了不一样的时尚感,袜子与鞋子、与腿型、与下装的搭配都十分重要(图2-62)。

图2-60　腰带

图2-61　手套

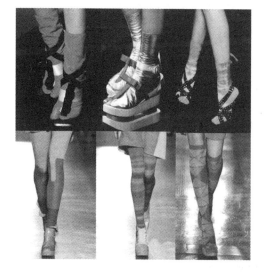

图2-62　袜子

图2-63　首饰

（八）首饰

　　首饰在服饰配件中属于物理功能最小化而装饰功能最大化的配件。人类佩戴首饰的历史几乎是伴随着人类的进化史而来的。当今首饰的范围已不仅仅是装饰头部所用,手镯、手链、胸针、挂链、脚镯、脚链等都是深受设计师及人们喜爱的装饰品,首饰潮流呈现出多元化发展的趋势:结合高新科技、富含艺术气息、系列化整体化更强(图2-63)。

第三节　服装设计的作用

从消费者角度看,服装设计能够满足人们塑造自身形象的需要。从服装设计师角度看,服装设计能够实现设计师的个人价值,成就职业梦想。从服装企业角度看,服装设计能够为企业创造更好的利润与效益。从社会整体看,服装设计为社会创造了美。

一、为着装者进行形象塑造

装扮自身、美化自己是人类从始至今不曾改变的追求,随着社会的进步发展与经济状况的改变,人们的这一要求不仅不会减弱,反而变得更加细致与强烈。根据马斯洛需求层次理论[①],随着物质生活水准的大大提高,人们对精神生活的追求也越来越高,人们的生活内容变得丰富,生活方式发生改变,除工作之外,休闲、娱乐、运动成为人们生活的重要组成部分。人们希望自己在不同的场合有不同的穿着,展现出不同的精神面貌。为适应这种需求变化,服装市场更加细分,服装种类变得丰富,休闲装、正装、运动装、户外装、睡衣、礼服等纷纷进入人们的衣橱。

这种需求的变化为服装设计师们不断提出新的设计方向与课题。作为服装设计师而言,必须详细了解目标消费者的情况,如:他们的身材如何? 他们的工作状态与环境如何? 他们怎样消费? 他们如何休闲? 他们喜欢什么样的色调? 他们希望自己在别人心目中是怎样的形象?等等。服装设计师的任务就在于把握这些信息,充分了解消费者的心理需求,设计出符合人们需要的、受到人们喜爱的服装。

服装设计师们兢兢业业的工作在自己的岗位上,为人们奉献出无数的华衣美服。也正是通过服装设计师的设计行为,人们扮美自己形象的愿望才可能得以实现。因此说,在现代社会中,服装设计满足了人们装扮自己、提升信心、融入社会、塑造形象的需求。

二、为设计师实现个人价值

服装设计师是一个笼罩了许多光环的职业,凡是进入这一行的人们无不怀揣着成为服装设计师的梦想。一份耕耘一份收获,事实上,在这美丽光环的背后,服装设计师所付出的大量的辛苦劳动与汗水只有设计师们知道。服装设计师决不仅仅是坐在优雅安静的工作室里挥挥画笔随意写就设计灵感,那只是一个小小的侧面。更多时候,服装设计师要冒着酷暑严寒奔波在面辅料市场中,为寻找一块合适的面料,一颗恰当的纽扣,一条合心意的蕾丝花边而反反复复比较挑选。在结构室,在样衣间,在印花工厂,在加工车间,在广告拍摄现场,在新品展示会或订货会

[①]　马斯洛需求层次理论(Maslow's hierarchy of needs):行为科学理论之一,美国心理学家亚伯拉罕·马斯洛于1943年在《人类激励理论》论文中提出,亦称"基本需求层次理论"。——著者注

上,在商场专柜或专卖店里,处处都能看见服装设计师们的身影,这些环节都是服装设计师必须进行指导或者参与的。

既然如此辛苦,为什么还有那么多的年轻人义无反顾地投身其中呢?这是因为服装设计师在付出艰苦劳动的同时,也有着巨大的收获,这种收获就是个人价值的实现,就是设计师梦想的实现。当服装设计师们看着经过自己的努力而成为现实的那些设计构思由模特们展示在天桥上时,那些包含着自己辛勤劳动的美丽衣裳在专卖店里受到人们的喜爱时,那种梦想实现的满足感足以抵消之前的种种辛苦,并且让人充满激情地投入下一季的设计运作。服装设计的这种挑战、竞争、艰苦而又花团锦簇的特质使得服装设计这一行业不断涌入满怀激情与梦想的年轻人。

三、为企业创造经济效益

中国现代服装走出千篇一律的时代后,进入了百花齐放的繁盛时期。这与整个社会的经济形势不可分割。门槛低、投资小、见效快的特点使得服装企业如雨后春笋般层出不穷。商人逐利,众多企业纷纷涌入表明服装行业有着很好的利润空间,当然紧紧相随的就是激烈的竞争。如何在激烈的竞争中保持不败之地,并且尽可能获得最大利润是每个企业都面临的问题。

新颖独特的服装设计产品在竞争中起着决定性的作用。服装设计师们利用夸张的色彩、图案、大胆新颖的材料、纷繁变化的款式进行极具个性颇富魅力的服装设计,在满足人们的多种需求的同时,为企业带来了更多的利润,创造出更好的经济效益。更进一步,经济的迅速发展,财富的不断积累,创造出了越来越多的高消费阶层。他们日益提高的生活质量,不断扩大的生活交际空间,使他们对服装的诉求不断升级,这对服装企业恰是极好的商机。

在服装设计中融入高科技含量、提高设计中的文化内涵,可为满足消费者的这些精神需求、提高产品附加值提供保障,这是经济发展为服装设计提供的新契机。

四、为社会带来流行与美

流行是在一定的历史时期,一定数量范围的人受某种意识的驱使,以模仿为媒介而普遍采用某种生活行动、生活方式或观念意识时所形成的社会现象。在商品社会中,流行总是被赋予在人们生活所需的产品之上。

服装作为人类生活必不可少的消费品,与流行有着密不可分的关系。许多流行的内容,如社会的变革、思想观念的冲突变化、重大事件的发生等都会对服装产生重大影响。因此,服装常常作为流行的载体包含丰富、深刻的文化心理内涵。一个社会的政治变革、经济水平、文化思潮、乃至自然灾害、战争摧残等突发事件都可在这个时代的服装上留下影子。同时,由于服装与人关系密切,可与人的表情、装束浑然一体,既易于变化,又富于表现,因而成为人类表达流行、传播流行信息的最佳载体。

在流行的影响下,现代社会已形成一个以服装为龙头的时尚产业,为企业家和销售商们带来无限商机,为设计师们提供展现才华魅力的舞台,也为社会带来了千变万化、美轮美奂的服装服饰品。因此,服装设计离不开流行的渗入,服装设计师的创作离不开对流行的把握,反之,服装设计也为社会创造了众多的流行,服装设计们用独特的设计语言通过服装服饰为普罗大众演绎了流行创造了美。

第四节　服装设计的要求

任何行业都有自己的要求,服装设计也不例外。现代的服装设计意识是以人为主体来考虑服装,并为这个主题提供一切最适宜的服务。完美的设计应是工业、商业、科学和艺术高度一体化的产物。因此,对于服装设计也有着相应的这些方面的要求,概括而言,服装设计要以人体作为设计的根本出发点,以流行作为设计的参照体系,以社会认可作为设计成功与否的评判标准。

一、以人体为设计的出发点

服装设计艺术与其它设计艺术的一个重要区别在于:服装设计艺术是以人体为设计的基本出发点,人体的特殊生理结构和造型决定了服装设计的许多局限性。

首先,服装要能够穿着在人体上,否则纵使它具有再巧妙的构思、优美的造型、绚烂的色彩也不能称其为服装。这一特点,无论是多媒体设计艺术、纺织品设计艺术,还是建筑设计艺术、环境设计艺术都不具备。服装只有穿着在人体之上,才是我们所定义的服装设计概念中的服装,即一种着装后的状态。

其次,服装要能满足人的基本活动需要。人是处在运动中的,不同的运动状态对服装运动性能的要求不同。如:礼仪场合人们举止优雅,四肢和躯体运动幅度很小,这时的服装设计可较少考虑服装的运动性能;闲暇时光人们走出城市、纵情山水间,此时人体运动幅度增大,服装设计要较多考虑人体活动的机能性与舒适性;当人们睡眠时,人体处于放松状态,这时的服装设计以不束缚身体、不妨碍人的休息为首要考虑因素。只有在满足和符合人的这些基本需要之上,一切的造型设计、色彩设计、装饰设计才有意义。

此外,人体是世界上最美的有机体,服装设计的任务就是发觉与衬托这种美。人体的美包括了体型、皮肤、五官、头发等多方面。服装设计要考虑的不仅仅是人体的运动性能,更深层次的意义在于表现人体本身具有的美。因此,服装设计在造型设计上要考虑着装者的体型胖瘦、身材比例如何,在面料选择上要考虑着装者的生活,在色彩选择上要考虑着装者肤色、发色,以达到协调的色彩搭配效果。

总而言之,服装设计是综合各方面因素进行考虑的,离不开人体这一基本出发点。因此,服装设计师必须对人体构造了然于心,对目标设计对象的体型体态有着清楚的认识,并始终以此为设计的出发点,一切都围绕着人体而展开。只有这样,服装设计才是有源之水,有本之木。

二、以流行为设计的参照系

流行的范围相当广泛,包括:服装、建筑、日常用品、音乐、舞蹈、体育运动等。服饰文化的流行表现得尤为突出。作为一名服装设计师只有了解时尚,抓住流行趋势,才能设计出新颖、别致、符合人们审美需求的服装新品。

服装的流行信息量较大,包括服装的外型、面料、色彩、图案、装饰、细节等方面。流行与个性是一对矛盾共存体,设计时要注意:一方面必须时刻把握流行的动向,以流行作为设计的参照系;另一方面要结合品牌的风格与设计师自身的设计特点,在两者之间寻找完美的平衡。恰如其分地利用流行需要关注以下几个方面:

（一）社会的经济因素

社会经济的发达与否直接影响到服装的发展变化。如果社会经济繁荣、富足，人们对服装的需求量增大、款式的翻新要求增多，促使服装设计师不断创新，新的服装潮流不断涌现。反之，当社会经济萧条时，人们的生存问题都难以解决，更不会把精力放在穿衣打扮上，购买力降低，服装的生产力下降，服装趋势的变化会趋于缓慢发展的状态。

（二）重大的社会事件

流行是时代的产物，会受不同时代的政治思想、经济文化和发生的重大事件等客观因素的影响。从流行的发展规律来看，社会重大事件的发生都有可能导致新的服装流行。日本时装评论家大内顺子（Ouchi Junko）在对第二次世界大战后的流行进行分析时说："找一找这每五年一变的时装潮流的转折点，就会发现在各个转折点上都有相应的社会事件发生。这些事件也将决定后面几年间的世界政治、经济气候。时装设计师就是把这种潮流具体表现于服装上的人"①。

（三）人们的心理变化

人们对衣柜中服装更替的速度越来越快，快时尚就是在这种心理需求下诞生的。流行趋势的形成并非无根无据，人们喜新厌旧的审美心理特性是流行得以存在发展的重要心理基础。因此，对于服装设计师，任何脱离社会、抓不住时代流行特征和时代演变的重点、把握不住穿着者需求的、没有个性与特色的设计是难以生存的，也是不容易被大众所接受的。

（四）流行的周期性

反复是一种自然规律，表现在服装的流行中就是流行的周期性——每隔一定的时间就会重复出现类似的流行现象。社会环境制约流行的周期性。决定人类生活方式的变化的经济基础和与之相应的上层建筑直接左右流行周期的长短。对服装流行进行预测，有敏锐的洞察力，熟悉掌握服装的演变规律、多变化的因素，有一定的美学基础和分析能力，时刻关注国内外政治、经济、科技、教育、文化的发展与动向，熟悉服装本身的属性，了解市场反馈的信息是服装设计师应具备的基本能力与专业素养。

三、以社会为设计的评判者

什么是"好的设计"？那么多的设计奖项和竞赛的评选都在试图评出"好的设计"，但评选的结果往往见仁见智，有的大奖得主获得大家交口称赞，令人感觉名至实归，而有的大赛获奖名单一经公布便引来议论纷纷。可见，人们对于"好的设计"的想法多种多样。那么，到底怎样的设计才是好的？如何能够给出一个客观公允的评价？对于服装设计的评价可能要分成两种情况区别对待。

对于设计大赛，人们在评价一个设计是否是"好的设计"的时候，一定程度上倾向于自工艺美术运动中那些浪漫的改革者的诸多理想中发展而来的一些原则，包含技艺方面和美学标准，这一点往往会受到评委的个人因素的影响。

对于商业设计，评判的标准则严格而残酷，即能否被消费者所接受，能否被市场所接受。受到市场欢迎的，受到人们喜爱的就是成功的设计。这一点在早些时候不为一些服装设计师所接

---

① 大内顺子（Ouchi Junko），本名宫内顺子，昭和9年（1934年）出生于上海，日本著名时尚评论家，记者。她对流行有着敏锐的观察力与独到的见解，在其所著的《流行与人》一书中详细阐述了流行与时间段的关系。——著者注

受,认为自己的设计符合美学标准,是消费大众不懂设计。时至今日,服装设计作品投放市场后的市场反映已成为检验服装设计师能力、检验设计作品成功与否的唯一标准。这一观念开始影响大赛,不少大赛把作品的市场化程度作为评判指标之一。

成熟的服装设计师都深谙此道,不敢轻视市场与消费大众,因为这是设计师的衣食父母。这并非说服装设计师要完全放弃个性,被市场牵着鼻子走,那也是没有前途的。正确做法是尊重市场,了解人们的心理和真实需要,为人们设计出贴合他们心意,符合他们需要的产品,同时在设计中融入自己对服装的理解和创意,巧妙而无形的引导人们不断接受新的服装意识和概念。因此,服装设计师既要接受社会大众的评判,也不能完全媚俗,要能够表现自己的想法。只有这样,设计作品才可能被大众所接受,同时设计师也才有旺盛而持续的设计生涯,这是需要不断积累和磨练方能达到的境界。

本章小结

本章对服装设计的概念、要素、作用、要求进行介绍。

服装设计,包含了服装、设计、服装设计三个概念,这是三个彼此相关,又有所区别的词。人们生活的方方面面都与设计相关。今天的设计一词,包含意匠、图案、设计图、构思方案、计划、设计、企划等众多含义。

作为实用艺术的服装设计包含的要素有:造型要素、色彩要素、材质要素、工艺要素、结构要素、配件要素等。

服装设计在现代社会中的作用都越来越重要。其主要作用有:为着装者进行形象塑造,为设计师实现个人价值,为企业创造经济效益,为社会带来流行与美。

现代服装设计意识要求以人为本,服装设计要求以人体作为设计的根本出发点,以流行作为设计的参照体系,以社会认可作为设计成功与否的评判标准。

思考与练习

1. 请谈谈你对"设计以人为本"这一理念的理解。
2. 现代服装设计所包含的要素包含哪些内容?

第三章
服装设计的资源

我设计的不是衣服,我设计的是梦想。

　　——拉尔夫·劳伦(Ralph Lauren,1939 年,美国,著名时装设计师,被称为 Polo 之父)

第一节　服装设计的物力资源

服装设计物力资源包括支持设计工作得以进行的物质资源,为服装设计师提供大量参考信息的信息资源和进行设计表现、实现设计的技术资源。

一、物质资源

服装设计是脑力劳动和体力劳动结合的工作,对物质资源的需要较简单。主要包括以下内容:

- **工作空间**:服装设计师工作室、打板师工作室、样衣制作间、面辅料仓库等(图3-1)。

图3-1　常见的服装设计师工作室

- **工作家具**:桌椅、资料橱柜、龙门架和衣架、穿衣镜、电话、传真机等(图3-2)。

图3-2　英国新锐时装设计师 Gareth Pugh 位于伦敦东区的工作室,未完成的服装随手挂在陈列架上,零碎的原材料遍布一地,杂志、笔记本、缝纫机等各种用品奇妙地相遇,数不清的旧唱片随意扔在几块叠放的木板上

- **工作设备**:包括与服装设计师协作工作的相关人员所需设备:

服装设计师——纸、笔、颜料等绘画用品,电脑、扫描仪、绘图板、打印机,网络设备(图3-3)。

图3-3　Vivienne Westwood 在伦敦 Battersea 的工作室,由建筑师 Anarchitect 设计

服装打板师——尺、笔、橡皮、纸张、胶带及其它打板需要的辅助工具。

样衣制作室——裁剪台、平缝机、锁眼机、拷边机、熨烫设备(图3-4)。

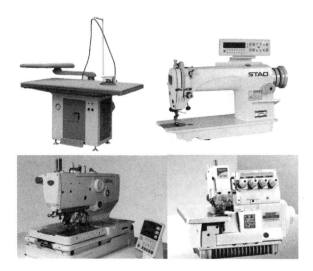

图3-4　服装设计工作室所需的基本缝纫设备

这些物质资源主要是针对服装设计师进行创作所需的基本物质。不包括展示、生产和配送等环节的物质需要。

物质资源根据服装公司或机构的规模与性质不同有所差异。资金雄厚、规模较大的服装公司设计部门配备全面到位,上述资源都具备。中小服装公司则可能有压缩与合并,如打板师与设计师共用一间工作室。一些小型服装设计工作室或由服装设计师初创的小公司小企业,可能只有一间房间,设计、打板、制作都在一间房内进行。面辅料、样衣及设计图稿和资料也都在同一房间并存。许多部门清晰、设备完全的大公司大企业创立初期都是从这样的一个简陋房间发展起来的(见图3-5)。

二、信息资源

信息是构成生产力的一个因素,是作为人类社会一切有组织活动的纽带,它能帮助人们提高对事物的认识,减少活动的盲目性。一名合格的服装设计师必须能够掌握国内外服装的最新信息,具备根据这些信息预测未来流行趋势的能力,才可能引导服装潮流和消费,创造出具有时尚感的服装。

(一)信息的收集

服装设计信息根据来源可分为两类:直接信息和间接信息。直接信息包括四个方面:知名品牌、设计师的服装发布会,权威机构的流行研究发布,国内外

图3-5 澳大利亚服装设计师 Shaun 的工作室就设在其墨尔本的家里,楼上是生活区,楼下是工作室

流行情报导向,当前的商场和街头时尚的动向(图3-6)。间接信息是指服装设计经常从各种艺术形式获取灵感,如影视艺术、绘画艺术、园林艺术、建筑艺术等(图3-7)。

图3-6 巴黎时装周——Chloé 秋冬 RTW 时装发布秀

图3-7 日本著名当代前卫艺术家草间弥生与 Louis Vuitton 合作推出 LV 艺术家系列产品,包括香水、时装、高跟鞋等,高色彩对比度的波点图案是其典型标志

1. 收集的途径

服装专业人员主要通过服装发布会、服装书籍、服装广告及影视、网络和商场橱窗展示

等途径进行信息收集。杂志、报纸、电视、广播、网络等多种媒体将这些信息传播到世界各个角落。

2. 收集的内容

收集内容包括与流行相关的信息和与消费者相关的市场信息。

（1）收集流行色、流行面料及款式信息

流行色的收集需要关注国际流行色协会（专业委员会）每年两次发布的色彩趋势预测，及其推出的国际流行色卡（图3-8）。流行面料的信息收集主要是参观国际面料展览会，收集展会上发布的面料风格、图案特点及饰物变化等（图3-9）。款式信息的收集主要从巴黎、米兰、纽约、佛罗伦萨、东京等几大国际服装中心举办的一年两季的国际著名服装设计师的发布会上获取。

图3-8　以开发和研究色彩而闻名的美国潘通（PANTONE）公司推出的潘通色卡涵盖印刷、纺织、塑胶、绘图、数码科技等领域，图为 PANTONE 2015 年全球流行色发布女装流行主题关键色彩：光合作用

图3-9　在德国举行的春夏慕尼黑国际面料展，有 840 家参展商，呈现约 1 500 个纺织品和辅料系列。图为以花式织物为主题的女装面料

（2）收集消费者反馈的消费需求信息

服装设计师除了解和掌握国际服装流行信息外，还要及时收集消费群体对服装的需求和信息。通过社会调查、商场信息反馈、商品展销等手段来抓住消费者心理，进行有效的针对性强的设计。

（二）信息的分析

对周围世界中所发生事物的敏捷反应能力、准确的分析预测能力和恰当地利用信息能力是服装设计师应当必备的基本素质。

1. 社会信息分析

社会信息包含几方面内容。一是关于社会政治制度、意识形态。服装是社会与时代的象征，反映了一定的社会集团意识、道德等诸方面的思想、精神面貌以及社会思潮的影响。二是关于传统习惯。即由地区、民族长期的传统习惯形成的服装着装模式以及宗教信仰形成的色彩偏爱（图3-10）。

图3-10　贵州省黎平县铜关侗族村寨至今仍保持着手工制作侗族服装的传统

三是关于经济状况与生活类型。经济条件决定的生活水准和观念形成了不同国家、地区的不同的生活类型和消费能力,也使人们对服装的材质、造型、图案等提出不同的需求。四是关于科技进步与发展。随着科学技术的不断提高与发展,许多新型纤维和服用材料不断问世,服装设计也走向多样化。

2. 环境信息分析

环境信息相对社会信息要稳定,主要是对季节、气候与穿着场合的分析。在不同的季节里,人们对于服装的面料、色彩、款式的需求不同。服装设计师必须做好市场调查,掌握好流行趋势。在产品投放市场之前或投放的过程中,要密切注意市场反映。虽然处在相同的季节,但南北方的气温差异有时较明显,要关注气候变化的情况以及时提供适时的产品。服装设计师还要掌握设计对象所处的环境与场合,根据不同场合的着装要求进行设计创作(图 3-11)。

图 3-11　环境信息分析——Esprit 在全球很多地区进行销售,其产品的设计开发需要考虑不同国家地区的地理、气候等环境的差异,以多样化的服装产品满足人们的不同需求

3. 市场信息分析

对市场进行准确的信息分析,做好市场竞争策略,可使设计的服装更好的在市场内流通及销售。恰当的着装能体现着装者独特的品位,也能充分表达消费者的着装观念。服装设计师要了解消费者的真正需求和想法,从消费者的着装心理出发设计符合其心理需求的服装,方可在市场上立于不败之地。服装设计师还须关注售后情况,了解设计产品在消费者使用的过程中出现的问题以及对产品的评价和建议(图 3-12)。

4. 传播信息分析

服装传播信息主要包含以下因素:一是大众消费传播。由于各个国家的政治、经济、文化、历史等不同,产生了不同层次的消费群体,他们之间的传播交流、相互制约使得大众消费传播形成了促进服装消费的主流。二是历史文化传播。服装设计师应对国内外的服装历史系统地学习和了解,借鉴和吸收世界各国、各民族不同的服装特点,博采众长。悠久的民族历史和服装民族文化常常成为服装设计师设计构思的重要来源(图 3-13)。

(三)流行的预测

流行预测是指对今后一段时间的流行现象做出有根据的预见性评价。

图 3-12 市场信息分析——Armani 第一次访问中国，与游人一起参观紫禁城。重视中国市场的第一步就是对中国市场进行深入的了解和分析

图 3-13 历史文化传播信息——在北美市场，Valentino 品牌推出"美国梦＋多样化产品"的品牌概念以迎合当地文化

三、技术资源

技术是人们以实现某种特定目标为目的改造客观世界的特定方法与手段，是直接的生产力，具有条件性、抽象性、目的性的基本特征。

服装设计的技术资源可理解为服装设计师用以进行设计工作的一切可利用的客观存在形态。服装设计的过程包括设计、分析、分解与制作。与这些过程相关的技术资源主要有：在设计与分析过程中需要用到的图书资料、图片文件、设计软件、制图软件等；在分解整合过程中需要用到的文字与图片编辑软件、样衣、样料、样册等；在制作过程中需要用到的则有各种缝纫设备、服饰配料等。

技术只有借助载体才能传递、交流、流传并且延续。技术的载体包括能工巧匠、技师、工程师、制造大师、发明大师、科学家、管理大师、信息大师等为代表的高科技高技能人群，也包括图纸、档案、书籍、以及各种多媒体存储记忆设备。

在服装设计过程中，上述客观存在形态都需要有具体的人来使用，而使用它们的本身也是一项具有技术含量的工作，同样需要使用者的技术与技巧。因此，运用服装设计技术资源的服装设计师、服装打板师、样衣工等也是构成技术资源的重要因素。只有在这些相关技术人员的配合之下，服装设计过程才能完成。

第二节 服装设计的人力资源

每个希望成为服装设计师的人都有一段漫长而艰苦的路要走。服装行业对服装设计师的基本要求是什么？服装设计师的工作有哪些类型？服装设计师在企业中的职责是什么？服装设计师在不同的服装企业中能为企业带来什么？服装设计师的职业对于服装行业有着怎样的作用？以下将对这些问题进行阐述。

一、知识结构

对于学习服装设计，有志于成为设计师的的年青人来说，必须具备以下基本技能和素质方能胜任现代服装设计师的工作(图3-14)：

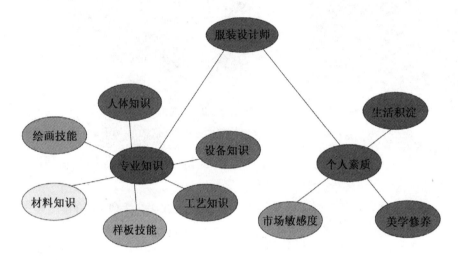

图3-14　服装设计师的知识结构

(一) 全面的专业知识

服装设计师应接受全方位的系统知识培训，具备多方面的知识，才能成长为一个知识面广、有修养、有眼光的专业服装设计师。

1. 熟知人体规律

服装设计脱离不开人体，服装设计与裁剪制作都要根据人体结构和活动规律来进行。人体的各个部位及其运动机能都会对设计和制作产生影响。服装设计师如果对于人体结构和活动规律缺乏足够的认识，无论是造型设计还是结构设计都会陷入盲目。

2. 能够表达设计意图

服装设计师应具备良好的美术基础，这对于服装设计的审美、作品的艺术性都有着良好的帮助。任何设计作品的诞生都是由人的最初设计意图转变而来的，服装设计师表达这个意图的工具就是以飞快的速度绘制出抓住瞬间灵感的设计草图。在商业设计中，还需要以服装效果图记录和表现服装款式设计构思，将服装的款式变化、结构特点、色彩配比组合及流行特征直观地表达出来。

3. 把握服装材料

服装材料是服装造型和色彩的物质载体，是体现设计思想的物质基础和服装制作的客观对象。服装的其它要素无法脱离材料独立存在，选择服装材料的成功相当于设计成功一半。掌握服装材料的基本属性，能够合理地对材料进行再创造、灵活地运用及搭配各种材料是进行服装设计的重要条件(图3-15、图3-16)。

图 3-15　图中 T 恤叫做"骑士"（The Cavalier），100% 棉质面料，运用"疏水"纳米技术编织而成，能有效防止大部分液体和污渍的浸入，可机洗，其防水功能最多可承受 80 次清洗

图 3-16　图中服装是将交易会上收集的开司米料样拼贴为 caftan 前开襟长袍

4. 掌握样板技术

有人认为：服装设计师只要能明确地画出服装效果图和结构图就行，纸样的绘制是打板师的事。其实不然，服装的结构和板型的基本原理是服装设计师不可缺少的专业知识之一，掌握这些知识和技术可加深服装设计师对服装的理解，完成从服装画家到服装设计师的转变。世界上许多著名的服装设计大师既是一流的设计师又是一流的板师（图 3-17）。

5. 了解生产设备与工艺

服装生产设备种类繁多，尤其是一些辅料及装饰品的生产制作设备种类更是数不胜数（图 3-18）。了解服装生产设备的用法，可以帮助服装设计师完善和细化局部设计，有时会收到事半功倍的效果。对服装生产工艺及流程的深入了解能起到细化设计、精确板型的作用，使设计意图得以充分地展现，设计品质大幅度提高。许多著名品牌的设计作品都非常重视工艺精细度。

（二）良好的个人素质

要真正做好一份事业，光靠专业知识的积累是不够的，个人素质是否完备是专业知识能否如鱼得水、淋漓尽致地发挥出来的重要因素之一。

1. 增加生活积淀

生活是服装设计的源泉。服装设计的灵感来源于生活。一片美丽的景色、一个新奇的物品、一个事件的发生、一种思潮的涌现都会给服装设计师带来无穷的设计灵感。服装设计师只有深入各种群体生活，不断积累生活经验，才能逐步丰富、提高自己的设计。

2. 培养市场敏感度

人们生活中的许多微妙变化可以间接而迅速地影响服装的需求，这隐藏着市场需求。优秀的服装设计师能在这些微妙变化中寻找新的需求，创造出当前市场中没有但存在着巨大市场潜力的产品。这种能力就是对市场的敏锐洞察力。

图3-17 20世纪20、30年代的三大时装设计师之一玛德琳·维奥内(Madeleine Vionnet)是20世纪初服装变革的先驱之一,由她首创的"斜裁法"至今仍影响着一代又一代的时装设计师

图3-18 程序式电脑花样机,可根据设计需要进行面料花样的程序设计,在服装上缝制出丰富多变的装饰效果

3. 提高美学修养

要使设计符合大众审美标准,需要服装设计师的设计符合普适设计原理,有震撼人心的艺术魅力,这需要服装设计师有很好的美学修养。良好的美学修养可为服装设计师提供对于美丑的评价标准,以这种评价标准作出的设计作品会是集品位与灵性于一身的设计佳品。

二、组织结构

当前,多数服装公司的组织结构包括了企划(产品设计开发)、生产、销售和财务四大部门,企划部门包含产品设计和生产管理两个职能机构。产品设计机构主要是在收集分析市场信息的基础上进行具体的设计活动(如材料的选用、概念设计的出台、产品设计的展开、版型的制作、样衣的试制等)。产品设计机构是服装企业的

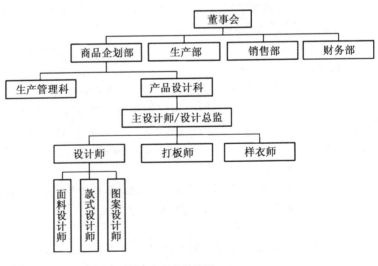

图3-19 现代服装公司设计部门组织结构图

核心机构之一,这一机构的成员能够各行其职、各负其责、分工合作、默契配合是该机构正常运转的前提(图3-19)。①

---

① 徐斌,张灡. 服装设计策略. 北京:中国纺织出版社,2006.

（一）设计机构

设计机构的工作内容涉及到对目标市场的把握以至销售工作的开展,范围很广。一般来说,企业中设计机构的人员数量与企业的年销售额有关。规模较大的品牌服装企业,产品设计靠少数人力量无法完成,要有专业人员组成的设计机构来实现。这就要求机构成员必须责任明确,否则容易产生混乱。

（二）工作类型

1. 专为服装设计公司工作的设计师

设计公司(或设计工作室)这一形式在国外发展多年,专为那些没有设计能力或者设计能力不足的中小品牌公司工作。设计公司向这些品牌公司出售设计成果,以满足或补充这些品牌公司的设计需要。一般情况下,设计公司由多名设计师共同组成,他们各有所长、互为补充,其设计产品通过吊挂客户(品牌公司)的商标在市场上与消费者见面。

2. 为同一品牌工作的设计师组合

在众多服装品牌中,有些品牌的服装设计师不为人知晓。比如:MORGAN、ZARA、ESPRIT、ONLY 等。事实上,这类品牌的服装设计师是作为一个团队一起工作的。如 ZARA 的设计师遍布全球,每一季针对总部的设计方案与主题,不同地区的设计师会对其进行再创意,以在其品牌整体风格的基础上形成适合该地区的设计路线。这些品牌所拥有的设计师团队携手共同打造一个品牌,不会突出地宣传某一个人,而是强调品牌的知名度和品牌的设计内涵,见小资料。

■ 小资料:ZARA 的设计团队运作

隶属于西班牙 Inditex 集团的知名品牌 ZARA 公司,在其位于西班牙拉克鲁尼亚的公司总部有一个近500人的庞大的设计师队伍。公司推崇民主与创新的设计氛围(没有首席设计师,没有一名高级服装设计师,所有设计师平均年龄26岁),鼓励设计人员从全球任何地方获得灵感(如:贸易情报、迪斯科舞厅、桥上的行人小道、时尚杂志等等)。女装、男装和童装的设计师们集中在总部一座现代化的建筑里,分布于各个宽广的大厅里,设计师们很容易与相邻的同事交流。设计师们通常坐在大厅的一边,市场专家坐在大厅的中间,另一边是采购和生产计划人员。每个大厅的正中央都有一些大的圆形桌子,设计人员可以在此召开临时会议,也可以聚在一起相互交流,大厅中间摆放着舒适的椅子和堆满时尚杂志的书架,设计人员随时可以坐下来翻看。整个设计过程是非正式的、开放的。

设计师先手工画出设计草图,然后与其它同事(市场专家、生产计划和采购人员)进行充分交流。公司通过这个过程保持一贯的"ZARA 风格",避免设计师的个人特点破坏公司整体风格。之后,设计师把修改的设计草图用 CAD 画出来,进一步修改,保证款式、材料、颜色等等搭配得更好。在进行下一步工作之前,必须先估计该设计的生产成本与销售价格,在设计阶段避免可能的亏损。随后,公司派熟练工人手工试制出小型样品,放在每个大厅的一角现场展示。在这个过程中,任何人有建议和疑问都可直接走到设计师跟前进行讨论,现场解决问题。

ZARA 的每个市场专家都要负责管理一些连锁店,他们本身通常是一些连锁店的经理。市场专家与连锁店经理建立起非常好的个人关系。他们通过电话保持密切交流,一起讨论销售、订单,新款式等。同样,各地的连锁店也是依据与市场专家的交流获得的信息确定最终订单(图 3-20)。

图 3-20　Zara 罗马旗舰店

设计的最后决定,包括生产设计的选择、何时生产以及产量,都由相关设计团队来决定,不仅设计师要参与,市场专家、生产计划和采购人员都要参与其中。设计最终确定后,生产计划和采购人员(均为非常有经验的员工)开始订单履行流程的管理:制定原材料采购计划和生产计划,监视库存变化,分配生产任务和外包生产,跟踪货源变化情况,防止生产不足和生产过剩。

3. 自由设计师

自由设计师最大的特点是他们没有固定的合作伙伴,不受企业和品牌风格的约束,可以自由地发挥创作才能。他们为参加服装展览会进行设计,也为时尚类影视节目进行设计,有时还为某个公众人物的特殊着装需要进行设计。有的自由设计师走商业化道路,建立自己的品牌。这种品牌的设计产品往往通过特殊渠道进行销售,用以树立服装设计师的个人形象,常常具有鲜明的设计师个性印记,属于小众化的设计产品。其目标消费者少而精,相对比较固定、产品价格高、风格独特。

著名服装设计大师卡尔·拉格菲尔德(Karl Lagerfeld)就是成功的自由设计师的典范。他于 1963 年成为自由设计师,1964 年担任克洛伊(Chloé)品牌设计师,将品牌定位于古典式浪漫唯美风格,这一风格延续至今(图 3-21);1965 年,为芬迪(Fendi)品牌担任设计师至今,著名的双 F 标志即出自卡尔之手(图 3-22);1983 年,成为香奈儿(Chanel)品牌设计师,在外界普遍不看好的情况下使品牌成功复活,成为最赚钱的时装品牌之一(图 3-23);1984 年,推出个人同名品牌 Karl Lagerfeld,古典风范与街头情趣相结合,形成诸多创新(图 3-24)。2004 年 11 月,卡尔与瑞典著名快时尚品牌 H&M 合作,推出"Karl Lagerfeld × H&M"限量版时装,上市 2 天即告售馨。2006 年 12 月 8 日,卡尔宣布推出同名品牌的副线品牌"K Karl Lagerfeld",定位于年轻休闲时尚,产品包括男装、女装以及大量 T 恤和牛仔。

图 3-21　Chloé 秋冬 RTW 时装发布秀

图 3-22　Fendi 秋冬 RTW 时装发布秀

图 3-23　卡尔·拉格菲尔德率领众模特儿在 Chanel 的时装发布秀上谢幕

图 3-24　Karl Lagerfeld 秋冬 RTW 时装发布秀

4. 个人服装定制公司的设计师

　　国内外都有专为个人量身定制服装的公司。在法国,有著名的服装设计师专为世界知名人物、皇室贵族等消费者量身定制的服务方式;在中国,以量体裁衣的方式为顾客定做服装的裁缝店自古就有,并有着不同档次的定制。这种定制形式在相当长的时间里成为中国人解决穿衣问题的主要渠道,裁缝们同时兼任了服装设计师的角色。近年来,一些服装设计师成立了根据顾客的需要为顾客设计、搭配出全新的形象的设计工作室(图 3-25)。

图 3-25　Christian Lacroix 设计师工作室仿佛一个高级定制博物馆

5．专为趋势研发机构工作的设计师

有很多公司是专门预测研发流行趋势，发布流行讯息的。在这些研发机构工作的设计师其任务就是把流行权威机构发布的趋势，包括色彩、面料、成衣等与国际服装设计大师发布会的作品结合、串编起来，整理出包括男装、女装、童装以及运动装、休闲装、礼服等的流行趋势预报，然后编绘成册销售给服装公司。

三、工作职责

虽然供职于不同机构的服装设计师在工作形式上可能存在差异，但作为服装设计师的基本工作职责是共同的，工作的出发点是要能够满足消费者和经营者的需要，在工作的过程中要能够进行产品设计及整合设计，还要能够与制作部门很好的沟通。

（一）满足消费者的需求

服装设计师真正价值体现在市场上。能够设计出使消费者感到"物超所值"的商品，赢得市场认可的是真正有价值的设计师。在充满创意的服装发布会上展示的服装表现的是服装设计师的创意才华和天分。作为设计产品，只有把服装发布会上的流行因素推向大众消费者，变成在市场上广受消费者喜欢的商品，才能最终体现服装设计师的价值。

（二）符合经营者的需要

服装产品的特殊性只有通过服装设计师个人智慧的投入，才能够成为独具风格和品位的闪光之作。服装设计师能给服装产品以生命和活力，也能够给企业带来声誉和效益。在企业和品牌运作的大框架下进行设计的设计师，不管其个性如何独特，都必须在符合企业经营理念的基调下去发挥，那样设计出来的作品才是优秀的设计作品。

（三）进行产品设计及设计整合

服装设计师要通过对市场的把握，创造出能够体现现代人的审美要求和时代精神的产品，并使其最大限度地满足消费者的实用需求，兼顾实用性与审美性。服装设计师的设计作品不单单是个人的作品，它必须同本品牌其他产品共同推出。设计师须兼顾产品与产品之间、系列与系列之间的互相渗透、融合、搭配的关系等，以保证整个产品形象的完整、统一和稳定。

（四）与制作部门进行沟通

服装设计要受到客观条件（材料、设备、生产技术等）的限制。设计效果图的完成只是完成了设计工作的一个部分,要实现整个设计还有一个生产制作的过程。这需要服装设计师了解结构工艺、制作流程、设备,尤其是一些专用设备的使用效果等。在设计中充分考虑到这些环节对成品的影响,在设计后能制作出切实可行的设计说明书,并随时与生产制作部门进行沟通。

四、技术认定

在现代经济社会中,服装设计作为实用艺术的一个分支,其作品具有强烈的时效性。它不同于19世纪画家们的作品,那些画家们生前不被认可,穷困潦倒,死后其作品才被世人认可。对于服装设计作品,它需要在被创作出来时就得到清晰的评价,这个评价将会决定这个设计的命运——被采用或者不被采用。被采用的设计会进入生产销售流程,最终进入到消费者的视野中,出现在消费者的身上;不被采用的设计则被取消,不再有可能为消费者所知。当前对于服装设计师的认定,主要来自以下几方面:

(一)职业资格认定

服装设计师的职业资格认定目前由各省自行制定标准进行考核颁发证书。本书仅列举其中几项。

1. 上海市服装设计专业职业资格证书

发证机构:上海市人事局、上海市经济委员会联合发证。

证书级别:分初级资格(初级服装设计师、初级服装制板师、初级服装工艺师)、中级资格(服装设计师、服装制板师、服装工艺师)、高级资格(高级服装设计师、高级服装制板师、高级服装工艺师)三个级别。

证书简介:上海市服装设计专业职业资格纳入上海市专业技术人员职业资格制度统一管理,由上海市人事局(简称市人事局)确认批准。市人事局和上海市经济委员会(简称市经委)共同负责本市服装设计职业资格的政策制定、组织协调、资格考试和评审,以及监督管理工作。上海服装行业协会受权承担具体事务及日常管理工作。[①]

2. 欧洲(ICPC)服装职业资格证书

发证机构:欧洲职业资格认证国际委员会(ICPC)

证书级别:国际证书

证书简介:ICPC进入中国服装类职业资格证书体系的包括应用技能类和管理类。应用技能类包括:服装工艺师、产业设计师、针织品设计师、电脑绘图设计师、高级裁缝、计算机系统辅助高级工艺操作工、服装流行趋势分析师等。管理类包括:生产主管及生产线主管、原材料采购、进出口、服装市场品牌推广销售经理人等。

3. 陈列设计师职业资质证书

发证机构:中国商业联合会

证书级别:分为《陈列设计师(服饰类)职业资质证书》和《陈列设计师(装饰类)职业资质证书》,设两个等级:陈列设计师(简称DD)与高级陈列设计师(简称SDD)

证书简介:2003年,中国商业联合会颁布《商品陈列师资格条件》,其中对商品陈列师职业的规范与标准给出了明晰的定义。2008年12月29日,中华人民共和国商务部正式发布《中华

---

① 信息来源:上海市人力资源与社会保障局职业能力考试院官网 http://www.spta.gov.cn/

人民共和国国内贸易行业标准——商品陈列师专业技术要求》(SB/T 10510—2008),2009 年 8 月 1 日该标准在全国范围内正式实施。[①]

(二)职业身份认定

即使你拥有满满的信心,认为自己是胸怀奇才的设计新锐,也通过了职业资格考试,拿到服装设计师的职业资格证书,或怀揣服装设计专业的高学历证书,也并不代表你就此可以踏上服装设计师的康庄大道。要在这个充满竞争的行业中获得一席之地,还要获得服装设计师的工作职位,进入到服装设计的行业平台,拥有服装设计师的身份,才可能施展满腔抱负和才华。国内目前获得服装设计师职业身份的途径通常有以下两种方式:

1. 就职企业设计师

每到毕业季,就可以看到怀抱设计师梦想的年轻人们背着大大的包,里面装的都是自己的设计图稿、学习经历、获奖证书,出没于各服装公司的人事部门,接受现场的命题设计考验,向人力主管和设计总监们展示自己。只有通过这一关,这些年轻人们才能坐在设计部的办公桌前,开始描绘自己的设计师梦想。每个服装企业的产品都有或大或小的差异,服装企业的目标客户不同、运作方式不同、认定的标准就不同。因此,寻找工作的年轻人们在展示自己才华的同时,也是在寻找与自己的能力、爱好、特长相契合的企业。服装企业进行筛选的过程,也是按照自己的标准对所需的服装设计师进行认定的过程。通常需要设计师对企业品牌文化理解与认同,具备创新精神、团队精神、专业能力、协作能力、市场意识等。

2. 自主创业设计师

有少数年轻人不愿受企业束缚,从业伊始就采用独自创业的形式开始服装设计师生涯。还有些年轻人在进入服装企业后,不适应企业的工作方式,或者和设计总监意见不合,选择离开企业自己创业。刚毕业的学生独自创业,成立一个小的服装公司或工作室需要多方因素配合。首当其冲也是难倒很多年轻人的是创业启动资金,这是一个不小的数字。由于市场经验的匮乏,多数这样的小公司在创业初期举步维艰,需要资金和毅力继续下去。

无论是直接进入企业从事设计,还是避开被人挑挑拣拣的命运自己开办服装公司或工作室,年轻的设计师们都无法逃开接下来的认定,即公众认定。

(三)公众认定

实践是检验真理的唯一标准。市场是检验服装设计师的最好标准。服装设计师通过"非语言传递的信息"与消费者交流和沟通,这种非语言形式的信息就是其服装设计作品的造型、色彩、材质、装饰等外在具象表现。服装设计师的思想观念、审美标准、甚至性格和人品等都表现在服装设计作品里。

美国心理学家亚伯拉罕·马斯洛(Abraham Maslow)在 1943 年发表的《人类动机的理论》(A Theory of Human Motivation Psychological Review)一书中提出需要层次论,亦称"基本需求层次理论"。[②] 这个理论把人的需求划分为五个层次,由低到高分别为:生理的需求、安全的需求、归属和爱的需求、尊重的需求、自我实现的需求,见图3-26。这五种需求是按照低级到高级的层次组织起来的。马斯洛认为:只有当较低级的层次需求得到了满足,较高层次的需求才会出

---

① 信息来源:中国商业联合会官网 http://www.cgcc.org.cn/
② 马斯洛.人类动机的理论.许金声等译.北京:中国人民大学出版社,2007.

现。中国古语"仓廪实而知礼仪"表达的也是这一涵义。根据这一理论，一名服装设计师如果得不到公众的认可，就是说他在归属与爱、尊重、自我实现这三个需求层次上都没有得到满足，这对于从事服装艺术设计的人来说是莫大的痛苦和悲哀。

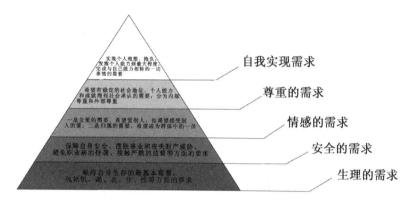

图 3-26　马斯洛基本需求理论

服装艺术与绘画艺术不同，梵高（Vincent Willem van Gogh，1853—1890，荷兰画家）具有超前意识，其作品包含着深刻的悲剧意识以及强烈的个性和形式上的独特追求，在其生前被世人认为是一堆垃圾。"成也萧何，败也萧何"，这种超前意识不被当时的人们接受，不为人理解，画家在困苦与寂寞中了其终生。也正是这种超前意识使其作品价值在去世后被人们发现并认可，对西方20世纪的艺术产生深远影响。梵高因此被誉为印象派最伟大的画家（图3-27）。这种情形是不会出现在服装设计作品和服装设计师身上的。时尚性和流行性是现代服装的重要特征，提前一年被认为是"格格不入的"，落后一年则是"过时落伍的"，都很难得到公众的认可，只有恰如其时的创意和风格才可能获得成功。

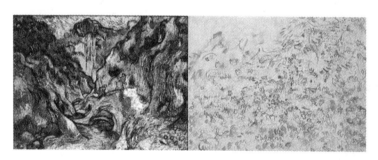

图 3-27　梵高的作品——重叠在同一块画布上的两幅画，左图为《峡谷》，右图为隐藏在《峡谷》之下的《野生植物》。《野生植物》完成于 1889 年，4 个月后，贫穷的画家重复使用画布，在同一张画布上完成了《峡谷》

此外，服装设计师的个性和喜好可能会与公众喜好有偏差，甚至是背道而驰。这时，服装设计师就无法像进行纯艺术创作的艺术家那样置世俗于不顾，只管表达自己的想法。服装设计师须时时把消费者放在心中，用自己的才华加上对消费者的把握与了解，创造出深受消费者喜爱的服装。这与服装设计师表达自己独特的审美观和创作个性并不矛盾。优秀的设计师能很好的兼顾两方面内容。无视消费者的需要和喜好,得不到公众的认可,服装设计师就可能面临着失业。

五、对行业的作用

企业是服装设计师成长和成熟的摇篮,是服装设计师施展才华的舞台。为不同企业工作的服装设计师承担着不同的职责和角色。

(一)在高级女装业中的作用

高级女装业以上层社会贵妇为顾客。高级女装也称高级时装(Haute Couture)①,包含高级的材料、考究的设计、精细的工艺、高昂的价格、高级的穿着者和高级的使用场所等要素。英国人查尔斯·弗雷德里克·沃斯(Cherles Frderick Worth)是巴黎高级女装店的奠基人②(图3-28)。

在法国,高级女装是一个独立的行业阶层,有自己的组织"法兰西高级服装联盟"。高级女装、高级女装店及高级女装设计师的称号不是自封的,是获得行业认定,受法律保护的。高级女装设计师(Couturier)及其时装店(Maison)必须经过法国巴黎时装协会的会员资格认证,设计师方能冠以"高级时装设计师"头衔,其时装作品才可使用"高级时装"称号。在高级女装业中,首席设计师有一言九鼎的地位。高级女装是艺术和技术的结晶,是时尚的旗帜,它带给世人美的享受,是服装艺术的巅峰。首席设计师的才华、创造力给品牌和服装企业源源不断地注入活力,他们是企业当之无愧的主宰和灵魂(图3-29)。

图3-28 查尔斯·弗雷德里克·沃斯(Charles Frederick Worth)的高级女装

图3-29 Christian Dior 秋冬 CTR 时装发布秀

---

① 由法国高级时装协会筹办的高级定制时装发布,每年1月和7月在巴黎分两季举行,简称CTR。——著者注

② 1858年,沃斯在英国和平路7号开设了世界上第一家以上流社会的达官贵人为对象的沙龙式高级女装店,深得皇后和贵族名媛的宠爱,擎起巴黎高级女装业的一面大旗,对以后的服装业影响深远。——著者注

（二）在高级成衣业中的作用

高级成衣本是高级女装的副业，到 20 世纪 60 年代，高级成衣业蓬勃发展，大有取代高级女装之势（图 3-30）。高级成衣业不仅在观念上和组织形式上有别于高级时装，服装设计师这个称呼在两个领域也不一样。高级服装的设计师，法语称作 Couturier（女性称作 Couturière），而高级成衣的设计师则称作 Styliste。Maison（服装店）这个词也只用于高级服装店，高级成衣店称作 Boutique。①

高级成衣以中产阶级为消费对象，从前一年发布的高级服装中选择便于成衣化的设计，在一定程度上保留或继承高级定制服的某些技术，介于高级时装和以一般大众为对象的大批量生产的廉价成衣之间，小批量多品种生产。高级成衣与一般成衣的区别不仅在于其批量大小、质量高低，关键还在于其设计的个性和品位，国际上的高级成衣多为设计师品牌。高级成衣设计师进行的设计需兼顾消费者、流行趋势、成本、市场等多个方面，比高级时装设计师的工作所受限制多。

（三）在成衣业中的作用

成衣作为工业产品，符合批量生产的经济原则，生产机械化、产品规模系列化、质量标准化、包装统一化，并附有品牌、面料成分、号型、洗涤保养说明等标识。当前国内绝大多数服装企业与品牌的产品均属此类（图 3-31）。

图 3-30 Céline 秋冬 RTW 时装发布秀

图 3-31 香港原创设计潮牌 B.Duck 小黄鸭冬季服装秀

服装企业的服装设计师中的一部分人担任原创设计师的角色，通过艺术创作和技术开发获得原创款式，带给市场以新鲜的服装产品；另一部分人充当专业款式结构设计师，依靠对市场的敏感分析和训练有素的品位眼光，将已有服装的不同部件和结构细节，根据品牌理念、季节主题

---

① 20 世纪 60 年代初成立了法国高级成衣协会，定于每年的 3 月举办冬季作品发布会，10 月举办春夏季作品发布会。巴黎、纽约、米兰、伦敦四大时装周就是高级成衣的发布和进行交易的活动，简称 RTW（Ready-to-wear）。——著者注

和流行,设计组合成有新意的款式。服装企业中的服装设计师需要研究市场、流行以及目标顾客,使自己的眼光与目标顾客视角一致,同时应具备一定的超前性。服装的原创设计师和款式设计师是企业的骨干力量,也是服装企业兴旺发达的原动力,服装设计师对时尚的敏感度及设计魅力是企业生存的依赖。在大众成衣业里,服装设计师的工作相对较单一和公式化。

第三节　服装设计的市场资源

我国既是服装生产大国,也是服装消费大国。改革开放以来,我国的服装行业经历了从数量增长到追求质量和效益的阶段,现在开始进入品牌经营的新阶段。对国际市场,我国服装以出口贸易为主,缺乏直接进行国际市场营销的实力与手段。对国内市场,我国拥有人口近14亿人,拥有庞大的国内服装消费市场。

一、市场的定义

市场,传统上是指买卖双方进行交易的场所。经济学家将市场看作某一特定产品或某类特定产品进行交易的卖主和买主的集合。在市场营销者看来,卖方构成行业,买方构成市场。在现代市场经济条件下,每个人在从事某项生产中趋向专业化,接受报偿,并以此来购买所需之物。在现代市场经济条件下,企业必须按照市场需求组织生产。

我国服装业经过40多年发展,已形成以区域集中为特征的产业集群,也是我国服装业的基本特征之一。我国服装产业集群主要分布在珠江三角洲、长江三角洲、环渤海地区。在服装主产区浙江、福建、广东、江苏、山东、河北等地,围绕着专业市场或出口形成了众多以生产某种产品为主的区域产业集群。山东、上海、辽宁、福建、湖北、河北、安徽、天津等地年产服装超亿件,是我国服装的主产区。

二、市场的分类

服装业涵盖面很广,可按不同方式对其进行细分,如根据产品档次、设计含量和目标顾客群可分为高级服装业、高级成衣业、成衣业等;也可根据在市场经营中的作用分为服装制造业、服装批发业和服装零售业等。多数情况下,行业内习惯按照产品类别和使用对象进行产业细分,即分为女装业、男装业、童装业、针织服装业、内衣业、皮革服装业等。

(一)女装

服装市场中最引人注目的是女装市场。女装在整个服装市场中具有举足轻重的地位,一方面源于女装市场规模大,另一方面源于女装设计含量和时尚度很高,其经营活动充满挑战。女装企业由大量中小企业组成,市场需求更加多样化、时尚化和个性化,产品开发有明显的季节性。女装多品种、小批量、短周期的市场特点导致业内新产品设计开发、发布、展示和促销活动频繁。

(二)男装

与女装比较,男装在款式、颜色等方面较为保守和缺少变化。男装更适合大规模生产和销售,国内形成了一些知名的男装大型企业,如杉杉、雅戈尔、报喜鸟、罗蒙等。西服和衬衫是男装中生产量和需求量最大的品种。男装市场有以下特点:男装款式变化相对较小,对品质要求较高、对工艺技术要求较高、地区需求差异不明显、多元化发展趋势、高度重视品牌经营和品牌形象。

(三)童装

童装市场在我国是一个正在成长和形成的市场,具有以下特点:产品细分程度高,对面料、款式的实用性、功能性要求高,生产工艺复杂、成本高,对营销手段要求高。与男装、女装相比童装起步晚、发展缓慢,市场潜力巨大。总体上处于起步阶段,在设计、面料和营销手段上还有很大差距。

(四)针织服装

从梭织物向针织物发展是20世纪60年代后世界服装工业的一个总趋势。进入21世纪以来,全球针织服装取得迅速发展,针织服装在成衣中的比例大增长。[①] 国内针织服装业也迅猛发展,针织服装在成衣中的销售比例达40%以上,针织服装呈现出舒适化、轻薄化、外衣化、时装化、功能化四大发展趋势。针织服装逐渐从过去的内衣角色拓展到服装的各个领域,甚至成为许多世界名牌时装的主打成衣产品。

(五)皮革服装

我国皮革市场从早期简单的作坊式生产发展到现在已基本形成门类齐全、技术工艺比较先进、生产规模不断壮大的完整体系。我国皮革原料产地主要在西北地区,皮革及皮革制品生产加工及批发销售基地主要集中在东南沿海及中南地区,其中浙江海宁、河北辛集是著名的皮革服装及制品的加工生产和贸易集散地。皮革服装的主要消费市场以北方为主,尤其是东北、华北、新疆等地。皮革企业以中小企业为主,近年来企业开始从大中城市向小城市、乡镇转移,三资企业和民营企业成为行业的新生力量,与乡镇企业一起成为行业的主要力量。

三、市场的特点

消费者对服装的需求是推动服装市场发展的主要力量。随着社会经济发展,人们生活水平的提高,消费者对服装的需求不断由低层次向高层次发展,服装市场需求出现以下特点和趋势:

(一)国内服装市场特点

我国幅员辽阔,经济发展不平衡,总体具有南强北弱的特点,在地理上跨度很大,在气候上差异很大。这些差异使得我国服装市场表现出以下特点:

1. 细分市场逐渐清晰

消费者对服装的需求和品位开始成熟,消费水平和档次不断提高,对服装的选择不再是简单的模仿,出现多样化、个性化的趋势。消费者根据自己的偏好和需要选择与自己身份和气质相适合的服装,并日益重视服装的社会功能,根据不同场合和环境需要穿着不同的服饰。不同年龄、社会阶层和收入的消费者对服装的需求分化,各类服装市场日趋细分化。

2. 区域性需求差异明显

我国地域宽广,气候环境、自然资源、经济发展水平、生活方式和消费习惯等差异明显,导致

---

① 据中国行业研究院数据统计,近10年内美国针织外衣产量增长3倍多,日本增长8倍多。英国、法国、德国针织外衣产量占针织品总产量的40%左右。全球针织服装消费量占服装总消费量的50%,英国已达70%。——著者注

我国不同地区服装市场需求有很大差异。南北方市场对服装板型、颜色和款式的要求不同。以广州和深圳为代表的华南市场,经济起步早,服装流行受香港影响;以上海、北京为中心的华东和华北地区,经济发达,消费追求美观和品位,注重品牌、配套性和传统性;东北地区以大连、沈阳为中心,消费观念趋同,服装流行趋势较接近日本和韩国,加之北方人豪爽和注重外表的性格,对服装需求旺盛。

3. 不同需求层次形成

近年来,不同阶层收入差距进一步扩大,服装市场也形成了明显不同的层次。第一个层次是高档、名牌服装消费层,为高收入阶层,穿着讲究场合,追求名牌;第二个层次是中档服装的消费群,比较注重服装的质量、款式、品位和个性,并要求价格适中;第三个层次是低档服装的消费群,注重实用和价格低廉。

4. 品牌化成为主要趋势

我国服装市场已进入以品牌竞争为核心的新时代。随着企业和消费者品牌意识的增强,品牌消费和品牌经营成为我国服装业整体的发展方向。逐渐形成和扩大的中产阶层具有较高的消费倾向,是消费的主力军,他们对服装的消费主要集中在中、高档上,是服装消费市场不可忽视的力量。

(二)国际服装市场特点

国际服装市场相对我国要成熟许多,与我国联系紧密的几大市场总结如下:

1. 欧盟市场

欧盟作为世界第二大经济体,拥有人口3.8亿,服装消费市场庞大。主要分两个消费档次:德国、法国、英国、意大利属于第一档次,占欧盟服装销售额70%以上;其他国家处于第二档次,服装消费相对较少,进口能力不强,如希腊、葡萄牙和爱尔兰等。欧盟对进口服装产品质量要求很高,重视安全性、卫生性,制定了纺织品绿色生态标签认证标准。

2. 美国市场

美国拥有人口2.9亿,是全球第一大服装消费市场,服装年销售额超过1 600亿美元。

中国、墨西哥、中国香港、洪都拉斯和越南依次为美国前五大服装进口来源地区。美国大部分进口商愿意选择中国为主要供货商,但针对中国的纺织品服装保障条款为中国扩大对美出口带来不确定因素。为降低过度依赖中国的风险,印度成为美国另一大服装供应国(图3-32)。

图3-32　美国五大奥特莱斯(OUTLETS)集团之一的 Premium Outlets,目前在全球共有68所折扣购物中心,美国58所,日本8所,韩国和墨西哥各1所

3. 日本市场

日本现有人口 1.3 亿,国民收入居世界前列,服装服饰年销售额达 900 亿美元左右。日本以向周边国家、地区和欧美市场出口中高档服装产品为主。中国香港、欧盟、中国台湾、美国、韩国和中国依次为日本前六大服装出口市场。日本整体服装市场消费乏力,青少年和老年服装市场却表现强劲。由于社会高龄化、少子女化趋势明显,老年人和职业妇女购买力在市场中发挥重要作用(图 3-33)。

图 3-33 日本社会已进入老龄化状态,加之少子化趋势,老年人具有很强的购买力

4. 中国香港市场

香港是全球服装采购中心,拥有众多从事与服装相关的进出口贸易的公司。许多国际知名服装零售商、进口商在香港设立分公司,负责亚太地区服装采购,如:Macy's,JC-Penney,C&A,Sears,The Gap,Otto,Calvin Klein,Tommy Hilfiger。香港与内地服装贸易相互渗透、联系紧密。香港服装制造商已塑造和推广一批自有品牌服装。如:Baleno,Bossini,Crocodile,Episode,Esprit,G-2000,Giordano,Hang-Ten,JeansWest,Moiselle,U2 等,成功打入国际零售市场,在北京、伦敦、纽约、旧金山、上海、新加坡、悉尼、台北和东京等地建立全球销售网络(图 3-34)。

四、服装设计与市场的关系

多数服装具有季节性和流行性的特点,服装企业的产品设计开发、销售受季节和流行趋势的强烈影响,这是许多其它类别产品所没有的。服装与消费者个人联系的紧密程度也是许多其它产品所不具备的,例如购买一部轿车通常是以家庭为单位的消费行为。

如果说服装设计师代表的是设计,那么服装销售人员代表的就是市场,服装设计与市场的关系可从企业内部的服装设计部门与营销部门的关系来分析。

服装设计师与服装企业的营销人员常常来自不同的教育背景,这会造成他们之间的隔阂。大部分服装设计师是按照艺术设计专业的要求培养出来的,所受的训练主要是如何进行创意表现,对于成本和时间的限制考虑的较少。而对于商业和营销方面的训练的比较欠缺,缺乏理性分析市场的方法。

图3-34　香港设计师何国钲在香港时装周开幕式上的开场秀

　　企业营销人员接受的是注重用系统化和符合逻辑的方法解决问题的训练。营销的基础包括设定目标,并将投入与产出用量化的方法表达出来。他们通常不了解设计的美学要求和产品开发中的许多细节。

　　在服装企业中,处理好设计与市场的关系有这样几个基本原则:一是服装设计师要以消费者为中心;二是服装设计师要有充分的时尚生活;三是服装设计师要处理好与企业的关系;四是市场是检验服装设计师的重要标准。成功的品牌、成功的设计师必然是被市场认可的。同时,营销人员也要充分理解设计师的工作和想法,并通过建立有效的沟通机制来协调设计与营销的关系。

　　在关注市场和消费者重要性的同时,必须看到设计对市场和消费者的能动及引导作用。服装设计并非要被动的迎合消费者的看法,它是一项创造性的活动。在消费者没有看到商品前,很难说清楚自己是否喜欢某一款式的服装。消费者的偏好也是易变的,一个人表示自己不喜欢某一款式,但在试穿过之后或在别人的影响下,也可能改变看法,喜欢上这款服装。这就是服装设计师利用设计产品对消费者进行的引导。

本章小结

　　本章主要介绍服装设计需要的资源,包括物力资源、人力资源和环境资源。

　　物力资源包括用以支持设计工作得以进行的物质资源,为设计师提供大量参考信息的信息资源和进行设计表现、实现设计的技术资源。

　　人力资源介绍了服装设计师应具备的知识结构,包括:全面的专业知识、良好的个人素质。

　　服装设计师的工作类型主要有:专为服装设计公司工作的设计师、为同一品牌工作的设计师组合、自由设计师、个人服装定制公司的设计师、专为趋势研发机构工作的设计师。其基本工作职责是共同的,要满足消费者的需要、满足经营者的需要、进行产品设计及设计整合、与制作部门进行沟通。

服装设计师的认定有职业资格认定、企业认定、公众认定。

处理好设计与市场的关系的基本原则:一是服装设计师要以消费者为中心;二是服装设计师要有充分的生活;三是服装设计师要处理好与企业的关系;四是市场是检验服装设计师的重要标准。

思考与练习

1. 在现代服装企业中,服装设计师的工作包含哪些内容?

2. 作为一名未来的服装设计师,请谈谈如何在满足市场需求与表现设计师个性之间取得平衡?

FASHION DESIGN
第四章
服装设计的内容

设计是一种永恒的挑战，它要在舒适和奢华之间、在实用与梦想之间取得平衡。

——唐纳·卡兰（Donna Karan，1948 年，美国，著名时装设计师，DKNY 品牌创始人）

第一节 服装的造型设计

　　造型设计这个词概念很广,涉及的面很宽泛,要求设计师对除本专业的专业知识熟悉外还要对相关的人文、艺术、心理学等方面也有所涉猎,这样才能及时把握国际最新流行动向,创造出新颖而富有时代气息的新造型。

一、造型设计的定义

　　凡是利用形状本身或者形状与图案的结合,以及对色彩与形状、图案进行结合创造出富有美感并能够应用的形体的新设计都可称为造型设计。如产品造型设计、器皿造型设计、发型造型设计、人物造型设计等等。

　　服装造型是指服装在形状上的结构关系和空间上的存在方式,包括外部造型和内部造型。[①]因此,服装的造型设计就是指对于服装的外部形状和内部结构进行的设计,分为外部造型设计和内部造型设计,也称整体造型设计和局部造型设计。外部造型设计即服装的外部廓形设计。服装的内部造型设计即服装的局部与细节设计,包括领部、袖部、肩部、门襟、腰部、摆部等部件设计,还包括分割线、口袋等细节设计。

二、造型设计的分类

　　根据造型设计的内容和表达方式,造型方法可分为基本造型方法和专门造型方法。

(一)基本造型方法

　　基本造型方法是指从造型本身规律出发的、广泛适用视觉艺术各专业所需要的造型方法。由于基本造型方法研究的是造型的组合、派生、重整和架构等一般规律,并不单纯为服装设计服务,它具有更多的普遍性和通用性,是设计师务必了解和掌握的造型方法。

1. 象形法

　　象形法是把现实形态中的基本造型作符合设计对象要求的变化后得到新造型的方法。象形具有模仿的特点,但不是简单地将现实形态搬到设计中去,而是将某个现实形态最优特征的部位概括出来,进行必要的造型处理。在服装造型设计中,应尽量避免直接套用模仿对象的外形,而应巧妙利用其原始外形进行变化,否则会落入过于直观、道具化、图解化的俗套(图4-1、图4-2)。

图4-1　象形法——龙虾刺绣裙(Maison Martin Margiela 秋冬 CTR 时装发布秀)

---

① 刘晓刚. 服装设计 300 问. 北京:金盾出版社,1997.

图4-2 象形法——服装表面的处理像爆开的马勃菌一样充满蓬乱之美,飘逸的鸵鸟毛让人产生了另一种联想:仿佛是潮汐中摇摆的银莲花(Alexander McQueen 秋冬 RTW 时装发布秀)

2. 并置法

并置法是将某一基本造型并列放置从而产生新造型的方法。并置法不相互重叠,因而基本造型仍清晰地保持原有特征。并置法具有集群效果,视觉效果虽不如单一造型时那么集中,但其规模效应却大大加强了表现力度。并置法的运用可以灵活多变,既可以平齐并置,也可以错位并置。并置以后,还可以根据设计对象的特点做必要的调整(图4-3、图4-4)。

图4-3 并置法——矩形的基本造型在水平和垂直方向进行并置,形成规整而有间隙的整体造型,既严谨又不沉闷(Fendi 春夏 RTW 时装发布秀)

图4-4 并置法——仍然是矩形的并置,这次采用的是围绕身体进行的横向并置,且由上向下形成比例变化(Alexander McQueen 秋冬 RTW 时装发布秀)

3. 分离法

分离法是指将某一基本造型分割支离,组成新造型的方法。分离时,首先对基本造型做切割处理,然后拉开一定的距离形成分离状态。这种方法既可以保留分离的结果组成新造型,也可以去除某些不必要的部分,化整为零。分离后的造型之间必须有某种联系物,例如,薄纱、布料、线带、饰物等。如在腰部或肩部切割分离,用透明塑料把切割后的部分连起来(图4-5、图4-6)。

图4-5 分离法——肩部与腰部进行曲线形分离后,再以薄纱进行造型还原,形成地图板块般的变化效果(Ohne Titel 春夏 RTW 时装发布秀)

图4-6 分离法——以简单的横向直线形分离将上装分成上下两部分,再以 PVC 材料连接,配合同色下装,完美地改变了人体上下身比例(Chado Ralph Rucci 春夏 RTW 时装发布秀)

4. 叠加法

叠加法是指将基本造型做重叠处理后得到新造型的方法。与并置法不同的是,叠加以后的基本造型会改变单一造型的原有特征,其形态意义由叠加得到的新造型而定。叠加法的造型效果有投影效果和透叠效果两种。投影效果仅取叠加后的外轮廓线,清晰明了。投影效果在厚重面料的设计中效果较为明显,厚重面料叠加后只能看到面积最大的面料造型的轮廓。透叠效果保留了叠加所形成的内外轮廓,层次丰富。透叠法在轻盈薄透的面料设计中效果较为明显,由于面料本身透明,使得叠加在一起的造型都能被看到,最外层的清晰明了,内层的透过外层面料若隐若现,如同雾里看花,这种丰富的层次感与灵动感正是叠加设计所追求的效果(图4-7、图4-8)。

5. 旋转法

旋转法是将某一造型做一定角度的旋转取得新造型的方法。旋转法一般是以基本造型的某一边缘作为圆心进行一次或数次旋转,由于旋转角度的关系,旋转以后的某些部分会出现类似叠加的效果。旋转可分为定点旋转和移点旋转。定点旋转即以某一点做圆心进行多次旋转;移点旋转是在基本造型边缘取多个圆心进行一次旋转或多次旋转(图4-9、图4-10)。

图4-7 叠加法之投影法——Marni 秋冬 RTW 时装发布秀

图4-8 叠加法之透叠法——Fendi 春夏 RTW 时装发布秀

图4-9 旋转法之定点旋转——Alexander McQueen 秋冬 RTW 时装发布秀

图4-10 旋转法之移点旋转——Junya Watanabe 秋冬 RTW 时装发布秀

6. 发射法

发射法是指把基本造型按照发射的特点排列后得到新造型的方法。发射是一种常见的自然结构,焰火的点燃、太阳的光芒、水中的涟漪等都呈发射状。发射具有很强的方向性,发射中心成为视觉焦点,可分为由内向外或由外向内的中心点发射、以旋绕方式排列逐渐旋开的螺旋式发射和层层环绕一个焦点的同心式发射三种。在服装设计中,往往把部分发射造型用于服装造型或局部装饰(图 4-11 ~ 图 4-13)。

图 4-11 发射法之中心点发射——以女性脐中为发射点,采用透明与不透明面料穿插拼接以形成发射的效果,含蓄而具有趣味(Zimmermann 春夏 RTW 时装发布秀)

图 4-12 发射法之螺旋发射——围绕人体进行螺旋式发射,以流畅曲线表现优雅(Dominique Sirop 秋冬 RTW 时装发布秀)

图 4-13 发射法之同心发射——随着衣片结构以头部为圆心进行同心式发射的推进,发射半径也等比例增加,表现出如涟漪般的层次感,使单色调的服装变得生机勃勃(Aganovich 春夏 RTW 时装发布秀)

7. 镂空法

镂空法是指在基本造型上做镂空处理后得到新造型的方法。镂空法不改变基本造型的外轮廓,一般只对物体的内轮廓产生作用,是一种产生虚拟平面或虚拟立体的造型方法。镂空法可以打破整体造型的沉闷感,具有通灵剔透的感觉。镂空法分绝对镂空和相对镂空。绝对镂空是指把镂空部位挖空,不再作其它处理,也叫单纯镂空;相对镂空是指把镂空部位挖空后再镶入其它东西,相对镂空的效果不若绝对镂空那么直白,追求的是遮遮掩掩、欲语还休的审美效果(图 4-14、图 4-15)。

8. 悬挂法

悬挂法是指在一个基本造型的表面附着其它造型后得到新造型的方法。其特征是被悬挂物游离于或基本游离于基本造型之上,仅用必不可少的牵引材料相联系。虽然在平面上也可以悬挂其它平面,但是这种效果我们习惯上把它看作属于叠加法里的内容。悬挂法一般特指立体感很强的造型而言,在基本服装造型之上再悬挂一些造型独特的物件,服装的整体造型就有了根本变化(图 4-16、图 4-17)。

图4-14 镂空法之相对镂空——镂空的造型强调了女性的身体曲线变化,镂空的位置选择表达了含蓄的性感(Zuhair Murad 秋冬 RTW 时装发布秀)

图4-15 镂空法之混合运用——在同款服装上出现了相对镂空与绝对镂空的同时运用,两者形成对比,效果都得以强调(Viktor & Rolf 秋冬 RTW 时装发布秀)

图4-16 悬挂法——整齐排列的布条自上而下挂满全身,具有动荡而不羁的感觉(Junya Watanabe 春夏 RTW时装发布秀)

图4-17 悬挂法——带穗的皮革挽具装饰,悬挂在深红色皮革上衣的门襟与下摆之处 (A. F. Vandevorst 春夏RTW 时装发布秀)

9. 肌理法

肌理法是指通过改变服装材料表面得到具有空间凹凸起伏微造型的方法。服装设计中的肌理效果是由粘贴、卷曲、揉搓、压印、辑缝、抽褶、雕绣、镂空、植入等其它材料装饰方法对面料进行再创造来表现的,面料本身的肌理除外。服装肌理表现形式有多种多样,表现风格各有特色。运用好肌理效果,可增加服装的审美情趣。很多服装设计大师的设计作品就是以面料的肌理效果作为设计特色(图4-18 ~ 图4-20)。

图4-18 肌理法——用珠片、细管连缀而成的面料制成的上衣具有镂空效果，常规款式因而变得精致高贵（Gucci 秋冬 RTW 时装发布秀）

图4-19 肌理法——布满樱花装饰的粉色短裙（Alexander McQueen 秋冬 RTW 时装发布秀）

图4-20 肌理法——雪纺褶皱背心，毛边饰条牛仔裤（Isabel Marant 春夏 RTW 时装发布秀）

10. 变向法

变向法是指改变某一造型放置的位置或方向从而产生新造型的方法。比如领子本来是从脖子套进去的，但把它改为从臂膀处套进去就是变向法的运用。变向法应用在具体设计中，并不是简单地将方向或位置改变一下而已，而是将改变方向后的相应部位作合适的处理，使其仍保留服装的基本特征。如上述将领子变向到袖窿处，并不意味着头上要套一只袖子或者将底摆转移到侧缝。作为一种造型方法，使用变向法的目的是创造新的造型，仅做表面变向没什么实际意义（图4-21、图4-22）。

图4-21 变向法——袖子变成了裤腿，门襟的开口转到了小腿后方，腰臀部位却都省去了，运用变向法之后出现的新造型那么得出人意料

图4-22 变向法——主题为"退役运动员职业生涯还留下什么"，袖子变为了腰带，将运动员惯用的外套系在腰间的穿法转化为一体式的设计（A Détacher 秋冬 RTW 时装发布秀）

（二）专门造型方法

相对基本造型方法来说，专门造型方法指专门根据服装的特点而创造造型的方法。绝大部分服装是由柔软的纺织类或非纺织类材料制成的，服装的适体性、柔软性、悬垂性等造型特点是许多其它设计门类所没有的。因此，在基本造型方法基础上掌握服装专门造型方法很有必要。这里所说的专门造型方法就是专门针对服装材料的柔软性来探讨的，也可以说是软造型的造型方法。在此介绍几种主要的服装造型方法。

1. 系扎法

系扎法是指在面料的一定部位用系扎方式改变原造型的造型方法。系扎材料一般为线状材料，如丝绒、缎带、花边等。这种方法可改变服装的平面感，系扎点随意多变。可选择的系扎效果有两种。一是正面系扎效果，其特点是系扎点突出，立体感强，适用于前卫服装；二是反面系扎效果，其特点是系扎点隐含，含蓄优美，在实用服装中使用较多。具体的系扎方式有两种。一种是点状系扎：即将局部面料拎起一点再作系扎，增加服装的局部变化；另一种是周身系扎，即对服装整体进行系扎，改变服装的整体造型。进行服装设计时，为了结构准确，服装设计师通常会先系扎出一定的效果再正式裁剪（图4-23、图4-24）。

图4-23　系扎法——Hussein Chalayan 将一件简单的无肩带斜裁丝质紧身裙拖出一块如同拧毛巾般的面料（Vionnet 秋冬 CTR 时装发布秀）

图4-24　系扎法——Viktor & Rolf 思索是否有可能将如此僵硬的材料转化为可穿着的体积，采用打结、围裹和绑扎技巧的将绒质面料塑造出具有雕塑感的褶裥效果（Viktor&Rolf 秋冬 CTR 时装发布秀）

2. 剪切法

剪切法是指对服装做剪切处理的造型方法。剪切即按照设计意图将服装剪出口子。需注意的是：剪切并非剪断，否则便成了分离。剪切既可在服装的下摆、袖口处进行，也可在衣身、裙体等整体部位下刀。长距离纵向剪切，服装会更飘逸修长；在中心部位短距离剪切，则产生通气透亮之感；若做长距离横向剪切，则易产生垂荡下坠之感。剪切仅是一种造型方法，如果直接对服装进行剪切，务必注意有纺材料与无纺材料的区别以避免纺织材料的脱散（图4-25、图4-26）。

图4-25 剪切法——本次的主题:冰雪女王和她的宫殿,Sarah Burton 巧妙地用拉链完成剪切法的运用,而剪切效果可由穿着者自定义(Alexander McQueen 秋冬RTW 时装发布秀)

图4-26 剪切法——水平剪切的效果给予贯头式长裙轻盈透气的感觉,下摆处的透明薄纱起到了缓和终止剪切的效果(Malo 春夏 RTW 时装发布秀)

3. 撑垫法

撑垫法是指在服装的内部用硬质材料做支撑或铺垫进行造型的方法。一些强调大体积的服装或强调硬造型的部位往往借助撑垫法来达到目的。例如:传统的婚礼服或男西装的翘肩造型等都需要在内部进行撑垫才能实现外观效果。一件普通造型的服装经过撑垫后可以完全改变面貌,但若处理不当,则会使服装呆板生硬或者繁琐笨重。因此撑垫材料应尽可能选择质料轻、弹性好的材料。相对来说,撑垫法更适合前卫服装的设计,尤其适合超大体积的道具性服装(图4-27、图4-28)。

图4-27 撑垫法——Sarah Burton 将树脂紧身衣外穿,隐现于隆起的胸衣与透明感的裙子之间的身体,营造了一种香艳甜蜜的气氛(Alexander McQueen 春夏 RTW 时装发布秀)

图4-28 撑垫法——那些支撑单品的填充物感觉更像枕头,而不是硬衬布裙撑,这个系列是对"轻薄贴身羽绒服无处不在,时尚界秋冬再不厚重"的一次反击(Yohji Yamamoto 秋冬 RTW 时装发布秀)

4. 折叠法

折叠法是指将面料进行折叠处理,面料经过折叠以后可以产生折痕,也称褶。通常的褶有活褶和死褶之分,活褶的立体感强,死褶则稳定性好。褶也有明褶和暗褶之分,明褶表现为各式褶裥,暗褶则多表现为向内的省道。

折叠量的大小决定折叠的效果,褶痕可分为规则褶痕和自由褶痕。与衣纹相比较,褶痕是因人为因素而产生的,而衣纹则是由于穿着而自然产生的。折叠法也是改变服装平面感的常用手法之一(图4-29、图4-30)。

图4-29 折叠法——折纸感的小菱形图案使得黑色不再沉闷,同样的造型延伸至手拎包和长筒靴 (Yohji Yamamoto 秋冬 RTW 时装发布秀)

图4-30 折叠法——俄罗斯设计师 Sergeenko 拿手的塑型紧身胸衣,采用丝缎打造,映衬于斜裁雪纺之下,宛如女神降临(Ulyana Sergeenko 秋冬 CTR 时装发布秀)

5. 归拔法

归拔法是指用熨烫原理改变服装原有造型的造型方法。归拔是利用纤维材料受热后产生收缩或伸张的特性,使平面材料具有曲面效果。归拔法借助于工艺手段使得服装造型更贴近人的体形,效果柔顺而精致,含蓄而滋润,决非其它造型方法所能替代的,是高档服装必不可少的造型方法之一。归拔法多用于贴身形实用服装(图4-31、图4-32)。

6. 抽纱法

抽纱法是将织物的经纱或纬纱抽出而改变造型的造型方法。这种方法有两种表现形式:一是在织物中央抽去经纱或纬纱,必要时再用手针锁边口,类似我国民间传统的雕绣,纱线抽去后织物外观呈半透明状;二是在织物边缘抽去经纱或纬纱,出现毛边的感觉,毛边还可以编成细辫状或麦穗状以达到改变原来造型的目的。前者的造型作用不明显,更适合做局部装饰用;后者可改变原有外轮廓,虚实相间。类似的手工和针绣对造型设计也有异曲同工之妙(图4-33、图4-34)。

图4-31　归拔法——Chanel 秋冬 CTR 时装发布秀

图4-32　归拔法——Ermenegildo Zegna 春夏男装发布秀

图4-33　抽纱法之边缘抽纱——Versace 秋冬 CTR 时装发布秀

图4-34　抽纱法之内部抽纱——Versace 春夏男装发布秀

7. 包缠法

　　包缠法是指用面料进行包裹缠绕处理的造型方法。包缠既可以在原有服装表面进行，也可以在人体表面展开。无论哪种包缠方式，都要将包缠的最终结果做某种形式的固定，否则包缠结果会飘忽松散。我国少数民族如彝族、普米族和壮族等的头饰即是使用包缠法而得。包缠效果既可以光滑平整，也可以褶皱起伏。通常做周遭包缠，过于细小的局部一般无法做包缠处理（图4-35、图4-36）。

图 4-35　包缠法——紧紧包裹的上身造型与蓬松打开的下摆形成对比,层层包缠形成深浅不一的面料透视效果协调了包缠容易导致的紧张压抑的感觉(Valentino 秋冬 CTR 时装发布秀)

图 4-36　包缠法——设计师被 Alhambra 花园的折衷主义吸引,将摩尔与西班牙文化融合,塑造修长、优雅和成熟的线条(Giambattista Valli 秋冬 CTR 时装发布秀)

8. 立裁法

立裁法就是采用立体裁剪的方法用坯布在人台上直接进行造型设计的方法。立体裁剪法是很常用的专门造型方法之一,尤其适合解决平面裁剪难以解决的问题。在立体裁剪过程中,服装设计师会水到渠成地出现一些设计妙想,产生意想不到的艺术效果。许多世界著名服装设计大师都喜欢边裁剪边设计来实现一些别出心裁的服装结构(图 4-37、图 4-38)。

图 4-37　立裁法——平面主义的最佳表现(Comme des Garcons 秋冬 RTW 时装发布秀)

图 4-38　立裁法——华丽的晚装,妆点大溪地珍珠(Elie Saab 秋冬 CTR 时装发布秀)

三、造型设计的原则

以上基本造型方法是为了叙述的方便而逐一单列的,原理也比较单纯化和概念化,在实际使用中可以灵活机动地随意展开其外延和内涵,也可以结合多种造型方法于一个设计中。在实际的服装设计中到底使用哪种或者哪几种方法,虽然是由服装设计师自主决定的,但也有一些基本原则需要遵守。这些原则一方面来自于造型艺术的审美要求,另一方面来自于服装的实用性要求。

(一) 符合形式美法则

服装艺术是一种针对人体进行的造型艺术。通过对美的事物进行研究、分析和探索,人们找到了一些规律,发现美的事物具有一些共性。符合这些规律的形式和样式,人们认为是美的。人们把这些规律进行整理归纳,概括为美的形式法则,亦称形式美法则。这是一些放之四海而皆准的造型规律。它应成为服装设计师自身所具有的对美的感受能力,在设计中顺理成章地进行体现,其设计作品的审美效果与其中所蕴含的形式美法则是自然吻合的。

(二) 符合人体运动机能

无论什么服装都必须能够穿到人体上。而人所具有的特殊形态是服装设计的基本出发点,服装必须能够覆盖人体的局部或者整体。服装的各个结构部位的尺寸不是无限制的,要以人体为依据。多数服装尤其是实用服装为了保证穿着的舒适度与适体性采用的都是服用面料,因此这些服装的造型都是可以弯曲变形的软造型。这也是适应人的运动机能性的需要。在此基础上,服装设计师可以创出千变万化的造型,但不能出现不合理的设计,即无法实现的造型或者实现了也无法穿上人体的服装造型。

四、造型设计的应用

无论是基本造型方法还是专门造型方法,在进行实际设计应用时并无限制。基本造型方法与专门造型方法是融会贯通,相互穿插,相互补充的。服装设计师应根据设计效果的要求各取所需,综合利用。在设计中使用何种方法并不重要,重要的是使用一定方法后能达到预期设计效果。

在服装造型设计方法的应用上,要根据着装对象、选用材质、设计目标等情况综合考虑。在达到艺术审美效果的同时也符合着装对象的具体情况。例如,镂空法的设计应用可使服装表现出灵秀、生动的效果。在实际应用时,要根据着装对象仔细斟酌。如果是童装设计,可考虑将镂空部位放在胸、背等部位,避免放在腰腹部位。因为从体型上看,儿童的腹部是凸起膨胀的,这个部位的镂空只会将孩子鼓鼓的小肚皮暴露出来。并且由于隆起,这个部位的服装与人体之间没有宽松的空间,镂空所要达到的空灵效果也无法实现。如果是针对年轻女性的设计,则可考虑把镂空部位放在腰腹部位,以表现女性婀娜多姿的腰部线条,显得既性感又含蓄。同理,要避免镂空部位出现在隆起的胸部,否则既无空灵效果,又会使女性内衣显露出来,导致不雅的视觉效果。如果是针对老年女性的设计,则胸部与腰腹部位的镂空都不合适,此时的镂空设计可以考虑放在背部、肩部、袖部等部位,既不会暴露由于年龄增长导致的体型走样问题,又显得庄重大方,与着装者的年龄相适合。

服装设计师还要考虑服装面料的材料特性对各种造型方法的适用程度。并非所有的造型方法都适用于所有的面料。如:硬挺平整的面料不适合采用包缠法,柔软飘逸的面料不适合采用撑垫法,厚重密实的面料不适用系扎法,轻薄松散的面料不适用归拔法等等。

在进行造型设计的应用时,服装设计师要综合考虑多方面因素,将服装材料、造型方法、设计目的进行最佳配置以求达到完美的设计效果。

第二节 服装的色彩设计

服装的色彩设计首先要确定服装的整体色调,这对于构成服装的整体美非常重要。在完成色彩基调设计的基础上还要进行色彩搭配的设计,考虑在主色调下是否需要加入以及如何加入其它色彩,以丰富、强化或反衬主色调的色彩效果。环境对色彩有制约作用,因此在进行色彩设计时,也要充分考虑服装所穿用的场合和时间。

一、色彩设计的定义

色彩在服装上的表现效果不是绝对的,适当的色彩配置会改变原有色彩的特征及服装性格从而产生新的视觉效果。怎样才能达到和谐的色彩效果?怎样做到色彩搭配得当?怎样通过服饰色彩表达穿衣人的个性?怎样迎接多变的色彩潮流?对这些与色彩相关的内容的考虑、计划过程就是服装的色彩设计。

二、色彩设计的分类

在服装色彩设计中,使用单一色彩相对简单些,更多的是多种颜色的配伍。根据在服装中所占面积的不同,我们把服装色彩分为基调色和与主调色。服装的基调色指服装配色中的基础颜色,是用以表现效果的色彩,多指面料底色。基调色决定了整块面料的色彩感觉。如果在服装中所使用的色彩在色相和色调上有共通性和统一感,并且这种色相和色调可以左右服装予人的色彩印象,这种色彩叫主调色。并非所有的面料色彩都存在主调色,若面料色彩丰富并且分散配置,则感觉不出主调色。服装色彩设计的常用方法是色相配色与色调配色两种。

(一)以色相为主的配色设计

色相配色是以色相为基础的配色,它以色相环为基础进行。从色彩的心理感受来说,色相予人的感觉影响很大。在色相上有冷色系与暖色系之分,分别给人以寒冷的感觉或是温暖的感觉。以24色相环为例,以色相为主进行色彩设计根据选用色彩在色相环上的位置远近可分为以下6种(图4-39):

- 同一色相配色:角度为0°的配色,得到的配色效果稳定而统一。
- 邻近色相配色:色相差为1的配色,适合表现共同的配色印象。比同一色相配色稍有变化,增加了色彩的层次感。
- 类似色相配色:色相差为2~3的配色,色彩变化在一定的范围之内,既有变化又幅度不大,很容易达到色彩平衡的效果。
- 中差色相配色:色相差为4~7的配色,配色的对比效果既明快又不冲突,是很多服装惯常采用的配色效果。

● 对比色相配色:色相差为 8~10 的配色,有较强烈的对比效果,视觉冲击力较强,通过面积调整等方式加以协调后可达到活泼的效果。

● 互补色相配色:色相差为 11~12 的配色。色彩对比效果最强,配色难度很大,需要娴熟的配色技巧进行协调,配色关系处理得当可得到漂亮、清晰、具有戏剧性的设计效果。

(二)以色调为主的配色设计

色调配色法是以色调为基础的配色,它以色调为基础。日本色彩研究所将所有的色彩分为 16 种色调,并归纳为华丽、明亮、朴素、阴暗

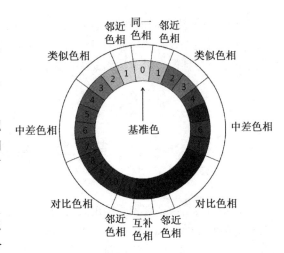

图 4-39　24 色相环

四大色彩意象,并将色彩根据明度区分为白、浅灰、中灰、暗灰、黑五个层次(图 4-40)。色调表现出来的感觉除了岁月感和时代性之外还有其它特性。以色调为主进行服装色彩设计要注意设计对象的年龄、性格等特点,以选择合适的色调。色调配色设计应该用大面积的基调色,其它色彩作为点缀色以避免凌乱。

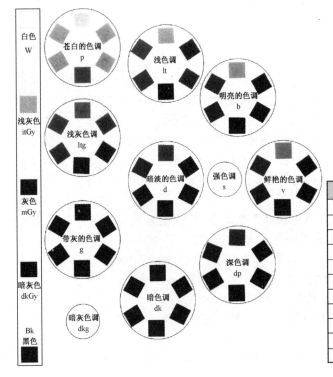

色调记号	色调名/中文	色调名/英文
v	鲜艳的	vivid
b	明亮的	bright
s	强的	strong
dp	浓的	deep
lt	深的	light
d	浅的	dull
dk	暗淡的	dark
p	苍白的	pale
ltg	带浅灰的	light grayish
g	带灰的	grayish
dkg	带暗浅灰	dark grayish

图 4-40　色调配色

- 华丽色调:这种配色多采用纯色或接近纯色的高彩度色,配色效果鲜艳活泼、引人注目。
- 明亮色调:这种配色多采用混合了较多白色的高明度、中低彩度色,配色效果柔和甜美,梦幻浪漫。
- 朴素色调:这种配色多采用中彩度、中明度色,配色效果单纯朴素、悠闲安静。
- 阴暗色调:这种配色多采用低明度、低彩度色,配色效果厚重严肃、温暖高雅。

三、色彩设计的原则

服装色彩设计的关键是和谐。服装作为社会的一面镜子,在进行色彩设计时要考虑到社会制度、民族传统、文化艺术、经济发展等诸因素的影响。面料是服装色彩的载体,在设计时要注重面料质感与色彩的协调关系。服装色彩的整体设计还牵涉到服的造型、款式、配饰,以及与人有关的性别、年龄、性格、肤色、体型、职业、环境(季节、场合)等方面因素。

(一)尊重色彩设计的独特性

色彩这一无声的语言常成为着装者欲求的直接反映,它比款式的线条、结构表现得更为明晰、也更生动,在人类社会中一直充当着重要角色。喜好穿明艳色彩的人与喜好穿黑白灰色彩的人无疑在性格、生活环境、职业、爱好等方面有着巨大的不同,这种对色彩喜好的不同是由多方面因素造成的,如教育背景、环境影响等。

(二)考虑服装色彩的实用性

服装有别于其它造型艺术的特性在于它的实用性(除少数以纯美为追求目标的表演服装外)。上班穿职业服,跑步穿运动服,正式场合穿礼服,休息穿睡衣,海滩穿泳衣……,服装无时不在伴随着人们,保护着人们,美化着人们。服装的色彩随时都在进行着表达、诉说。服装设计中常说的"T、P、W、O"原则,就是实用性的具体体现。[①]

(三)重视服装面料的特定性

面料是服装色彩的"载体",服装色彩只有通过具体的面料才能得以体现。面料的美(包括表面肌理、材质性能等)对服装色彩的美起着决定性的作用。服装色彩与面料质感紧密相连,同一种彩色在不同的面料上所表达的感情是完全不同的。例如黑色在平纹布上有朴实感、廉价感,在丝绒绸缎上有雅致、高贵感,在皮革上有冷峻、力度感。

(四)遵循服装色彩的流动性

服装与服装色彩的载体是人,人是一种充满了生命活力的物体,从早到晚不停运动,摆动躯体,变换场所。服装色彩设计中讲究的"地点"、"场所"就是这一特性的充分体现。色彩在不同的背景色、光线下,给人的色彩感觉会发生变化,不同的场合具有不同的色调,这将成为着装者的背景色。必须考虑服装将要出现在怎样的色彩环境中,才能确保实现设计初衷。

(五)把握服装色彩的流行性

色彩与服装两者在表达流行的含义与概念上是不可分割、相互依存的。流行色要以服装为载体向大众展示,为大众接受,让大众穿着。服装要以流行色为内涵,表达设计的时尚感、潮流感。脱离了服装,流行色将失去极大的表现空间;没有流行色,服装将归于平淡,缺乏时代感。

---

① T:英文 Time 的缩写,穿着的时间、季节;P:英文 Place 的缩写,穿着的地点、场合;W:英文 Who 的缩写,穿着的对象、人物;O:英文 Object 的缩写,穿着的目的。——著者注

（六）符合服装色彩的季节性

一年四季，冷热交替，人们需要冬暖夏凉的着装感受。服装就其实用性而言，主要特征就是伴随着季节更替不断出现不断变化，这是其它产品设计无可比拟的。由于外界温度的变化，处在不同季节中的人们对色彩的需求会发生变化。在炎热的夏季，人们希望看见和穿着有凉爽感的色彩；而在寒冷的冬季，人们更喜爱给人以温暖感的色彩。

四、色彩设计的应用

色彩在服装上的应用包含了许多文化内涵，在进行服装色彩设计应用时，要特别注重色彩的文化内涵，这对人与服装的审美标准和审美价值，起着不容忽视的潜在作用。服装设计师在进行色彩设计应用时应注意：

（1）了解色彩的基本规律，掌握色彩三要素之间的关系，明确色彩各种调式。

（2）在注意色彩形式美的前提下，力求色彩信息的传达，使色彩语言更有针对性。

（3）熟悉服装面料，使色彩的感情与面料质感的表情相得益彰。

（4）吸取传统艺术、民间艺术等姊妹艺术的营养，借鉴自然色彩、异域色彩等实现色彩情调的丰富表现。

（5）了解流行色，关注流行色、运用流行色，以把握时代的脉搏。

在色彩设计应用时，需要把握如下方面：

（一）不忘服装色彩的民族性

服装色彩所具有的民族性，与生息这个民族的自然环境、生存方式、传统习俗以及民族个性等方面有关。色彩可谓是一个民族精神的标记，东西方民族不同的气质心理，直接影响着人们的审美观念和色彩体验。如热情奔放的法兰西和西班牙民族善用明朗色彩，而阴冷严酷的自然条件与持续甚久的宗教哲理精神，致使日耳曼民族偏爱冷峭苦涩的色彩。

服装色彩的民族性并不单指传统的民族服装，也不是照搬古代的或现有的东西，民族性要与时代特征相结合。只有将民族风格打上强烈的时代印记，民族性才能体现出真正的内涵（图4-41）。

（二）注重服装色彩的时代性

服装色彩的时代性是指在一定历史条件下，服装色彩所表现的总的风格、面貌、趋向。每个时代都会有过去风格的遗迹，也会有未来风格的萌芽，但总有一种风格为该时代的主流。服装色彩常常成为时代的象征。流行色就是时代的产物。

图4-41 设计灵感来自于"孤独的俄国乡间别墅"，使用刺绣、织锦挂毯和地毯等面料工艺表达主题，体现"俄罗斯文化和法国魅力的结合"（Kenzo秋冬 RTW 时装发布秀）

服装色彩的时代性制约于人们的审美观念和意识，社会文艺思潮、道德观念等因素又影响着人们的审美意识。在服装界，夏奈尔（Gablier Chanel）首当其冲追求新的服装材料，如采用具有收缩性、柔软性的针织物,追求具有活动功能的线条表现;如设计无领对襟直身上衣,追求简洁、淡雅、朴素的色彩效果。夏奈尔的造型和色彩成了这一时期的代表性风格(图4-42)。

图4-42　Chanel 女士身着经典的夏奈尔套装

(三) 运用服装色彩的象征性

服装色彩的象征性是指色彩的使用牵涉到与服装关联的民族、时代、人物、性格、地位等因素。服装色彩的象征性包含极其复杂的意义。

早在黄帝轩辕时代,我国就有关于服装色彩的设制,使用不同的色彩显示身份的尊卑、地位的高低。黄色在古代中国被称为正色,既代表中央,又代表大地,被当作最高地位、最高权力的象征。服装色彩有时也能象征一个国家和其所处的时代。如18世纪法国贵妇人的服装明显暴露了洛可可时代优美但繁琐的贵族趣味,色调是彩度低、明度高的中间色,如鹅黄、豆绿、粉红、明白、浅紫。一些特殊职业的职业装色彩往往也带有很强的象征性,如邮电部门制服所采用的绿色(这种绿是专门订染的)类似于橄榄枝叶的色彩,寓意着希望与和平(图4-43)。

(四) 强调服装色彩的装饰性

图4-43　中国邮政外勤人员春秋制服

服装色彩所体现的装饰性包含着两层含义:一是指服装表面的装饰;二是指有目的的装饰于人。

第一层含义的装饰多以图案形式表现(包括简单的色条、色块等),加上附属的辅料、配饰,装饰特征非常强烈。服装本身成了装饰的对象。中国古代宫廷服装以及近现代华丽的旗袍、晚礼服等服饰色彩都具有浓厚的装饰性。

第二层含义的装饰主要围绕人,着重于服色与着装者的体态、着装者的精神、着装环境的协调等,人成了装饰的对象。中国俗语:"男要俏,一身皂;女要俏,三分孝。"就是这个意思,以色彩的深沉反衬出着装者的靓丽。在这里,服装衬托着人,服务于人,服装成为人的装饰物(图4-44)。

图4-44　凯瑟琳·马丁(Catherine Martin)与好友缪西娅·普拉达(Miuccia Prada)合作为电影《了不起的盖茨比》设计的服装,获第86届奥斯卡最佳服装设计奖

图4-45　美国陆军数字迷彩新军服

(五)考虑服装色彩的机能性

服装上以实用目的为主的色彩处理方法称为实用机能配色。职业服的色彩设计就属这类。职业服又称工作服,它除了劳动保护的功能外,还有着职业标识的作用,其中色彩占有非常重要的位置。不同款式、色彩的职业服,不但可以培养人的职业荣誉感、振奋精神,也有利于工作。例如:当我们看见穿着制服的警察时,心里自然腾起一种威武、庄严的感觉。而警察一旦穿上制服,一种自尊、自豪和责任感会油然升起,从而更加投入到工作状态中,同时也便于他们行使职责。手术医师和助理们的大褂、口罩、帽子多为果绿色或浅蓝色,在红色紧张的气氛下能起到调节作用。军服的色彩运用除了美观庄重外,更重要的是在军事上有着特殊的功能(图4-45)。

(六)关注服装色彩的宗教性

宗教是一种社会意识形态,宗教不同也体现在衣服的款式、颜色上的区别,就是信奉同一宗教的不同国家、不同地区以至不同的教派也会出现偏差。我国汉族的祖衣为赤色,五衣、七衣为黄色;蒙藏僧人着黄色大衣,平时穿近赤色中衣。明代皇帝曾规定:修禅僧人常服为茶褐色,讲经僧人为蓝色,律宗僧人为黑色。

各具特色的宗教艺术对现实生活中的着装影响很大,不同宗教对于服装的色彩纹样有不同的限制和规定。如新娘穿白礼服举行婚礼是基督教的产物。基督教规定:只有初婚者才能穿白色礼服以象征纯洁,再婚者则要穿有颜色的礼服。[①]

---

①　李莉婷.服装色彩设计.北京:中国纺织出版社,2000.

第三节 服装的面料设计

服装面料是服装设计师的奇思妙想的物质载体,只有通过具体的面料,服装设计师才能够把自己的构想真实地表现出来。

一、面料设计的定义

面料设计是对面料的原材料、色彩、纹样、组织以及各种物理、化学指标等方面进行的综合设计,这些工作通常由面料生产企业的面料设计师和工艺技术人员完成。在服装设计中提出的面料设计的概念是指由服装设计师进行的面料设计,包含两方面的含义。一方面是根据设计意图对现有面料进行选择,选用某种面料进行服装设计,或者选择几种面料进行组合搭配以符合自己的设计需求。另一方面是现有面料不能满足服装设计师的需要,服装设计师对现有面料进行再设计,通过一定的工艺手段改变面料原有状态以呈现出新面貌。

二、面料设计的分类

服装设计师进行的面料设计可以分成两大类,一类是对现有面料的选择与组合,一类是对现有面料的改造和再创作。

(一) 面料的组合设计

所谓面料的组合设计,就是在一套或者一个系列的服装设计中,选用哪种或者哪几种面料进行搭配组合。根据选用面料的种类,对面料的组合设计可以分为三种方式。

1. 同一面料组合设计

同一面料组合设计在面料设计中是最简单直接的一种方式。选用同种面料需要考虑的主要是面料的质地、手感和色彩。在质地和外观上要能够实现设计师的造型要求,在手感上要能满足穿着者的皮肤舒适性要求,在色彩上要符合设计需求。

同一面料进行组合设计时,更多的是进行色彩组合,这时设计师要考虑的是色彩的对比和搭配效果,包括单件服装的色彩搭配,系列服装的色彩搭配等,这一点属于服装色彩设计的范畴(图4-46)。

2. 类似面料组合设计

类似面料组合设计是指选用种类不同但在质地和外观效果上接近的面料进行组合设计。如:麻质面料与棉质面料的组合,斜纹面料与灯心绒面料的组合,粗针织与细针织面料的组合等。这种组合搭配方式可以使服装看起来具有变化,总体效果比单独使用其中的一种面料要丰富。同时,由于组合面料在材质上相同或类似,具有相近的外观感觉,

图4-46 同一面料组合设计——以对比色进行大面积分割,可使同一面料既有变化又统一(Alexis Mabille 秋冬 RTW 时装发布秀)

因此,进行搭配组合的面料很容易协调,这种组合方式既有变化难度又不大。(图 4-47)。

3. 对比面料组合设计

对比这个概念在设计中常常出现,一般是指反差极大的事物,如对比色,对比造型等。对比面料是指外观上有极大差异的面料,如厚与薄、轻与重、柔软与硬挺,透明与遮挡,光滑与黯哑等。这种观感的强烈对比效果在近年的服装设计中非常流行,因为其视觉效果独特,很多服装设计师都喜欢采用此法。在对比面料的组合设计中要注意工艺问题。当面料在材质上有极大差异时,进行拼接工艺制作时可能会遇到问题,如两种面料无法拼接或者即使可以拼接但接缝无法平整美观(图 4-48)。

图 4-47　类似面料组合设计——带有 60 年代 Mod 风格:刺绣网纱连衣裙礼服,各种面料拼接而成——蕾丝、雪纺、垂坠的绉纱等(Valentino 秋冬 RTW 时装发布秀)

图 4-48　对比面料组合设计——皮革、丝绸、裘皮这些对比强烈的面料是许多设计大师的心头之好,往往通过色调与比例进行统一(Schiaparelli 秋冬 CTR 时装发布秀)

(二) 面料的二次设计

面料的二次设计就是在制成品面料上根据需要通过一定的加工手段对面料外观进行再造,以达到新的色彩、质感、肌理、纹样等效果。面料的二次设计手段为许多设计师所常用,具体方法多种多样。这里将其划分为平面手法和立体手法,进行简单介绍。

1. 平面设计手法

对面料进行的平面设计是在服装面料上进行加工,在基本不改变服装表面平整度的情况下改变面料的外观效果,使服装表现出新的审美效果。常用手法有:

(1) 喷雾印花:用喷雾的方式将染液通过版型上的镂空花纹在纺织品上印花。这种方法具有手感柔软,立体感强,层次丰富,花形饱满的效果。

(2) 荧光印花:荧光颜料是一类不溶于水的颜料,它和高分子胶黏剂混合在一起,用于各种纤维织物的印花,具有色泽鲜艳的特点。

（3）金银粉印花:在印花浆中加入具有金银色泽的金属粉末(如铜锌合金、铝粉)着色剂的涂料印花的方法。织物具有华丽感,有镶金嵌银的效果,色泽持久不褪色,可在多种布料上印制。

（4）钻石印花:把廉价的形似钻石的微型闪光物质印在织物上,使面料的表面呈现具有钻石光芒的图案,雍容华贵。

（5）蜡染:将熔化的石蜡或蜂蜡等作为防染剂涂抹在布料上,冷却后浸入冷染液浸泡数分钟,染好后再以沸水将蜡脱去。除蜡后未被染色的部分显现出本布色,从而形成图案形象。蜡冷却后碰折会形成许多裂纹,经染液渗透后这种自然、美丽的裂纹能够清晰显现出来。

（6）扎染:通过针缝或捆扎布料来达到防染目的的面料处理方法。将按照设计意图缝制、捆扎好的布料投入染液中煮沸 15 min(也有用冷染方法),然后取出布料,拆掉绳线,即可显现出图案花纹。

（7）手绘:用毛笔和染料直接在服装上绘制图案。手绘具有极大的灵活性、随意性,可鲜明地反映设计师个人的意趣、风格,绘画味很浓。

（8）激光切割:采用激光切割机,对服装面料进行任意图形的准确裁切。细腻的镂空处理形成各种纹路,几何形状与花卉、宗教图案,或规整或繁复,打造出精致的设计效果(图 4-49、图 4-50)。

图 4-49　激光切割——Naeem Khan 早秋女装系列　　图 4-50　激光切割——Sea RESORT 早秋女装系列

（9）数码印花:通过各种数字化手段,如:扫描、数字相片、图像或计算机制作处理的各种数字化图案输入计算机,经电脑分色印花系统处理后,用 RIP 软件通过对其喷印系统将各专用染料直接喷印到各种织物或其他介质上,再经过加工处理后,在各种纺织面料上获得所需的各种高精度印花产品。数码印花打破了传统生产的套色和花回长度的限制,色彩更亮丽,细节更细腻、图案效果更立体(图4-51、图4-52)。

图4-51　数码印花——Mary Katrantzou 春夏 RTW 时装
发布秀

图4-52　数码印花——Dolce & Gabbana 春夏 RTW 时
装发布秀

2. 立体设计手法

对面料进行的立体设计就是通过服装面料的再加工将其二维形态转化为三维形态，使它们拥有浮雕的面貌。主要手法有：

（1）转移植绒印花：指在织物表面涂印上胶黏剂，并植上纤维绒毛使之与织物结合，获得如同平绒织物外观效果的工艺。

（2）绣花：泛指在一定的面料材质上按照设计要求进行缝、贴、钉珠、穿刺、粘合等手法，通过运针，用绣线组织成各种图案和色彩的工艺。以下列举几种常用的方法：

① 彩绣：指以各种彩色绣线绣制花纹图案的刺绣工艺，具有绣面平整、针法丰富、线迹精细、色彩鲜明的特点（图4-53）。

② 贴布绣：也称补花绣，是一种将其它布料剪贴绣缝在服饰上的刺绣工艺。绣法简单，图案以块面为主，风格别致大方（图4-54）。

③ 珠片绣：也称珠绣，是将空心珠子、珠管、人造宝石、闪光珠片等装饰材料绣缀于服饰上，以生产珠光宝气、耀眼夺目的效果的工艺（图4-55）。

图4-53　彩绣——Valentino 春夏 RTW
时装发布秀

图4-54 贴布绣——Dolce & Gabbana 秋冬 RTW 时装发布秀

图4-55 珠片绣——Dolce & Gabbana 秋冬 RTW 时装发布秀

④ 绚带绣:也称扁带绣,是以丝带为绣线直接在织物上进行刺绣的工艺。绚带绣光泽柔美、色泽丰富、花纹醒目而有立体感(图4-56)。

(3)拼接:把各色面料裁成各种形状小片再重新缝合,利用两块面料的缝合边线作特殊的装饰效果的工艺。拼接后的面料表面形成特别的图形和纹样(图4-57)。

(4)镂空:又称雕绣,即在面料上按花纹修剪出孔洞,并在孔洞中绣出或实或虚的细致花纹的工艺。可在平整的面料上镂空,镂空部位的边缘用手工或机器锁边处理,或直接采用不易起毛边的材料进行镂空(图4-58)。

图4-56 绚带绣——Dolce & Gabbana 春夏 RTW 时装发布秀

图4-57 拼接——Jonathan Saunders 秋冬 RTW 时装发布秀

图4-58 镂空——Christian Dior 春夏 CTR 时装发布秀

（5）压褶：使用不用压力的轧辊对织物进行压轧以获得波纹效果的工艺。外观效果繁多，有排褶、工字褶、人字褶、波浪褶等，可形成不同形式的立体表面肌理（图4-59）。

（6）压纹：使用不用压力的轧辊对织物进行规则或不规则的压皱处理的工艺。定型后的面料形成立体凹凸的纹理，可以收缩拉伸，近似手工打缆的效果（图4-60）。

图4-59 压褶——Marco De Vincenzo 秋冬 RTW 时装发布秀　　图4-60 压纹——Chanel 秋冬 RTW 时装发布秀

（7）抽缩：从布料的反面，以格子为单元用线或细橡皮筋钉缝后再抽缩，形成立体布纹的工艺。根据抽缩的方法不同可以形成人字纹、井字纹和其它一些立体纹样（图4-61）。

（8）编结盘绕：以绳带为材料编结成花结钉缝在衣物上，或将绳带直接在衣物上盘绕出花形进行缝制的工艺。效果类似浮雕（图4-62）。

图4-61 抽缩——Jean Paul Gaultier 春夏 CTR 时装发布秀　　图4-62 编结盘绕——Dolce & Gabbana 秋冬 RTW 时装发布秀

（9）缀挂:缀挂是将装饰形象的一部分固定在服装上,另一部分呈悬垂或凌空状态的工艺。如缨穗、流苏、花结、珠串、银缀饰、金属环、木珠、装饰带等,动感与空间感很强(图4-63)。

（10）破坏性处理:即破坏面料的表面,使其具有类似各种无规则的刮痕、穿洞、破损、裂痕等效果的不完整、无规则的破坏外观的工艺。如抽丝、镂空、烧花、烂花、撕裂、磨损等(图4-64)。

图4-63　缀挂——Giorgio Armani 秋冬 CTR 时装发布秀

图4-64　破坏性处理——Deacon 用火烧过的面料做成符合女性气质的华美服装,被火烧过痕迹的服装很好的诠释了设计师的奇思妙想(Giles 秋冬 RTW 时装发布秀)

三、面料设计的原则

服装设计师对于面料进行的设计出发点和目的是为了更好地表现设计效果,更多的是从艺术及审美的角度去考虑。无论怎样进行面料设计,服装本身的实用性和功能性不可改变也不可削弱。因此,在进行面料设计时,要综合考虑多方面因素,既要保证面料本身的基本物理性能,也要保证设计改造的可操作性,还要保证人体的穿着舒适性,在满足这些要求的基础上实现面料设计的审美效果。

（一）保证面料的塑型性

面料对服装造型的塑造起着决定性的作用,对于服装设计师而言,熟悉并掌握各种面料的塑型性能使设计作品完美的体现出设计师的造型意图。反之,对面料的选择不当会使设计大打折扣,甚至导致失败。许多国际著名服装设计师都精通面料的塑型性,并且能够对面料外观进行再设计和改造以达到自己的要求。对面料塑型性的把握需要在实践中逐渐积累经验,下面根据面料的外观效果进行大体上的归纳,对其塑形性能进行简介。

1. 柔软型面料

柔软型面料质感轻薄、悬垂性好,用于设计时适宜表现线条流畅的服装造型,轮廓自然舒展,若加以褶裥则更能表现出漂亮的流线感。典型面料如松散结构的针织面料、丝绸面料等(图4-65)。

2. 挺爽型面料

挺爽型面料质感挺括,体量感强,用于设计时易于表现线条清晰廓形丰满的服装造型。在强调服装结构细节的设计中有很好的表现力。典型面料如:高支精梳棉布、亚麻布、中厚型毛料和化纤织物等(图4-66)。

图4-65 柔软型面料——Elie Saab 秋冬 CTR 时装发布秀

图4-66 挺爽型面料——Giorgio Armani 春夏 RTW 时装发布秀

3. 光泽型面料

光泽型面料表面光滑,有反射光感,用于设计时可产生华丽夺目的视觉效果。在日常生活中这类面料的运用有局限性,视觉效果过于强烈,不适宜大面积使用,造型也以简洁自然为妥。但运用在夜礼服或舞台表演服上,强烈的光泽感与夸张的造型则相得益彰(图4-67)。

4. 厚重型面料

厚重型面料质感厚实,扩张感强,用于设计时可产生稳重大气的效果,不适合具有褶裥和堆积的细节设计,适宜表现整体感强的服装造型。典型面料如:厚型呢绒、绗缝织物等(图4-68)。

5. 透明型面料

透明型面料质地轻薄,朦胧通透,可造成雾里看花的独特视觉效果。用于设计时根据通透程度的不同可表现出性感、优雅或神秘的艺术效果。透明性面料的堆积、抽褶、重叠、或叠加使用可造成丰富的层次感,若再配以色彩的叠加,更能表现出梦幻般的色彩效果。典型面料如:薄棉、薄丝、纱、绡等(图4-69)。

图4-67 光泽型面料——Ulyana Sergeenko 秋冬 CTR 时装发布秀

图 4-68　厚重型面料——Chanel 秋冬 RTW 时装发布秀

图 4-69　透明型面料——Alexandre Vauthier 秋冬 CTR 时装发布秀

（二）保证穿着的舒适性

在进行面料设计时要根据服装面料的特征进行选择，保证人体穿着的舒适性。常用面料的穿着特性大致如下：

（1）棉型织物：柔软舒适，皮肤触感好，外感效果自然、朴实，色彩较鲜艳。

（2）麻型织物：质地坚硬、粗犷硬挺、凉爽舒适，手感滑爽、色彩柔和，稍带光泽。

（3）丝型织物：光泽度好、手感细腻柔软，视觉上有华丽、精致、高贵的效果，色彩丰富、浓淡、鲜灰皆宜。

（4）毛型织物：高雅挺括，手感丰满柔和，富有弹性，色彩柔和含蓄。

（5）裘皮：丰满、手感柔软，绒毛蓬松，种类繁多，外观效果差异大。

（6）人造皮毛：模仿天然裘皮的效果，品种丰富。

（7）天然皮革：质感丰富，柔软舒适，有弹性，种类繁多，差异很大。

（8）人造皮革：模仿天然皮革的各种外观效果，丰富多变。

（9）化纤织物：分人工纤维与合成纤维两大类，色彩鲜艳、质地柔软、悬垂挺括、滑爽舒适。

（10）再生纤维素纤维：属于新型纤维。吸湿性、透气性好、手感柔软，穿着舒适，色彩鲜艳丰富、光泽好。

（11）混纺织物：根据混纺的成分不同，分别吸收棉、麻、丝、毛和化纤各自的优点，又尽可能避免它们各自的缺点。

（12）针织类面料：针法变化丰富、外观效果多变，弹性好，穿着舒适柔软，防皱防缩，应用范围广。

（三）保证工艺的可操作性

服装设计师进行的面料设计更多的是追求面料对于服装造型、色彩等的表现效果，而较少考虑实现这些效果时，在加工和制作工艺上的可操作性。

对于单一面料而言，在一款服装上只使用一种或者类似面料比较简单，只要保证实现服装造型效果即可。如前文所述，面料本身的塑型性能够完成服装设计师的造型设计需要即可。对面料的组合设计则需考虑面料之间拼接的可能性。如：厚型面料和薄型面料的组合，梭织面料和针织面料的组合,弹性面料与非弹性面料的组合,服用面料与非服用面料的组合等。这些反差极大的面料进行组合后在外观上形成强烈的对比效果,常为服装设计师所钟爱,但这些反差极大的面料在物理性能上往往也存在极大不同,为服装加工制作带来困难。有的可通过一定的技术手段解决,有的则无法解决的,或者说在现有的工艺水平和条件下无法解决,这时就需要服装设计师调整设计方案,换用面料。

进行二次设计的面料,其本身的物理性能可能会发生变化,如面料牢度可能变差,这就不适用于需要较强牢度的部位,如服装的袖肘部、背阔部、裆部、膝盖部等。还有的二次设计本身就比较脆弱易损,比如手绣、缀珠等不适用于对耐用度要求较高的服装。

此外,如果服装设计师采用非服用面料,如金属材料、木质材料、纸质材料等进行服装设计,其制作加工难度高,有时无法实现服装设计师的造型需要。因此,服装设计师在进行面料设计时要尽可能多的综合考虑,对于面料本身的改造与再加工以及服装的工艺制作都要仔细琢磨。

（四）保证视觉的协调性

视觉上的协调就是要达到服装设计的好的审美效果。毋庸置疑,这一点是服装设计师最为直接考虑的,也是服装设计师对面料进行设计的基本准则。

这种协调包括几个方面:一方面是造型与面料质感的协调。虽然随着现代工艺技术的不断发展,面料的使用限制越来越少,没有什么一定之规,但由于面料质感和色彩在人的心理上会产生一定的联想,所以过于牵强的对比应用有时会产生不好的心理影响,可能会影响到视觉的协调性。一般来说凝重庄严的造型较多采用质地紧密的材料,而潇洒飘逸的造型则较多使用轻松柔软的面料。如:一定要用柔软轻薄的面料表现沉重强直造型的话,即使在技术上通过面料的加强固定实现了,可能视觉效果也不会太好,因为会在人的心理上产生别扭的感觉,远不如采用结实有分量的面料效果好。

另一方面,质感差异较大的面料进行对比应用时,要注意面料与面料的协调性。如丝绸面料与皮革面料的组合,蕾丝面料与牛仔面料的组合等等。面料本身在质感上差异越大,对比效果就越强烈,但并非对比强烈一定就是好的效果,仍然要考虑到组合之后在视觉上的协调性,既对立又统一的面料搭配设计才是完美的组合。

再者,进行面料二次设计时,也要考虑其协调性。即二次设计后面料表现出的效果与服装的设计风格是否协调,局部改造之后的效果与整件服装是否协调等。随着混搭风格在服装界的盛行,人们对于以前不"搭界"的服装元素放在一起的接受程度越来越高,这为服装设计师提供了更加广阔的设计空间,但不代表任何服装设计元素都可以随便叠加或共存。服装设计师仍然要具备清醒的头脑和独特的眼光,在进行面料的再设计和改造时,合理而恰当地运用一些方法与手段以实现服装的审美效果。

四、面料设计的应用

面料不仅可以诠释服装的风格和特性,而且直接左右服装的色彩、造型的表现效果,是服装设计的物质基础。服装面料五花八门,日新月异。正确选择面料是服装设计师必备的基本素质之一,如能在材料上进行个性化的改造,更将为设计增添独一无二的魅力。

（一）同种面料的应用

同种面料在服装设计中的应用是指在整款或整套设计中采用的面料纱线、织法、表面效果等技术指标都相同,仅仅是色彩有变化,意即使用单一面料进行设计。如果在设计中连色彩的变化也没有,就是同一块面料的使用,那么服装的效果则取决于这块面料的质感与色彩。如果进行了色彩的变化,那么服装效果则由进行镶拼或搭配的色彩感觉来决定(图4-70)。

(二)类似面料的应用

类似面料在服装设计中的应用是指在设计中采用的面料在材质、厚薄、手感、悬垂度等等方面非常接近,如:牛仔布与卡其布、棉质面料与麻质面料等。类似面料由于在质感与视觉效果上比较接近,所以进行穿插组合的设计效果与使用单一面料相比较,既有变化又有联系,且比较容易协调。从某种程度上看,类似面料的组合应用与类似色的配色效果予人的视觉感受有异曲同工之妙,都属于在很容易达到协调统一效果的范围内进行的小幅度变化设计(图4-71)。

(三)不同面料的应用

不同面料在服装设计中的应用是指在设计中采用的面料具有极大的反差,这种反差表现在面料的材质、肌理、手感、外观效果等方面。如雪纺与革皮的搭配,针织面料与梭织面料的拼接,厚重面料与轻薄面料的组合等。不同的面料质感与肌理予人不同的心理感受,在质感与表面肌理上反差很大的面料组合在一起会形成强烈对比,这种对比使服装表现出丰富的外观效果,也是面料组合设计中难度最大的。许多服装设计师喜爱用这种处理手法使常规面料的设计应用显得富有变化(图4-72)。

图4-70 同种面料的应用——3.1 Phillip Lim 秋冬 RTW 时装发布秀

图4-71 类似面料的应用——3.1 Phillip Lim 秋冬 RTW 时装发布秀

图4-72 不同面料的应用——Jonathan Saunders 秋冬 RTW 时装发布秀

第四节 服装的辅料设计

服装辅料对于服装起着辅助和衬托的作用,在服装中辅料与面料一起构成服装并共同实现

121

服装的功能。现代服装特别注意辅料的作用以及与面料的协调搭配,辅料对现代服装的影响力也越来越大,成为服装材料不容忽视和低估的重要组成部分。

一、辅料设计的定义

服装设计中的辅料设计是指服装设计师根据设计的需要选择合适的辅料进行组合搭配,如:选择何种质地的里料? 色彩是与面料一致还是采用对比色? 闭合部位是采用纽扣还是拉链? 这些方面都由服装设计师决定,这将影响到服装的设计效果,也是为了保证服装在具备审美性的同时,还具有适应人们日常生活需要的功能性。

二、辅料设计的分类

在服装设计师的工作中,对于辅料进行设计是为了使各种辅料更好的与自己的设计相匹配,起到烘云托月的作用,因此,有必要进行服装辅料设计的分类。

(一) 服装里料

服装里料一般用于中高档服装、有填充料的服装及面料需要加强支撑的服装。使用里料可提高服装档次,增加附加值。

(二) 服装絮填料

服装用絮填料是填充于服装面料与里料之间的材料。在服装面、里之间填充絮填料的目的是赋予服装保暖、降温和其它特殊功能。

(三) 服装衬料

服装衬料的作用是完成面料不能完成的撑起体形的作用,可防止服装走形变样,甚至可以简化缝制工艺。

(四) 服装垫料

服装上可使用垫料的部位较多,主要有胸、领、肩、膝几大部位。胸垫主要用于西服、大衣等服装的前胸夹里,使服装弹性好、立体感强、挺括丰满、保形性好。领垫代替服装面料及其它材料用作领里,使衣领平展,面里服贴、造型美观、增加弹性、便于整理定型,洗涤后不走形。肩垫的形状与厚度主要取决于使用目的、服装种类、个人特点及流行趋势。

(五) 服装紧固材料与其它辅料

服装的紧固材料有纽扣、拉链、挂钩、环、尼龙搭扣及绳带等。其它辅料包括花边、绳、带、搭扣、珠片、尺码带、商标及标牌等。这些材料对服装具有一定的装饰作用,也影响服装外观。

三、辅料设计的原则

服装辅料在服装中不像服装面料那样占有主导地位,但也不可忽视。常言道:细节决定成败,在服装上这句话同样适用,辅料即属于细节部分。在进行辅料设计时,需要考虑作为细节的辅料与服装的整体配伍。

(一) 与面料感觉相配合

面料由于材质不同会有不同风格,辅料也具有不同的风格,如辅料中的里料由于材质不同会表现出不同的风格。在里料与面料的搭配上,一般选择风格与材质相接近的进行设计。如牛仔夹克多选用棉花绒、纯棉格子布等同一材质的里料。真丝旗袍多选用真丝里料。在紧固材料与其它材料上的设计也是如此,需要考虑与面料感觉的协调性。

(二) 与整体风格相适应

服装的造型、色彩与面料共同构成服装的整体风格,进行辅料设计时需要考虑。不同的辅料本身也具有不同风格,从材质到色彩到图案都会改变辅料本身的风格。如:木质纽扣具有质朴、怀旧、田园等风格倾向;金属纽扣则具有中性化、工业化的风格倾向;蕾丝花边具有女性化、浪漫优雅的风格倾向;而皮质流苏则具有民族化、艺术感的风格倾向。这些风格与整体服装风格要相辅相成,不可脱节错位。

(三) 与服装定位相一致

辅料可分为高、中、低档。辅料的选择与设计需要仔细考虑服装定位。这一定位既包含服装对目标客户的定位,也包含服装的价格定位。辅料档次的变化直接影响到服装成本,从而影响服装价格。一般来说,服装的辅料应与服装面料价格相符。

四、辅料设计的应用

对服装辅料的选择应用的重要程度不亚于对服装面料的选择。辅料在服装的造型、功能、装饰、档次等方面所起的作用不可小觑,很多时候甚至是无可替代的。对辅料的选择恰当可为服装增添效果,反之,可能会导致服装造型、使用、价格上的不合适、不协调,破坏服装的设计效果,严重的会毁掉服装设计师的设计。

(一) 里料的选用

里料的选择须与服装面料相匹配,同时还要与服装款式相协调,在选配时应考虑以下几方面内容。

1. 质地及色彩

呢绒、毛皮等较厚的面料,可配以质地相当的美丽绸、羽纱;丝绸、棉布等较薄的面料则多采用薄型里料,如细布、电力纺、尼龙绸等。质地较软的面料选用柔软的里料可真实体现款式风格,若配以硬挺的里料则会改变面料效果。里料的颜色一般与面料相协调,尽量采用同色或近色。特殊情况下如装饰需要可采用对比色或非同类色。

2. 材料性能

里料的缩水率、耐热性能、耐洗涤性、强度以及色牢度等性能应与面料相同或接近。保证服装洗涤后不变形、不沾色,并有较长的使用寿命。

3. 实用性和方便性

里料的质量对服装的影响不容忽视。里料应光滑、耐用,使服装穿脱方便,能保护面料,并根据季节的需要应具备吸湿透气、保暖防风等性能。

(二) 絮填料的选用

服装絮填料类产品主要有纯棉絮料、热熔絮片、喷胶棉絮片、针刺棉絮片等。经过复合加工的产品如太空棉、羊绒棉等也颇受欢迎。随着纺织科技的进步越来越多的新型絮填料产品面世,为服装设计师们提供了极大的选择余地。

常用絮填料有:纤维材料、毛皮和羽绒、发泡材料、混合絮填料、新型服装填料、特殊功能絮填料。

(三) 衬料的选用

服装衬料的品种多种多样、性能各异,选用时应考虑到服装面料的性能、服装的造型、服装的用途、生产设备、价格与成本等因素。

（四）垫料的选用

服装垫料的选用应注意衬垫料的支撑效果，与服装面料的质地、厚薄、颜色的匹配性，衬垫料的性能，与服装部位的关联性以及与服装款式和穿着者身材尺寸的配合度。

（五）紧固材料与其它辅料的选用

拉链、纽扣、挂钩、环、尼龙搭扣及绳带等这些材料在使用时不能破坏服装的整体造型，在某种程度上还应对服装起到修饰作用。

选择拉链时应注意拉链牙的材质，拉链结构、色泽、长度，拉链的强度，拉头的功能等，使之与服装面料的厚薄、性能和颜色以及服装使用拉链的部位相配伍。

选择纽扣时应注意材质、轻重与面料的质地、厚薄、图案、肌理相匹配。服装设计应与纽扣选用（种类、材料、形状尺寸、颜色和数量）一并考虑。

花边主要分为梭织、针织（经编）、刺绣及编织四大类。此外，还有珠状花边、穗带花边、羽毛花边、丝绸花边等。根据设计的审美效果进行选用。

对绳、带、搭扣的选择需要根据服装的适用人群和实用性以及设计效果进行综合考虑。

第五节　服装的结构设计

即使建筑设计师画出了漂亮的建筑效果图，也还需要切实有效的结构设计才能把纸面上的建筑变为现实。服装设计师亦然，图稿上再漂亮的服装也必须由一片片的衣片构成，这些衣片如何变成符合人体生理特点且具有优美的造型并能使人穿着舒适，就是结构设计所要考虑的问题。

一、结构设计的定义

在服装行业中，通常把服装的轮廓特征及其形态与部件的组合称为"结构"。服装结构设计是将服装款式设计的立体构思用数字计算或实验手段分解展开，成为平面的各种衣片结构。正确的结构设计能充分表达款式设计的意图。将衣片的平面图放出应有的缝份或折边便成为裁剪用的样板。

服装结构设计要求服装打板师系统地掌握服装结构的内涵，包括整体与部件结构的解析方法，相关结构线的吻合，整体结构的平衡，平面与立体构成的各种设计方法、工业用系列样板的制定等基本方法，具有从款式造型到纸样的结构设计，再到服装工艺设计的能力。

服装结构设计是从其表现造型设计的角度出发，将人体结构与服装款式有机结合的一种技术性很强的工作。其性质是从人与服装整体关系的协调变化中，按照服装功能作用和美的变化规律，对服装的各个关键部位的组合加以研究变化，使之产生风格与外形上的创新，使服装在外观上形成更为新颖的特色。这些能力要求对服装设计师来说，不若对服装打板师的要求那么深入，但在服装设计中，能否将服装造型设计与结构设计有机地融为一体是表现服装设计师基本功力的一个重要方面。

二、结构设计的分类

现代服装结构设计的基本方法大致可分为平面裁剪与立体裁剪两种。一般来说:平面裁剪有助于初学者认识服装裁剪法与人的体型之间的关系,是服装结构设计的基础。立体裁剪是直接用面料在人体模型上塑造服装,是在人体模型上用面料进行衣片结构的处置与款式的造型变化。

在成衣生产中基本样板的制定与推敲都是通过平面裁剪制成的,但必须通过试衣过程中的立体造型进行调整,才能最后将版型确定下来并进行投产。立体裁剪虽然在设计全过程都是从结构与形式出发,但组织和调整整体部位的比例关系还需要平面裁剪方法。

由此可见,平面裁剪和立体裁剪的方法如同人的两条腿,在行走时先跨出哪条腿是没有规定的。但是,如果只学会或偏向用一种方法,好像人只有一条腿能走路一样。为此,在服装结构设计中具体采用哪种方法要根据设计造型来看,还要结合服装设计师与打板师的习惯。方法不同,目的一样,就是要尽可能实现设计想法以达到好的外观效果与穿着舒适度。

三、结构设计的原则

服装结构设计是一种完整的全方位的工作。结构设计的成败决定了服装设计师的设计能否从纸上走到现实中。因此,在进行结构设计时要遵循以下原则:

(一)展现与表达设计构思

忠实再现服装设计师的设计意图是服装结构设计的首要任务。要按照服装造型设计的要求,确立用何种结构设计方法来表现其风格特征,要将服装造型设计的构思准确表现在服装总体轮廓的外形状态上,合理分割与绘制成能体现设计要求的衣片各部位的形状,安排好服装各部位之间的比例关系。

(二)注重局部结构设计

服装设计师在设计外形轮廓的同时,还要注意强调与表现服装局部的关系变化。虽然领边、袖头、省道等一些局部算不上是服装的主体,但是一旦忽略就会影响服装的整体效果。服装结构设计中,往往就是由于许多微小的局部处理得细致恰当,从而使服装锦上添花,构成服装结构设计中精彩独特之处。

(三)抓住体型特点展现人体美感

服装结构设计是始终围绕人体美化和确立大众认可的社会形象而开展的一项工作。人们都要凭借服装来完善自己,即使先天条件优越的人也想借助服装使自己显得更加出众。因此,抓住体型特点,展现人体美感是进行结构设计时必须考虑的。服装结构的夸张与变形处理要以能弥补人体的不足,突出体态优美为目的。

四、结构设计的应用

服装结构设计的优劣决定服装质量的高低,若无精确合理的结构设计,即使服装缝制工艺十分精细,也不能称为品质优良。因此,结构设计是服装造型的关键要素之一。

服装结构设计既是款式造型设计的延伸和发展,又是工艺设计的准备和基础。它一方面将造型设计所确定的立体形态的服装轮廓造型和细部造型分解成平面的衣片,揭示服装细部的形状、数量吻合关系,确定整体与细部的组合关系,修正造型设计图中的不可分解部分,改正费工费料的不合理结构关系,从而使服装造型、工艺趋于合理完美。另一方面它又为缝制加工提供了成套的规格齐全、结构合理的系列样板,为部件的吻合和各层材料的形态配伍提供了必要的参考,有利于高产优质地制作出能充分体现设计风格的服装制品,因此服装结构设计在整个服装制作中起到了承上启下的作用。

许多服装设计大师精通结构与工艺,他们通过对服装结构进行巧妙的处理,使自己的设计作品展现出独特的造型效果。更有服装设计师将这种独特固定为一种风格,成为自己独有的设计语言,自成一派。

第六节　服装的工艺设计

制定准确的服装工艺设计方案是为了有效地控制服装产品质量。它把服装产品在制造过程中采用的技术和加工方法用文字和图形的形式加以规定,进而要求在生产过程中严格依此规定实施,否则稍有疏忽则不仅会使设计无法成为琳琅满目的商场中供顾客挑选的华衣美服,更严重的会给企业带来巨大损失。

一、工艺设计的定义

工艺最初的含义是指在艺术创造中使用的一系列处理方法。在服装工业中,工艺定义为为解决服装生产中的实际问题而采用的技术措施。服装设计是有目标的艺术形式,需要通过工艺将其转化为最终产品。

服装工艺包括服装的规格尺寸、工艺要求、工艺流程,甚至推档规格、面料计算、辅料种类等内容。服装工艺设计是对服装生产工艺过程做出统一设计,这种设计的重点是服装工艺准备和工艺的实施,主要包括:服装打板采用何种加工工艺,合理安排和制定服装制作工艺设计路线,制定材料工艺消耗定额、工艺质量要求、产品检验规程和工艺规程等。在现代服装企业中,制定规范的服装工艺设计计划,在服装生产各个环节有效地实施控制,对于保证产品质量稳定、控制服装品质是十分重要的。

二、工艺设计的内容

服装工艺设计是服装设计效果图经过结构设计再转变为产品的关键步骤。服装工艺设计与结构设计紧密联系,结构设计是研究服装结构的内涵和各部位相互关系,兼备装饰与功能性的设计、分解与构成的规律和方法,工艺设计则是把这些付诸现实的工作。

从结构设计阶段进入到工艺设计阶段时,要根据不同品种、款式和要求制订出特定的加工手段和生产工序。随着新材料、新技术的不断涌现,加工方法和顺序也随之复杂多变,而它的科学性直接关系到加工效率和加工质量,这是服装工艺设计十分重要的内容。

从专业内容来讲,服装工艺设计从基础工艺入手,关系到缝制工艺、装饰工艺、部件辅料、放缝排料、部位部件工艺、整件服装组合工艺的操作过程,工艺流程,组合示意图及相应的工艺设计要求等。从成衣加工工艺设计角度来看,包括生产准备阶段、裁剪工艺、缝制工艺设计、熨烫塑形工艺、成衣产品品质控制、服装后整理、服装生产技术文件的制订、服装生产流水线的设计等。

三、工艺设计的原则

服装的工艺设计受服装结构设计调整的直接影响,两者紧密联系。近年来,现代成衣生产逐步向科技化、技术化发展,服装的技术含量大大提高。在现代服装设计生产流程中进行工艺设计主要需要遵循以下原则:

(一) 紧密围绕服装结构

进行工艺设计的重要原则是认真分析服装的款式结构,利用合理的工艺,塑造完美结构形式,使工艺与结构完美结合,互相完善。在研究工艺设计的同时,必须深入了解结构,认真分析结构,才能设计出完善合理的工艺。服装设计师必须对工艺有较深入的了解,而工艺师也必须熟悉结构,与设计师有同样的设计理念才能做出高品质的服装。

(二) 注重传统工艺改进

目前,服装生产从裁剪、黏合、缝纫、整烫、包装、工序间运输都已有了全套的机械设备。缝纫工序中不但有通用机,还有各种专用机完成通用机难以保证质量的操作,这些设备使得传统工艺难度系数降低,工艺质量得到提高。在缝制机械迅速发展的同时,裁剪、黏合、整烫等服装生产其它工序的设备也有了长足发展,形成完整的生产设备体系,极大地改变了传统加工工艺和生产组织形式。

(三) 适应生产快速反应

由于国内外服装市场的激烈竞争,服装必须具有多品种、小批量、高质量、款式新、周期短等特点,这样才能在新品设计、生产加工和营销等方面实行全面快速反应。目前,模块式生产系统、柔性生产系统、吊挂式传输系统、单元同步生产系统等广泛应用于现代品牌服装成衣生产中。

(四) 积极采用高新技术

目前,品牌服装加工工艺已广泛地采用了电子计算机应用技术,数字化已深入到现代服装企业的设计、生产、销售、运输各个环节之中。许多应用了高新科技的新型机械为现代服装生产带来翻天覆地的变化。在进行工艺设计时,要掌握了解最新服装科技发展动态,及时有效的进行调整以符合现代服装生产的需要。

(五) 协调面辅料的配合

服装面料、里料、衬料和其它辅料、配件是影响服装艺术性、技术性、实用性、经济性和流行性的关键因素,在进行工艺设计时,必须认真考虑这些因素之间的相互配伍与协调。随着服装科技的进步,面料、辅料的花样品种增多,质量提升,服装工艺也需随之改进。

四、工艺设计的应用

服装工艺设计的重要任务是将严谨的技术、精湛的工艺技巧及严格的产品质量检测标准有机地统一起来,以确保现代服装造型设计的预想效果。一个服装设计构思在具体落实过程中,需要服装设计师事无巨细地妥善考虑和巧妙安排。

工艺设计是服装设计得以成为现实的技术保证,是体现服装设计的结构与造型的技术保障措施。在服装投产之前,服装设计师要合理安排工艺流程,要与工艺师一起研究制作的每一个环节,同时要考虑到穿着后的整体效果。尤其要留意造型比例、结构连接、边线装饰处理及针脚排列等方面,以保证最终出现的服装产品符合服装设计师心目中的预期效果。

第七节　其它相关设计

上述设计内容适用于所有类型的服装设计活动。在进行商业运作的服装设计时,除上述的设计内容之外,还有为规划好的产品线进行的系列设计,以及在款式设计完成后的辅助设计内容。

一、系列设计

系列是相互之间有关联的能够成组成套的事物。服装的系列设计就是筹划设计相互之间有关联的成套成组服装的过程与方法。这些成套成组的服装之间在款式造型、色彩、结构、装饰手法等方面具有连贯性和关联性。其中款式与色彩的关联最重要,是系列服装设计的核心(图4-73)。

图4-73　系列设计——Blumarine秋冬RTW时装发布秀

实现款式设计的系列化可通过变化服装的内部结构特征而保持服装的外部轮廓特征不变来实现;也可通过变化服装的外轮廓而保持服装的内部结构特征不变来实现;还可内部与外部轮廓同时变化,但在造型方法和线条造型上保持同一性来实现。这需要对线条等造型要素娴熟把握。

色彩设计的系列化有很多种方式,较多运用也是比较容易协调的方法是通过同一组色彩在系列服装上使用面积大小的变化来实现。服装系列设计中对色彩运用最简单的方式是采用同一种颜色,款式变化而色彩不变。这种方式往往是为了强调服装的造型或面料质感,在一些设计大赛中,可以见到选手们为了突出表现设计的整体造型或对面料进行的特殊处理,整组系列服装只采用一种颜色,舞台效果很强烈。

除了上述两者之外,材料的系列化在系列设计中也很重要。传统的一种面料完成一个系列的设计方法已不能完全满足人们对服装审美的需要。多种面料的拼接、组合在系列服装中使用可以使设计效果更富于变化。需要注意的是,不同材质的面料在每款服装中的使用比例要有变化。这样不同面料的材质对比才能在整个系列中形成节奏感。

其它的诸如纽扣、拉链、商标、辑线等细节也要注意,这些细小的东西要注意统一感,避免变化过多而使整个系列杂乱无章,因小失大。

扩展意义上的系列设计还包括服饰配件的系列设计,如:鞋子、帽子、包袋、围巾等。服装设计师进行的服饰配件设计更多的是为了丰富和衬托系列服装的效果,与专门的服饰配件设计师的设计略有差异。

二、辅助设计

服装设计师在现代商业环境中必须是一个多面手,对服装设计的整个环节既使不能做到样样精通,也必须能面面俱到。服装设计师的想法要贯穿始末,只有这样,最终出现在消费者面前的才可能是完整的设计师意图的真实表现。即使服装已进入到流通环节中,服装设计师仍然有工作要做,这些工作包含专柜出样设计、橱窗陈列设计、广告造型设计等。在大型服装企业中,这些工作可能会有专业人员负责,如出样设计师、陈列设计师、广告设计师等。即便如此,这些人员仍然需要与服装设计师进行很好的交流沟通,以得到表现服装设计师灵感的最佳陈列或造型方案。

在我国,出样设计师、橱窗设计师是新兴职业,尚未形成气候。多数服装公司尚不具备这样的专业人员,广告造型设计也需要服装设计师的大力配合。因此,这些工作基本上是由服装设计师承担或者主导完成的。

出样设计是指对专卖店或者专柜里摆放、陈列服装的形式进行设计(图4-74)。服装的出样形式分为两种,一种是摆放或者悬挂在货架上的,一种是穿在店内的人体模特上的。事实证明,同一款式在出样后的销售情况要远远好于出样前,而出样的款式也比不出样

图4-74 出样设计——美特斯邦威上海月星环球港店

的款式销售情况要好,因此,如何出样变得非常重要。很多服装设计师会亲自向店长们示范每一季新品的出样形式,也会画好出样示意图或拍好出样效果的照片发放到全国各连锁或加盟店,指导销售人员出样,以保证将最好的服装效果呈现在消费者面前。

橱窗陈列设计是在服装店的橱窗里展示服装的一种设计,这种设计不仅包含服装款式和色彩的搭配,还包括对整个橱窗的色调、意境、道具、模特造型、背景、灯光等多方面因素的综合考虑,目的是要向人们展示品牌的文化内涵以及新一季产品的精髓(图4-75)。橱窗设计在国外已有悠久的历史,在我国则时间较短,一些有实力有远见的公司开始培养自己的橱窗陈列设计师,但对整个行业来说还有很长的路要走。多数的服装公司里,橱窗陈列设计还是以服装设计师为主导的。

广告造型设计主要是指针对服装宣传广告的进行的服装整体造型设计,用于平面招贴画、灯箱、产品目录册等展示物上(图4-76)。在广告造型设计中,由服装设计师进行的设计一方面是指对模特的选择,比如模特的体型、气质、肤色、以及发型、妆型、表情等要与服装相契合;另一

方面是指进行广告拍摄时所选用的服装,比如上下装、内外装的搭配以及服装的穿着方式。有时服装设计师为了追求静态效果,会打破原有的常规穿着方式,以一些特殊的穿着形式进行造型表现。此外,广告拍摄的地点、背景、光线等都是服装设计师要考虑的。在进行服装发布会时,上述内容仍然由服装设计师决定。对于动态服装发布,音乐也由服装设计师选择确定。

图 4-75　橱窗陈列设计——法国春天百货 Printemps 联手迪奥 Dior,以浪漫雪景作为背景,74 个圣诞娃娃身着迪奥精心打造的缩小版配饰和 Lady Dior 包,以橱窗装置艺术的形式展现迪奥自 1947 年以来的辉煌历史

图 4-76　广告造型设计——"全球变暖不能停止我们的生活"——Diesel 全球暖化广告

综上所述,服装设计包含的内容是广泛而丰富的。在今后的学习中,这些内容将逐一得到展开,我们也将进行深入而细致的学习。

本章小结

作为实用艺术的服装艺术设计,其作品需要同时具备观赏性和实用性,既要能够满足人们的生理需求,也要满足人们的心理需求。

服装设计的主要内容包含造型设计、色彩设计、面料设计、辅料设计、结构设计和工艺设计。本章分别从定义、分类、原则及应用的角度详细介绍了上述设计的内容。

在现代服装设计中,服装的系列设计已成为重要的设计手段,以适应现代服装的多样化与市场运作的整体化需要。因此,出样设计、橱窗陈列设计、广告宣传造型设计等其它辅助设计也是成为现代服装设计师的设计内容。

思考与练习

1. 出样设计、橱窗陈列设计与广告宣传造型设计对服装设计的作用是什么?
2. 服装的审美性与实用性如何通过服装设计的内容得以实现?

FASHION DESIGN

第五章

服装设计的思维

思维是灵魂的自我谈话。

——柏拉图（Plato，约公元前 427 年—前 347 年，古希腊，三大哲学家之一）

第一节　服装设计思维的定义

思维一词在英文中为"thinking"，在汉语中与思索、思考是近义词。是一种在感觉、知觉、表象等感性认识基础上产生的理性认识活动，它是通过概念、判断、推理的形式对现实所做的概括反映。它反映的不是客观事物的个别特性和外部联系，而是客观事物的内部联系。人们通过思维达到对事物本质的认识，因此，它比感觉、知觉、表象等对客观事物的直接的感性反映更为深刻，更为完全，也更为高级。

设计是把一种规划、设想、问题的解决方法通过视觉的方式表现出来的活动过程。它的核心内容包括计划、构思的形成、视觉传达方式、计划通过传达后的具体应用。它是设计者针对设计产生的诸多感性思维进行归纳与精练所产生的思维总结。

一、设计思维的主体

设计思维活动的生理基础是人脑。人脑具有思维功能，设计思维属于人脑的一种高级思维形式。设计思维在表现物质世界的同时，更注意表现精神世界。

人类的思维是"人类向自然索取生活资料的同时自身提高适应外部环境能力的重要方式，是促使人类生存方式优化的同时自身也在不断提高水平的创造，是作为人类的存在物的显著标志"[1]。服装设计师通过设计作品表达内心的感受和对事物的认识，这种认识来自于对生活细致的观察和对产品的了解，来自于在思维过程中透过事物的表面现象捕捉到的本质特征。服装设计师就某个题材进行创作时，要具备设计创作所必需的和与其相关的基本条件，这样在进行艺术设计时才能遵循自己的目标去寻找灵感，去思考，去探索，去完成艺术设计的思维过程。

在辩证唯物主义中，思维是意识的产物，即有意识才能产生思维，思维是意识的升华。人类的意识形式可大致概括为两种：一种是从客观实际出发，按照事物本身存在的样子去反映事物。这种反映形式获得的是一种事实的意识，即知识，其目的在于向人们说明"是什么"，这种反映形式表现的是事物的本来面目，是客观的科学的反映。另一种则是从主观需要出发，按照主体需要的标准来反映事物。这种形式在反映过程中掺杂了主体的评价机制，并通过评价把自身的需要渗透在反映的成果中，因而在反映中必然包括着作为反映主体的人的选择和取舍。故其反映的是主体希望的样子而非事物的真实样子，表达的是"应如何"。

设计思维是按照主体需要的标准来反映事物的意识形式，包含了作为主体的服装设计师本人的选择与取舍。这种取舍与选择表现在两个相关过程中：主体的意识过程和主体的操作过程。主体的意识过程是指主体在对客观事物进行观察时所表现出的对规律变化的意识与感受，这种意识广泛存在于有生命的物体中。英国艺术史家贡布里希(E. H. Gombrich)把这种"内在的预测"称为"秩序感"，他认为"有机体必须细察它周围的环境，而且似乎还必须对照它最初对规律运动和变化所作的预测来确定它所接受到的信息的含义"[2]。这种对"秩序感"的需求"促使他们去探寻各种各样的规律"。在这个过程中，"选择"的意义大于"取舍"。通过"选择"确立了主体行为的出发点。主体的操作则是主体的意识在实践过程中的延续。

①　恩格斯. 自然辩证法. 北京：人民出版社，1984.

②　贡布里希. 秩序感：装饰艺术的心理学研究. 范景中译. 长沙：湖南科学技术出版社，2002.

二、设计思维的对象

　　人生存在地球上,与自然和社会有着密不可分的联系。对人来说,设计思维的对象存在于大自然和社会生活的各方面。在艺术设计中,人们要对设计对象进行思考,经过思维活动形成具有符合功能和艺术表现力的设计作品。简言之,设计思维的对象即艺术设计的内容、功能及所要达到的目的等。

　　从精神到物质,从主观到客观,人类可视作为设计思维的题材无所不在。对生活中存在于身边的各种事物,人们会因人而异地产生不同的认识和看法。在其思维过程中,还会渗入自己的理念、观点,作出自己的推测和判断。例如,当鲨鱼作为设计主题出现在设计师面前时,所有设计师接收到的是同样的信息与符号,但经过他们的思维与创作后所表现出的设计作品却是千姿百态的(见图5-1~图5-8)。

图5-1　鲨鱼形帐篷

图5-2　鲨鱼婴儿浴袍

图5-3　鲨鱼形高跟鞋

图5-4　鲨鱼形水艇

图5-5　鲨鱼形披萨切割机

图5-6　鲨鱼鳍形状的装饰灯

图 5-7　鲨鱼形睡袋

图 5-8　鲨鱼形外套

　　大自然中的种种形态,都会以其特有的美感启发人们的设计思维和创造欲望。在现代社会里,除了大自然这个最伟大的创造者所带来的各种神奇美妙的自然形态外,人类对于世界的改造也不断创造出各种人工形态,这是人与自然交融的结果。设计师进行艺术设计时可汲取灵感来源的不仅仅是大自然,现代生活的各个角落、各个层面、各种信息以及前人创造的优秀艺术设计作品都可能为设计师带来新的感受,引发创作激情与冲动,设计思维的对象是极其丰富的。

三、设计思维的方式

　　心理学上认为,当人们知觉事物的直观形象时,即人们观察事物时,在人与被感知对象的形式特征间会建立起相应的联系。每个人对生活的认识和见解不一样,对事物的观察和分析能力也因此不同。敏锐的观察力往往循着设计思维的轨迹而行。对美好事物的追求使设计师比常人的观察力更敏锐,思维更活跃。循着自己思维的轨迹,搜寻常人极易忽略的事物和细节,这些细小的内容就能够表现出设计的真谛和人们的真实情感。"想要创造出惊人的东西,你就要不停地对最微小的细节保持最全面的关注。"乔治·阿玛尼(Giorgio Armani)如是说。

　　设计思维的过程是一个环环相扣、步步深入的过程,集中体现了思维活动中高度的归纳、整理、概括能力。在生活中,经过人们细致地观察、敏锐地捕捉到的东西还要通过思维,从一个环节到另一个环节不断地进行取舍、提炼,才能把握事物的全貌,找出精华所在。

　　对生活经验的学习和借鉴也是设计思维的一种方式。从前人众多的实践经验中汲取营养是设计师丰富开拓设计思维的重要途径之一。因为艺术设计本身是建立在前人经验的基础上并不断发展起来的,通过经验的积累可以从中摸索出事物的规律,找出灵感,得到启示,获得技巧,从而产生新的设计与创造。

第二节　服装设计思维的特点

设计思维是通过内在意象的结构性质进行的,特别重视直觉与灵感、想象与潜意识在创造活动中的作用,尤其是视知觉在思维活动中的特殊作用。德国哲学家恩斯特·卡希尔(Ernst Cassirer)指出:"符号与其对象之间的联系一定是自然的联系而不是约定的联系。没有这样一种自然联系,人类语言的任何词语都不可能履行它的职务,而会成为难以理解的。"[①]服装设计师所使用的符号具就是构成服装外在形式的元素,即色彩、造型、材质等视觉要素,而符号义就是服装的内在涵义,即服装设计师的创作感受。服装设计师在长期的设计实践中逐渐认识设计对象与客观环境之间的各种联系,熟悉设计规律,形成一定的设计思维形式。设计思维具有跃迁性、独创性、易读性和同构性等特点。

一、设计思维的跃迁性

设计思维的跃迁性是指设计思维所具有的跨越性,意即当人们在研究设计对象进行界定并展开意念创造时,从逻辑思维暂时中断到创新智慧飞跃时会有一个跨越推理式的思维质变过程。这种跃迁性不是天上掉陷饼的巧合,虽表现为瞬间的迸发,但绝不是一蹴而就的。它源于设计师长期知识的积累,启迪于意外客观信息的激发,得益于灵感智慧的闪现。

在设计思维过程中,当设计师需要对设计对象赋予材料、结构、构造、形态、色彩、表面加工以及装饰以新的品质规格时,需要对产品的包装、宣传、展示、市场开发等问题的解决作出视觉评价时,容易形成先入为主的思维定势,往往难以跳出对某一具体产品原有形态的认识。若能冲破原有经验的束缚摆脱定势思维的影响,则会迸发出意想不到的新创意。多数情况下,人们的思维活动往往因潜意识长时间、多方面的周密思考不断累积而处于一种饱和的受激状态,这时由于一个简单的外因触发或思维牵动就可能孕育激发出新的设计观点、设计方案,形成直觉顿悟或想象构思。

二、设计思维的独创性

设计思维的独创性是指设计思维具有的与其它思维不同的特有的创造性,意即在设计概念生成的过程中,设计师充分发挥心智条件,打破惯有的思维模式,赋予设计对象以全新的意义,由此能够产生出新的设计方案。独创性是设计思维最具代表性的基本特征。

设计思维的独创性有两方面要求:一方面要求具备流畅力、变通力、超常力、洞察力等多种智力因素。流畅力指设计思路畅通,想象力丰富,能提供多种方案解决设计上的问题。变通力指思维变化多端,能迅速灵活地转移思路,由此及彼,触类旁通,弹性地解决设计问题。超常力指设计思路与众不同,能突破惯性思维,提出新颖独特的解决问题的办法。洞察力指能迅速抓住设计物的本质,使设计简洁化、条理化,并能加以完善和补充。另一方面,独创性要求具有不满足感、好奇心、成就欲、专注性等心理因素。不满足感是指设计师在设计过程中善于发现设计物的某些缺陷,并想方设法加以改变。好奇心是指设计师对设计物的研究有不可遏止的求知欲

---

① 　恩斯特·卡希尔. 人论. 甘阳,译. 上海:上海译文出版社,2009.

望,兴趣广泛,乐于探索。成就欲指具有敢于冒险,想成就一番事业的挑战精神。专注性指设计师在设计上如痴如醉、锲而不舍的执着追求。

三、设计思维的易读性

设计思维的易读性是指设计思维所具有的将设计意念的各种符号信息按照易于理解的构图秩序组织起来,发展为语义结构的模式识别,从而完成设计语言转换的思维特点。

人类知识的传递和文明程度的提高需要依靠语言交往等符号的作用方可实现。可以说,人的意识过程是一个符号化的过程,是一种对符号的组合、转换和再生的操作过程。世界是由各形各色的图形和符号构成的,人们发现了这些图形和符号易读性与易记性的特点。设计思维的易读性特点与人的符号化认识规律是一致的。在设计过程中,虽然设计师们选取的媒介不同,但是创意思维过程是具有一致性的,设计的关键正在于如何实现这些好的创意。

服装设计师对设计语言的运用往往从注意力的捕捉开始。通过视觉流向的诱导以及流程规划,对映象的定格等进行逻辑紧密的设置,从而引导观者的视线运行,使观者能以最合理的顺序、最快捷的途径和最有效的浏览方式获得最佳映象,激发受众的心理诉求,实现传达商品信息和说服购买的目的。

四、设计思维的同构性

设计思维的同构性是指输入的知觉客体信息与已存储的审美主体经验信息间具有顺应、受动与同化、再造的相互关系的特性。同构说是格式塔心理学美学的核心理论,格式塔心理学的完形理论比较系统地阐述了心理现象最基本的特征是在意识经验中所显现的结构性和整体性,详见小资料。

设计思维活动具有认知结构的双向性特点。当设计对象对设计主体的刺激被同化于设计主体的认识结构,即客体刺激被纳入主体的心理图式之中时,可以加强并丰富主体原有的认识结构,因而从量的方面扩大主体的认识结构;当原来的主体图式不能同化客体刺激时,就会发生不平衡以致于改变并创建出新的结构或图式,从而从质的方面扩大认识结构。因此,设计思维的同构性也是在刺激与反应、同化与顺应之间从较低水平向较高水平的有序迁移中发展的创造过程。[①]

设计思维同构性的创造过程通过对问题的界定可以使主题明朗化;通过计划性的分析使之更加符合设计的策略;通过主题与主题之间、策略与策略之间的联系使之系统化;通过逆向思维和方法上的强制性使之具有可实现性。

■ **小资料:关于格式塔心理学**

格式塔学派(德语:Gestalt theorie)是心理学重要流派之一,兴起于20世纪初的德国,由魏特海默(M. Wetheimer, 1880—1943)、柯勒(W. Kohler, 1887—1967)和考夫卡(K. Koffka, 1886—1941)三位德国心理学家在研究似动现象的基础上创立。格式塔是德文

---

① 伍立峰. 设计思维实践. 上海:上海书店出版社,2007.

Gestalt 的译音,意即"模式、形状、形式"等,意思是指"能动的整体(dynamic wholes)"。格式塔心理学又称"完形心理学",具有形式在感觉中生成的含义。其核心理论是整体决定部分的性质,部分依从于整体,即"整体大于部分之和"。格式塔现象的基本特征在于有机整体性。

人对外界事物的把握并不是分割开来的各元素,而是一个完整的整体。当外物刺激感官并传到大脑皮层后,大脑皮层按邻近原则、类似原则、闭合原则、完形原则等进行排列组合,把握其整体特征,从而得到一种感性体验的心理建构。格式塔心理学揭示了客体的审美特征转化、过渡为主体的审美心理结构的变化过程。心理学家们通过实验的方式证明感知运动不等于实际运动,也不等于若干的单一刺激,而是与交互作用的刺激网络相关,整体不等于各部分简单相加之和。格式塔心理学创始人主张格式塔效应的普遍有效性,认为可以被应用于心理学、哲学、美学和科学的任何领域,主张研究应从整体出发、考察以便理解部分。

20世纪30年代后,他们把格式塔方法具体应用到美学中,与心理的各个过程结合,促进了具有格式塔倾向的美学研究。如把对视觉的研究与对艺术形式的研究进行结合,视觉就成为了对视觉对象结构样式整体把握的感觉能力。格式塔心理学为社会心理学、美学研究提供了新的视角,曾在西方心理学界引起很大的轰动。如今格式塔方法已渗入许多领域的研究方法,但学说内部仍有很多关于结构的基本问题没有彻底解决,因此学说现仍在不断修正改进之中。格式塔对西方文艺界、美学界的影响延续至今,如美籍德国心理学家、艺术理论家鲁道夫·阿恩海姆(R. Aenhaimu)曾将格式塔方法应用到艺术研究中,取得了丰硕成果,其代表作为《艺术与视知觉》。

第三节　服装设计思维的形式

设计思维是确立在思维科学体系基础之上的综合思维形式,按其特点可分为抽象思维、形象思维、灵感思维和创造性思维。每种思维形式都有自己的特点和规律,具备完整的思维体系,与此同时又相互影响、相互作用。

一、抽象思维

中国美学家、文艺理论家朱光潜对抽象的概念这样表述:"抽象就是'提炼',也就是毛泽东同志在《实践论》里所说的'将丰富的感觉材料加以去粗取精、去伪存真、由此及彼、由表及里的改造制作工夫'"。[①]

---

① 朱光潜. 文艺心理学. 合肥:安徽教育出版社,1996.

在实践基础上,人脑对现实生活的反映通过自身感官如眼、耳、鼻、舌、皮肤等直观外部世界,吸收丰富的感性材料,再经过自己的大脑反复思考加工,进行"去粗取精,去伪存真,由此及彼,由表及里"的再创造,从事物的表面现象入手深入到事物的本质之中,从个别现象入手总结出一般规律,寻找出事物的共同属性和本质规律,这就是抽象思维的过程。

抽象思维是认识复杂现象过程中使用的一种思维工具,在认识活动中运用概念、判断、推理等思维形式,对客观现实进行间接的、概括的反映。简言之,就是抽出事物本质的共同特性而暂不考虑细节,不考虑其他因素,其内容与工具材料是一系列抽象性的概念、判断和推理,并遵循一定的逻辑程序与规则。抽象思维属于理性认识阶段。

在抽象思维方法中,人们运用分析、综合、归纳、演绎方法形成概念并确定概念与概念之间演绎的关系、概念外延的数量属性关系、概念内涵的数量属性关系,即通过概念和概念间的关系来考察事物和把握事物的变化规律。分析法、综合法、归纳法、演绎法是抽象思维中最常使用的。

抽象思维的主要特征如下:

1. 互补性

在抽象思维活动状态中,各种逻辑的方法与原理、运动趋向的发散与收敛、单向与多向等是相互补充交织在一起的。

2. 建构性

这种建构通过逻辑的分析与综合,依据主体目的和要求,在新的基础上进行创新的重组。

3. 最佳性

在设计思维活动状态中,抽象思维系统的诸要素处于活跃状态,各自功能运动得到最佳程度的发挥,从而形成创造性功能效应。

抽象思维能够深刻地反映外部世界。抽象思维使得人们在认识客观规律的基础上,科学地预见事物和现象的发展趋势成为可能。

二、形象思维

"形象"指客观事物本身所具有的本质与现象,是内容与形式的统一。从心理学角度看,形象是人们对某种事物通过视觉、听觉、触觉、味觉等各种感觉器官感知后在大脑中形成的整体印象。简言之,是知觉,即各种感觉的再现。形象思维是以事物的具体形象和表象为主要内容的思维形式,通过对表象的加工改造(分解、组合、类比、联想、想象)进行思维。形象有自然形象和艺术形象之别,自然形象指自然界中已经存在的物质形象,而艺术形象则是经过人的思维创作加工以后出现的新形象(图5-9、图5-10)。

形象思维是人类的基本思维形式之一,它客观地存在于人的整个思维活动过程之中。设计思维是以形象思维为基础的、本质的思维方式,形象思维的进程是按照本质化的方向发展获得形象,而设计思维中形象思维的进程是既按照本质化方向发展,又按照个性化方向发展,二者交融形成新形象,这里的形象思维具有共性和个性的双重性。

形象思维是服装设计师最常用最灵通的一种思维方式,它用形象思维的方式去建构、解构,从而寻找和建立表达的完整形式。形象思维在思维材料上的一些特征使得它极大地不同于抽象思维:

图 5-9　自然形象——以自然界的鹦鹉为原型创作的手工艺品

图 5-10　艺术形象——来源于中国传统神话中的龙的造型

1. 形象性

是形象思维材料最主要的特征,亦即具体性、直观性。这完全不同于抽象思维所使用的概念、理论、数字等材料。

2. 概括性

这时的思维材料并不是原始的感性材料,而是经过一定程度加工了的东西,是运用概括的方法来把握同类事物的共同特征。抽象思维用概念来进行概括,形象思维则是用典型形象或概括性的形象来完成这一使命。

3. 创造性

在进行设计创造时所使用的思维材料和思维产品绝大部分是加工改造过或重新创造出来的形象。艺术家构思人物形象、设计师设计产品时的思维材料都具有这种特点。

4. 运动性

形象思维是一种理性认识,其思维材料不是静止的、孤立的、不变的。这是它区别于感性认识的一个重要特征,此特征使形象思维具有了明显的理性性质。

5. 整体同一性

是一种超越了客体整体存在的机械限制而富有自由灵活特征的整体同一性,是富有创新本质的思维能动的整体同一性。在艺术设计活动中,只有遵循思维整体同一性,创造出具有整体性和同一性的设计形象,才可能创造出有血有肉的典型形象,获得艺术设计上的成功。

抽象思维与形象思维是一对共生体,两者对比存在。抽象思维用概念代表现实事物,形象思维用感知的图画代表现实事物。抽象思维用概念间的关系表达现实事物间的联系,形象思维用图画的变换来表达现实事物间的联系。人的实际思维过程往往是抽象思维和形象思维交织在一起。

三、灵感思维

"灵感"源于古希腊文,原意是神的灵气。灵感思维是设计思维的一种表现形式,指凭借直觉进行的快速、顿悟性的思维,是逻辑性与非逻辑性相统一的理性思维整体过程,而非简单逻辑或非逻辑的单向思维运动。[①]灵感思维是人们的创造活动达到高潮后出现的一种最富有创造性

① 郑建启,李翔. 设计方法学. 北京:清华大学出版社,2006.

的飞跃思维。灵感思维常常以"一闪念"的形式出现,并往往使人们的创造活动进入到一个质的转折点。大量研究表明,灵感思维是由人们的潜意识思维与显意识思维多次叠加而形成的,是人们进行长期设计思维活动达到的一个突破阶段,很多创造性成果都是通过灵感思维最后完成的。

灵感思维对艺术家的创作起着不可估量的作用,其特征如下:

1. 突发性

表现在人们头脑中日积月累的思考在某种因素的刺激下,在人们毫无戒备的状态下突然显现出来。一个作品的创作过程中,灵感的出现往往是突然而至,瞬间即逝的,不由设计师本人的意志所决定,也不能预期。

2. 模糊性

灵感思维产生的程序、规则以及思维的要素与过程等是不能被自我意识清晰意识到的,是模糊不清、只可意会不可言传的。

3. 独创性

是灵感思维最基本的特征,它不是自然物质的再现和重复,而是在此基础上的创新,具有崭新的面貌。这个创造是独特的,前所未有的。从来没有两个设计师会迸发出完全相同的灵感火花,创作出完全同样的产品来。

在艺术设计创作活动中,灵感具有产生的突发性、过程的突变性和成果的突破性。灵感思维的突发性使其成为设计师与艺术家们虽然渴求但自身无法控制的思维方法。灵感思维的出现建立在设计师头脑思维活动的大前提之下,创作目标明确。灵感思维不是凭空爆发出来的,它依赖于设计师长期的生活经验、修养以及长时间的思索。灵感出现之前已有大量的设计素材、情感、信息深藏在设计师的潜意识中。这些材料可能是杂乱无章或是朦朦胧胧的,在思维过程中,大脑某神经系统突然得到沟通,某些信息突然在想象中产生了相互的联系,思维活动突然进入到一种非常活跃和顺利的状态之中,产生了飞跃和升华,灵感就出现了。设计师的思维活动会突然开辟出一条新的路子,达到一个前所未有的新境界。这种思维活动为艺术创作突破常规思路,创造出更好的作品提供了机会。灵感思维的魅力即在于此。

四、创造性思维

创造性思维并非游离于其它思维形式而存在,它包括了各种思维形式。它是在一般思维基础上发展起来的,是人类思维的最高形式,是以新的方式解决问题的思维活动。创造性思维需要人们付出艰苦的脑力劳动。一项创造性思维成果的取得往往要经过长期的探索、刻苦的钻研、甚至多次的挫折之后才能取得,而创造性思维能力也要经过长期的知识积累、素质磨砺才能具备,至于创造性思维的过程则离不开繁多的推理、想象、联想、直觉等思维活动。

在艺术设计中的创造性思维有着独特的性质,其基本特征可归结为以下方面:

1. 创见性

它是一个包括既有量变又有质变,从内容到形式又从形式到内容的多阶段的创见性的思维活动过程。设计思维要解决的问题是创造新的前所未有的东西或形式,设计过程是一个探索的过程,充满了思考与创造的因素。

2. 综合性

它是多种思维方式的综合运用,其创造性也体现在这种综合之中。服装设计的思维过程中必然包括直觉、灵感、意象等的迸发，想象的发挥与模型、图形的构想，结构与外观的有机连接，设计产品信息反馈的利用与控制的运筹等，并不断通过试错的方法达到新设计的完成。

3. 陌生化

所谓"陌生化"就是人们生疏不熟悉的，新的东西。也即通常所言的创新——创造新形式，创造一个人们所未见过的新的东西。就使用者、欣赏者的视觉感受而言，使对象从其正常的感受领域移出，造成一种全新的感受是设计的重要任务。俄国形式主义文学家维克多·什克洛夫斯基（Viktor Shklovsky）对"陌生化"有如下阐述："艺术的设计是对象的陌生化设计，是造成形式的困难的设计，这是一种增加感觉难度与长度的设计，因为在艺术中，感知过程本身就是目的，必须设法延长它。"①

设计思维是一种创造性思维，无论是设计一款新样式服装或为首饰家族增添一个新成员，都必须是与过去不同的新的东西，这就意味着创造。在别人的设计或旧有设计基础上稍作改动，这种设计思维是不能称之为创造性思维的。创造性是设计的本质属性，不管设计的创造性因素在每一个具体的设计案例中所占的比例高低如何，它都必然发挥着推动作用，最终成为评价设计优劣的重要标准。创造性思维对于设计师来说十分重要，它需要设计师在实际设计工作中锻炼，经常有意识地培养和激发自己的创造性思维，抓住那一闪而过的思想火花，为开拓自身的创造性思维创造条件。

第四节　服装设计思维的类型

设计可以看做是围绕问题的解决而展开的意念创造过程，设计思维是多种思维形式综合协调、高效运转、辩证发展的过程，是视觉、手感、心智等与情感、动机、个性的和谐统一。

一、发散思维

发散思维又称辐射思维、放射思维、多向思维、扩散思维或求异思维等，因其具有广泛的开放性和开拓性，英国心理学家巴特利特（Frederic Charles Bartlett）将其称为"探险思维"。发散思维是指从一个目标出发，根据一定的条件沿着各种不同的途径去思考，对问题寻找各种不同的独特的解决方法，探求多种答案的思维。它与聚合思维相对，是测定创造力的主要标志之一。发散思维不受现有知识范围和传统观念的束缚，它采取开放活跃的方式，从不同的思考方向衍生新设想。发散思维在设计思维中占据非常重要的地位，甚至有的心理学家认为，设计思维就是发散思维。

发散思维可从广泛的方面发散，从不同的方向开拓。对此，我们可以把一些已经完成的设计，从内在联系假设作出发散思维的模型。以已有的某种产品为中心进行发散和开拓，形成一个"设计圈"，把一种设计深化为一系列产品，这种方式在今天的设计领域运用得广泛而丰富。

---

① 什克洛夫斯基. 作为手法的艺术. 见：什克洛夫斯基. 散文理论. 南昌：百花洲文艺出版社，1994.

当前甚为流行的衍生设计均属发散思维的运用。如动漫的衍生品设计,汽车的衍生品设计等等不胜枚举。如以"奥运"为出发点,玩具设计师创造出的是憨态可掬的吉祥物玩具,服装设计师创造的是具有运动感与时尚感的服装,工业设计师设计的是具有独特造型的新颖产品,建筑设计师呈现的则是具有未来感的运动场所设计(图5-11~图5-15)。设计的内涵与外延因此得到扩展。

图5-11　发散思维——2008北京奥运会吉祥物福娃玩具　　图5-12　发散思维——2008北京奥运会志愿者服装

图5-13　发散思维——2008北京奥运火炬系列珍藏版闪存盘,内置珍贵的火炬设计手稿和火炬系列纪念邮票

图5-14　发散思维——2008北京奥运可口可乐限量版奥运徽章,采用与鸟巢完全相同的合金材质,凝精彩于方寸之间　　图5-15　发散思维——2008北京奥运"中国印奥运金"贵金属系列纪念章

突破常规、开拓思维重要的一点是克服心理"定势"。"定势"是认知一个事物的倾向性心理准备状态,"老眼光看新事物"就是一种定势。它可能使我们因某种"成见"而对新事物持保

守态度。这一现象在审美态度方面表现地较明显。

在服装设计上,发散思维的运用可为设计师带来广阔的创造空间。许多服装设计师敢于突破传统,不受习惯思维的制约创造出惊世骇俗的设计作品。当世人们为这样的设计瞠目结舌之时,也就是他们的设计品受到关注之时。起初或许人们一时间无法接受,但随后其新颖与个性所带来的强烈的视觉冲击力与震撼感将会征服人们,成为人们喜爱甚至追捧的对象。

二、收敛思维

收敛思维亦称聚合思维、求同思维、辐集思维或集中思维,是指在解决问题的过程中,尽可能利用已有的知识和经验,把众多的信息和解题的可能性逐步引导到条理化的逻辑序列中去,最终得出一个合乎逻辑规范的结论。它是针对问题探求一个正确答案的思维方式,是单向展开的思维。

收敛思维也是创新思维的一种形式,与发散思维不同。为了解决某个问题,发散思维是从这一问题出发,想的办法、途径越多越好,总在追求还有没有更多的办法。收敛思维则是在众多现象、线索、信息中,以某一思考对象为中心,利用已有的知识和经验为引导,从不同角度、不同方向寻求目标答案的一种推理性逻辑思维形式。法国著名科学家朱尔·昂利·彭加勒(Jules Henri Poincaré)说:"发明并不是由无用的组合构成,而是由数量上极少的有用组合构成的。发明就是鉴别、选择"。[①]这种发散后的集中,求异以后的求同都需要依靠思维的收敛性。这个过程不能一次完成,往往按照"发散—集中—再发散—再集中"的互相转化方式进行。

收敛思维的核心是选择。选择也是创造,未经选择的发散最终不能发挥效率,也就不能使设计思维转化为有效的创造力。我们常常会遇到在各种设想方案、设计草图中选择优秀者的情形,有时在同样优秀的方案与草图中做取舍是件困难的事。虽然进行了取舍,也要知道选择并不是一味机械地肯定和否定,它与补充,修正相交叉,是一个螺旋式上升的过程。毕加索在创作名画《格尔尼卡》时曾画过 61 张草图,几经修改才成为面世的作品(图 5-16)。美国心理学家鲁道夫·阿恩海姆仔细研究了毕加索的创作过程后得出结论:"毕加索的创作过程是冲突、更改、限制、补充的交互作用,逐步达到整个作品的统一协调和丰富多彩。因此,艺术活动不像有机体那样,从种子起一直不断地向上生长。它的发展倒像无规则的跳跃,时而前进,时而后退,有时从整体到部分,有时从部分到整体"。[②]对服装设计来说,思维过程的特征与此完全相同。

图 5-16 《格尔尼卡(Guernica)》,毕加索(Pablo Picasso),1937 年,布面油画,305.5×782.3 cm

---

① 彭加勒.最后的沉思.李醒民,译.范岱,校.上海:商务印书馆,1996.
② 诸葛铠.图案设计原理.南京:江苏美术出版社,1991.

三、逆向思维

逆向思维又称求异思维,它是对司空见惯的似已成定论的事物或观点反过来思考,通过改变思路,用与原来的想法相对立或表面上看起来似乎不可能解决问题的办法,获取意想不到的结果的一种思维形式。

逆向思维往往通过以下形式表现:反向选择——即针对惯性思维产生逆反构想,从而形成新的认同开创造出新的途径;破除常规——即冲破定势思维的束缚,用新视野解决老问题,并获得意外成功的效果;转化矛盾——即从相去甚远的侧面作出别具一格的思维选择。任何事物都具有多重属性。由于受过去经验的影响,人们容易看到熟悉的一面,而对另一面却视而不见。逆向思维能克服这一障碍,往往能制造出人意料,给人以耳目一新的感觉。

在服装设计领域,当设计师们无法突破自己、突破传统、突破惯势时,借助逆向思维就有可能得到意外的收获。服装设计的生命力在于创新已成共识,随着经济的发展,人们在服装方面不再满足于传统款式,他们希望通过服饰能更多地展示自己,个性化着装追求成为主流。服装设计师们用逆向思维打破传统束缚,开辟新的设计道路。从旧物的再利用到故意作旧处理的后加工,从暴露衣服的内部结构到有意撕裂完整的服装等方式,无不在向传统的服饰观念提出挑战,形成新的服装风格(图5-17~图5-19)。

图5-17　逆向思维——服装结构的逆向(Viktor & Rolf 春夏 RTW 时装发布秀)

图5-18　逆向思维——服装工艺的逆向(Yohji Yamamoto 春夏 RTW 时装发布秀)

图5-19　逆向思维——服装风格的逆向(Vivienne Westwood 春夏时装发布秀)

四、联想思维

联想思维是将已掌握的知识信息与思维对象联系起来,根据两者之间的相关性生成新的创造性构想的一种思维形式。它是人脑记忆表象系统中,由于某种诱因导致不同表象之间发生联系的一种没有固定思维方向的自由思维活动。

联想思维主要表现为因果联想、相似联想、对比联想、推理联想等。

1.因果联想

即从已掌握的知识信息与思维对象之间的因果关系中获得启迪的思维形式。时间上或空间上的接近都可能引起不同事物之间的联想。

2.相似联想

即将观察到的事物与思维对象之间作比较,根据两个或两个以上研究对象与设想之间的相似性创造新事物的思维形式,是由外形、性质、意义上的相似引起的联想。

3.对比联想

即将已掌握的知识与思维对象联系起来,从两者之间的相关性中加以对比,获取新知识的思维形式,是由事物间完全对立或存在某种差异而引起的联想。

4.推理联想

即由某一概念而引发其它相关概念,根据两者之间的逻辑关系推导出新的创意构想的思维形式。这种联想往往是双向的,既可由因想到果,也可由果想到因。

阿恩海姆指出:"所谓想象,就是为事物创造某种形象的活动。"[①]从这个意义上说,一切新的设计都是想象的产物。想象的目的在于解决某些现实问题,因此设计师的想象是有限度的。设计师的想象最终要付诸实现,不能仅仅停留在构思或草图的阶段上。从这个意义说,设计师的想象比纯艺术家的想象要受到许多制约,因而更难。

从认识论的意义上说,联想可以激活人的思维,加深对具体事物的认识。从设计创造的意义上说,联想是比喻、比拟、暗示等设计手法的基础。从设计接受、欣赏和评价的意义上说,能够引起丰富联想的设计容易使接受者感到亲切,并形成好感。

五、模糊思维

模糊思维是运用潜意识的活动及未知的不确定的模糊概念,实行模糊识别及模糊控制,从而形成富有价值的思维结果。模糊思维是处理模糊的、或较精确的、不断变化和错综复杂联系中的各个因素时,以不确定发展趋势与现实状态来整体把握客观事物而进行的全息式、多维无定式思考的方式,是人们对对象类属边界和情态的不确定性的思维。

人们在评价女性美时常用的漂亮、可爱、迷人等词汇都是不可量化的,是一种模糊的感受。德国著名哲学家、数学家戈特弗里德·威廉·凡·莱布尼茨(Gottfriend Wilhelm von Leibniz)认为审美意识是对事物的混乱的朦胧的感觉。这一观点源自模糊数学中的互克性原理:"当系统的复杂性日趋增长时,我们作出系统特性的精确然而有意义的描述的能力将相应降低,直至达到这样一个阈值,一旦超过它,精确性和有意义性将变成两个几乎互相排斥的特性"。[②]研究对象越复杂,人们有意义的精确化能力就越低,过分的精确反而模糊,而适当的模糊却可以带来精确。

在设计上,模糊思维的模拟性与不确定性为设计带来更多表现空间。一方面,视觉艺术在审美上的模糊性使得设计师们可以采用多种手段与表现形式来传达内心的想法;另一方面,观赏者或使用者不见得能够真切地体会到设计师的本意,但模糊思维仍会使他们产生一定的情绪感受,这种感受可能与设计师的感受类似,也可能迥异。无论如何,只要能够让人们有所触动,

---

① 鲁道夫·阿恩海姆.艺术与视知觉.滕守尧,朱疆源,译.成都:四川人民出版社,1998.

② 扎德.模糊集与模糊信息粒理论.阮达,黄崇福,译.北京:北京师范大学出版社,2005.

这个设计作品就有了生命。在这一点上,模糊思维扩大了人们对设计作品接受的范围。

此外,还有一种情况:在视觉艺术中,设计是通过视觉语言来传达信息的,视觉传达发生偏差时就可能产生模棱两可、虚幻失真的矛盾图形。当某种矛盾空间图形语言的信号出现于非典型环境中的时候,如仍将人们的视觉运动按通常方式加以诱导和暗示,就会创造出突破二维、三维乃至多维空间的视觉效果。这时的模糊思维会创造出与众不同的效果(图5-20、图5-21)。

图5-20 模糊思维——比利时艺术家琼丝·迪美创作的一个小人儿坐在不可能的窗台上思考一个不可能的立方体

图5-21 模糊思维——不可能的方框

第五节 服装设计思维的应用

如果说设计是体现文明进步的一种方式,那么,它首先表现为设计在思维上的合理性和科学性。设计在思维上表现出"唯他"性,而非"唯我"性的核心逻辑。所谓"唯他",就是强调设计者将其创造植根于所服务的对象之上,并将服务对象的整体利益作为主体利益的思维核心。设计是解决具体问题、反映宏观主旨的有效手段,是通过巧妙的形式把来自各方的诉求综合起来,然后表现为"无声的引导,无言的服务"。

设计思维肩负着对社会责任的思考,是一种探讨人们如何健康生活的思维,是可贵的人文关怀。作为设计师要善于观察,勤于动脑,在仔细观察事物的基础上培养对事物观察的敏锐度,这样才能够迅速捕捉事物转瞬即逝的闪光点,从中找到创作的灵感,激发出独特的设计构思。设计师创作激情的突发往往是对生活的细致观察、敏锐发现,并与其做发自内心的交流后产生的。所谓"外师造化,中得心源"即是如此。

设计的过程可能以某种思维为主,也可能是多种思维混合的结果,没有一定之规,也无需刻意强调。为了能够更好的说明各种思维方式作用的效果,下面分别将各种思维方式在设计中的应用进行说明。

一、发散思维的应用

在设计中发散思维应用于设计构思的初级阶段，是展开思路、发挥想象，寻求更多更好的答案、设想或方法的有效手段。整个思维过程构成散射状，具有灵活、跳跃和不求完整的特点。在服装设计中，可以从如下几个方面入手进行发散思维的应用：

材料发散——在设计中运用多种材料，以其为发散点，重在表现材料之间的丰富对比效果。

功能发散——以服装的某项功能为发散点，设计出实现该功能的各种方式，或者设计出该功能的衍生功能。

结构发散——以服装的某个结构为发散点，将这一结构进行转化设计，或者设计出实现该结构的各种可能性。

形态发散——以服装的某一形态为发散点，设计出利用该形态的各种可能性。

组合发散——以服装本身为发散点，尽可能多地把它与别的事物进行组合成新事物。

方法发散——以某种设计方法为发散点，设想出利用方法的各种可能性。

发散思维有时不仅需要设计师本人的智慧与创造力，有时候还需要利用身边的无限资源，集思广益。设计团队的分工协作就是对这种合力的最好应用形式（图5-22、图5-23）。

图5-22 发散思维的应用之形态发散——"蒸汽拉伸"（Issey Miyake 秋冬 RTW 时装发布秀）

图5-23 发散思维的应用之结构发散——前片开衩的紧身抹胸裙装（Versace 秋冬 CTR 时装发布秀）

二、收敛思维的应用

在服装设计中,当有了明确的创作意向之后,究竟以什么形式出现,采用什么形态组合,利用什么色彩搭配,以及辅料的选择等等具体问题都需一番认真的思索和探寻。设计初期发射思维的运用能够表现设计师的灵性和天赋,那么,设计深入阶段收敛思维的运用则是对设计师的艺术造诣、审美情趣、设计语言的组织能力和运用能力以及设计经验的考验。

同一个主题,一种意境,可以有许许多多的表现形式。比如同一主题的设计大赛收到的设计征稿无论数量多少绝无相同(当然,对同一作品的抄袭现象不在此列,抄袭作品是谈不上设计思维的运用的)。甚至可以说有多少参赛者就会有多少种方案。在实际设计中,尤其在设计的学习阶段,往往会出现好的立意和构思因得不到相应的表现导致失败的创作。收敛思维的运用可以使设计构思达到最佳状态,使主题得以充分的表现(图5-24、图5-25)。

图5-24　收敛思维的应用——"汉帛奖"第22届中国国际青年设计师时装作品大赛主题为"黄金时代",西班牙设计师 Jon Mikeo Ezkurdia 获得金奖的作品

图5-25　收敛思维的应用——第22届中国真维斯杯休闲装设计大赛金奖作品《新鲜》

三、逆向思维的应用

在服装设计中,逆向思维的应用常常因突破常规思维而为服装带来新的流行与时尚。从服装发展史来看,时装流行走向常常受到逆向思维的影响。物极必反这一原则在服装的流行中已无数次被验证。

这一思维方式的运用在今天的服装设计中更加普遍:在细腻的丝袜上刻意剪出破洞;服装裁片的缝头故意做在服装表面;牛仔短裤的口袋布故意从裤口露出一截,像是裤子面料不够长;把材质差异度极大的面料组合在一起,如柔薄的纱质面料和厚重的呢绒面料拼接;这两年流行的小礼服配运动鞋的搭配方式等等。很多大师级的服装设计师,在设计上对于逆向思维的运用都卓有成效。日本设计师川久保玲(Rei Kawakubo)就擅长从对立要素里寻求组合。她说:"我的思路和灵感时时不同,我从各个角度来考虑设计,有时从造型,有时从色彩,有时从表现方法和着装方式,有时有意无视原型,有时根据原型,但又故意打破这个原型,总之是反思维的"(图5-26、图5-27)。

图 5-26　逆向思维的应用——Comme Des Garcons 秋冬 RTW 时装发布秀

图 5-27　逆向思维的应用——Comme Des Garcons 秋冬 RTW 时装发布秀

　　具有强烈叛逆精神的法国设计师夏奈尔（Gabrielle Chanel）在第一次世界大战后推出针织女式套装，把当时用做男士内衣的毛针织面料用在女装上。这无异于平地惊雷，因为在当时，尤其是正式场合，女士穿裤装是大逆不道的。上流社会名媛淑女的虚荣、浮夸、相互攀比的风气令夏奈尔深恶痛绝。由此她设计出仿钻石的珠宝首饰，美丽但不昂贵，她要让那些女子"为自己没有一件夏奈尔的仿真首饰参加今晚的舞会而哭泣"。这对于传统的贵夫人形象无疑是充满了反叛与革命精神的。这种逆向思维在伊夫·圣·洛朗、三宅一生等设计大师的作品屡屡得到运用，对现代女装的发展起着不可估量的作用（图 5-28）。

图 5-28　逆向思维的应用——伊夫·圣·洛朗（Yves Saint Laurent）减少了男女之间在服装上的差异，将简约优雅的女性裤装引入时尚的主流，当时的"吸烟装"惊世骇俗，充分反映了圣·洛朗的反叛精神

四、联想思维的应用

联想思维能够使人们克服两个不同的概念在意义上的差距,并在另一种意义上把它们联结起来,由此产生一些新颖的思想。"由此及彼,由表及里",可以理解为联想思维为人们观察和思考事物所带来的好处。

联想思维在设计中的应用是灵活的,可将联想到的各种相关构成要素进行重组,突破原有的结构模式,创造出新的形象。在建筑设计、家具设计等立体设计中,根据新的需要或新的功能要求,对人们已经习惯了的空间分割或组合进行重新安排,从而形成新的设计形象。还可以借助拼贴、合成、移植等方法将看似不相干的事物结合起来,以形成新的形象(图5-29、图5-30)。

图 5-29 联想思维的应用——蜂蜜的颜色,蜂巢的形状,模特的头上戴着顽皮的现代主义风格的养蜂人面纱,身穿蜂巢图案的内衬龟甲状紧身衣的束腰套装(Alexander McQueen 春夏 RTW 时装发布秀)

图 5-30 联想思维的应用——梵高画的鸢尾花满满地刺绣在异域风情的修身连衣裙上(Maison Martin Margiela 秋冬 CTR 时装发布秀)

联想能力的大小取决于设计师的知识积累和经验丰富的程度,还与设计师是否具有良好的思考习惯有关。养成良好的思考问题的习惯,是培养联想能力、提高创造能力的一个重要措施。

五、模糊思维的应用

模糊思维在对形象思维和抽象思维的协调与融合上有着不可取代的作用。有时,设计师们在纸上涂涂画画,并没有清晰的想法想要表现什么,或者想要画个什么具体的东西出来。但画着画着,笔下线条出现的一些造型可能会触动设计师的某根神经,灵感突现,从而思如潮涌,笔走如龙,一个新颖的设计就此成型。

在服装设计中,模糊思维的应用比比皆是:对于为腰身不那么苗条而苦恼的着装者来说,宽松无腰线设计的款式因模糊了腰臀曲线而深受其喜爱。当前流行中性化思潮,服装设计师们在服装的设计上就会刻意模糊男女装的性别界限以满足人们的这种审美需求。这种模糊思维弱化甚至改变了人们对于服装的一些约定俗成的概念,为创造新的潮流与时尚提供了新的思路(图 5-31、图 5-32)。

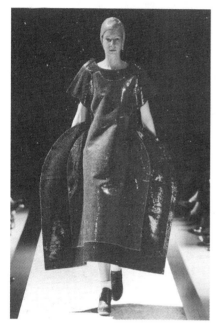

图 5-31 模糊思维的应用——在宽松夸张的裙子上再画一件苗条鲜亮的裙子,既适合了体型需要,又满足了女性苗条的心理需求(Comme Des Garcons 秋冬 RTW 时装发布秀)

图 5-32 模糊思维的应用——人体的曲线和结构被服装改变(Alexander McQueen Savage Beauty 服装设计展)

本章小结

设计思维是人脑的一种高级思维形式,在表现物质世界的同时,更注意表现精神世界。设计思维的对象存在于大自然和社会生活的各个方面。

设计思维的过程集中体现了思维活动中高度归纳、整理、概括的能力。设计思维具有跃迁性、独创性、易读性和同构性等特点。

设计思维是确立在思维科学体系基础之上的综合思维形式,按其特点可分为抽象思维、形象思维、灵感思维和创造性思维。每种思维形式都有自己的特点和规律,具备完整的思维体系,与此同时又相互影响、相互作用。

设计思维的类型包括:发散思维、收敛思维、逆向思维、联想思维、模糊思维。

思考与练习

    1. 请根据各个设计思维的特点寻找具有代表性的服装设计作品图片,并进行分析。

    2. 请针对同一主题,分别使用不同的设计思维进行服装设计练习。

FASHION DESIGN

第六章

服装设计的美学原理

时装是建筑学，它跟比例有关。

　　——加布里埃·夏奈尔（Gabrielle Chanel，1883 年，法国，著名时装设计大师，
　　Chanel 品牌创始人）

第一节　形式美的概念和意义

对美的追求是人类的天性,是人类初期就萌发的一种心理需求。美没有一定的固定模式,所谓"仁者见仁,智者见智",虽然在哲学上关于美的概念总是力图超越时代进行高度概括,但美的具体内容以及表现形式总是随着时代的发展发生变化,人们的审美观总是在发生着变化。而服装设计在于"追求其功能的使用和形式的美感"。

一、形式美的概念

对于传统的美学思想而言,古希腊的哲学家与美学家认为,美是形式,倾向于把形式作为美与艺术的本质。毕达哥拉斯学派、柏拉图和亚里士多德均认为,形式是万物的本原,因而也是美的本原。秩序是美的最重要条件,美从秩序中产生(柏拉图语)。现代格式塔心理学美学的代表阿恩海姆在其《艺术与视知觉》中把美归结为某种"力的结构",认为组织良好的视觉形式可使人产生快感,一个艺术作品的实体就是它的视觉外现形式。

英国著名美学家克莱夫·贝尔(Clive Bell)在《艺术》一书中明确提出造型艺术是"有意味的形式"(significant form)。这一著名论断对现代造型艺术有深刻的影响,在他看来,真正的艺术在于创造这种"有意味的形式"。而这种"有意味的形式",既不同于纯形式,也有别于内容与形式的统一。总之,形式是超越时间的概念,是艺术作品的外观体现,是情感的载体。形式的美感体现能够使人产生相应的审美意识和情感体验,形式美的规律与法则,是进行一切造型艺术的指导准则。

抛开美的内容和目的,单纯研究美的形式的标准,称为"美的形式原理",即形式美原理。

二、形式美的意义

纯粹研究美的形式原理,可使问题简化,矛盾相对突出。形式美原理具有普遍意义,是对作用于普遍意义上的美感的研究,其应用范围十分广泛。形式美是主观诉诸于客观的产物,大千世界富含无限生机与情趣,无时无刻不在昭示着美的身影,当人的感官与身心沐浴在异彩纷呈的大自然中,会为之发出内心的感奋,而令人心旷神怡、身心愉悦的可能只是一朵小花,甚至是一株小草,当人的心理与之产生共鸣时,即被事物形式美的魅力所征服。

在我们的世界,万事万物都蕴藏着形式的美感,对于主体而言,重要的是具备一双善于发现美的眼睛和一颗善于体验美的心,正如罗丹所说,"生活中不是缺少美,而是缺少发现美的眼睛。"然而,捕捉形式美感的眼睛是要经过训练的。自然界错综复杂,从中分辨出形式美并能抽象提取出形式美的元素并非易事。除了先天的敏锐直觉,还要靠后天坚持不懈的艰苦努力才能练就。前人留下的艺术文化遗产浩瀚丰富,见证了人类对形式美感的追求与探索。形式原理便是社会内容和人的本质力量积淀的产物,能够超越时空、种族、个性而存在,成为艺术造型领域的形式美规律和指导准则。

在艺术创造活动中,纷繁复杂的感性材料经过创作者的主观捕捉,进而筛选、整理、提取、加工,逐步完善为较理想的形式元素,诸如造型、色彩、构图、意境等等,创作主体将情思与感受贯穿其中,确定出由主观控制的画面形式美基调。在这个过程中,创作主体对形式美的理解越深入、透彻,就越能够把握形式美感,就会更加自由地驰骋在艺术王国的天地里。可见,对形式原理的学习和体会是贯穿整个创作和设计过程中的。

第二节 形式美原理及其在服装设计中的应用

19世纪德国著名心理学家古斯塔夫·西奥多·费希纳(Gustav Theodor Fechner)把美的形式原理概括为下列9条,这些可以运用到服装设计中去,成为服装构成的形式法则,包含:反复(repetition)与交替(alternation)、旋律(rhythm)、渐变(gradation)、比例(Proportion)、平衡(balance)、对比(contrast)、协调(harmony)、统一(unity)和强调(emphasis)。

一、反复与交替

(一)概念

同一个要素出现二次及二次以上就成为一种突出对象的手段,称之为反复。反复既要使一个要素保持一定的变化和联系,又要注意使要素之间保持适当的距离。如果反复的间隔过于近,则不能区分出被重复的单个元素,显得过于统一;反之,如果反复的间隔过于远,则会显得单个元素之间的联系不紧密。两种及两种以上的要素轮流反复,成为交替,交替是成组的反复。比较常见的如:染织品纹样、印花图案、室内装潢用壁纸等(图6-1、图6-2)。

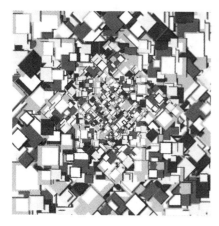

图6-1 反复与交替——中国国际面料创意设计大赛获奖作品

图6-2 反复与交替——HHF建筑师创造的柏林时尚中心,建筑的外墙由一系列拱形窗户组成。建筑师利用了拱形元素,并将其作为设计的关键要素

(二)形式

根据要素的性质与形态,反复与交替主要有以下三种形式表现:

(1)同质同形要素反复或交替。这种形式具有强烈的秩序感,有时也会让人感觉缺乏变

化,显得单调。

（2）同质异形或异质同形要素反复或交替。这种形式会消除单调感,使画面富于变化,产生一种调和的美。

（3）异质异形要素反复与交替。这种形式往往会由于形态差异太大而显得混乱,缺乏统一感,调和难度比较大。

（三）在服装中的应用

在服装设计中,反复和交替是设计常用的方法,常常出现在服装的不同部位,如基本造型的反复、同样的色彩和花纹的反复等。造型元素在服装上反复交替使用会产生秩序感和统一感,但是如果这种方式运用得不够熟练,过多地反复使用形状、质地、色彩差异太大的要素,会造成整件服装不协调,或服装的某一部分被孤立地凸显出来,或使得设计没有重点等。需注意的是:对于要素在服装上的布局既要保持一定的距离,又要保持一定的变化和联系（图6-3～图6-5）。

图6-3　同质同形要素反复——大衣和套装上同时出现多个口袋（Andrea Incontri 秋冬 RTW 时装发布秀）

图6-4　同质异形要素反复——Comme des Garcons RTW 时装发布秀

图6-5　异质异形要素反复——Yohji Yamamoto 秋冬 RTW 时装发布秀

二、旋律

（一）概念

即率动,音乐术语。指造型要素有规则的排列。人的视线在随着造型要素移动的过程中感到要素的动感和变化,由此产生旋律感。

（二）形式

旋律的形势比较多样化,主要可分为以下几种:

1. 重复旋律

同一造型要素通过重复、同一间隔、或同一强度产生的有规律的旋律。这种形式最易形成，具有秩序美。

2. 流动旋律

没有规律，但能够在连续变化中感受到流动感的旋律。具有强弱抑扬、轻快稳重等变化。这种形式是不能随意控制的自由旋律。

3. 层次旋律

按照等比等差关系形成层次渐进、渐减或递进，形成柔和、流畅的旋律效果。

4. 流线旋律

快捷利落、顺畅自然、平稳的流线中没有抵触感和冲突感的旋律。

5. 放射旋律

由中心向外展开的旋律。由内向外看有离心性，由外向内看有向心性。其形成的视觉中心往往也是一个很重要的设计中心。

6. 过渡旋律

即转调，音乐术语。从一种调子转换到另一种调子的过渡，既有统一又有变化。在音乐中，如果自始至终都是一个调子，会给人枯燥无味的感觉，但如果突然改变调子又会给人突兀的感觉，所以音乐中的过渡调子是很好的衔接桥梁，它既可帮助表现出旋律的统一，又可以使旋律表现出变化。

（三）在服装中的运用

1. 重复旋律

纽扣排列、波形褶边，烫褶、缝褶，线穗，扇贝形刺绣花边等属于重复旋律的表现。在服装上，纽扣排列、褶边、穗边等极易产生旋律的边角设计，在造型上的重复都会表现出旋律，重复的单元元素越多，旋律感也越强。虽然并无一定的章法可言，但是也要讲究形式美感，否则就会显得凌乱不堪（图6-6）。

2. 流动旋律

宽松服饰下摆形成的自然褶皱，裙裾下摆的摆动，褶边、叠领、围巾、头饰等都属于流动旋律的表现。当着装者行动时，人体随着运动与服装忽近忽远，表现在宽松肥大的服装上尤为明显。这时，衣服的自然皱褶和裙摆的自然摆动就会产生流动旋律。材料较轻薄时，旋律感会更加明显。许多服装上的叠领、褶边等也是运用这种流动旋律来表现随性的效果（图6-7）。

图6-6　重复旋律——Gucci 秋冬 RTW 时装发布秀

3. 层次旋律

服装裁片的层层叠叠，多重拼接，色彩的渐变，不同材质的有规则拼接、重叠，服装外形的渐次变化，服饰品的层次排列和搭配等等属于层次旋律的表现（图6-8）。

4. 流线旋律

主要表现在由造型和材料所构成的悬垂效果上。这种形式的表现效果具有较强的女性化倾向（图6-9）。

图6-7 流动旋律——Elie Saab 秋冬 CTR 时装发布秀

图 6-8 层次旋律——Saint Laurent Paris 秋冬 RTW 时装发布秀

图 6-9 流线旋律——Viktor & Rolf 春夏 CTR 时装发布秀

5. 放射旋律

服装中的伞形褶裙、喇叭裙,针织披肩领的放射状罗纹,以及通过立体裁剪方式牵拉细褶自然形成的放射性皱褶等都属于放射旋律的应用。以脖子、肩部、腰际、手臂、脚踝等人体上的任意部位向外展开的设计大都呈放射状,如披肩领的放射性罗纹、经过处理的外张型领子等。除此之外,依靠工艺和装饰在服装上塑造放射形也是比较常见的,在礼服和表演性服装的设计中最为明显(图6-10)。

6. 过渡旋律

对比太强烈的面料、款式、色彩进行组合拼接设计时,需要寻求过渡元素。过渡旋律使组成服装的各个部分能够自然衔接、相互融洽,使得有明显特征的几部分服装在视觉上没有太强的冲突感(图6-11)。

图6-10 放射旋律——Akris 春夏 RTW 时装发布秀

图6-11 过渡旋律——Maison Martin Margiela 秋冬 CTR 时装发布秀

三、渐变

（一）概念

指某种状态和性质按照一定顺序逐渐的阶段性的变化，呈现递增或递减效果。当这种变化按照一定的秩序形成一种协调感和统一感时，会自然地产生美感。

（二）形式

根据变化的规律性可分为如下两种渐变：

1. 规则渐变

亦称等级渐变，某种形态按照一定的比例关系或特定的规律进行递增或递减。特定的规律比较明显，如：从大到小、由浅到深、同色的明度和纯度变化、由疏到密等等。这种规则性的渐变类似于节奏。

2. 不规则渐变

抽取事物的本质特征进行变化，变化没有规律可循，只是强调了感觉和知觉上的渐变性。如：色彩的不规则变化、款式上的对比、材质上的无规律渐变和过渡，抽象和具象的渐变等等。

图 6-12　单件渐变——Giambattista Valli 秋冬 CTR 时装发布秀

（三）在服装中的运用

渐变在服装设计中的运用具有非常优美而平稳的效果。因为是逐渐变化，所以一般不会给人突兀的感觉，感觉一切都是自然而然进行的。

运用色彩渐变形成层次是服装设计中常用到的也是表现渐变较为明显的手法。造型元素按大小、强弱、轻重等变化都会形成渐变。三个以上的造型元素单体的逐渐移动，产生渐变，如在多条分割线部位使用由细到粗的嵌条、缝缀的珠片按大小排列、或把线状装饰品的几何中线上的串饰向两边递变都是服装中常见的渐变应用（图6-12）。

渐变可用在单件服装设计中，也可用在系列服装设计中。在系列服装中的协调主要从款式和色彩方面进行，如相同或相似的服装廓形，或将服装内部的细节设计逐渐进行相互关联的加法或减法设计，还有就是服装外轮廓本身的长短变化等。系列服装的色彩渐变主要是指系列单品之间的色彩呈现逐渐变化的情况（图6-13）。

图6-13　系列渐变——充满活力和热情的抽象花朵图案带有典型的波普艺术风格（Valentino 秋冬 RTW 时装发布秀）

四、比例

(一)概念

一件整体统一的事物,其整体与部分或部分与部分之间都存在着某种数量关系,配比关系,是由长短、大小、轻重、质量之差产生的平衡关系。这种关系称之为比例。

(二)形式

比例的形式多种多样,常用的比例有如下几种:

1. 黄金比例

黄金比例来自古希腊,那时候人们用几何学的方法建造了带有比例美感的神秘的宫殿。原理是把一条线段分成几部分,使其中一部分与全长的比等于另一部分与这部分的比,各部分的比值接近1:1.618,近似3:5:8(图6-14)。将黄金分割比例运用到人体上,是将全身长定为8个头长。头部长度与身体长度比例为1:7。以肚脐划分,上身比身长3/8,下身比身长5/8,腰节到膝盖比身长3/8,膝盖到脚跟比身长是2/8(图6-15)。

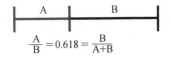

$$\frac{A}{B} = 0.618 = \frac{B}{A+B}$$

图6-14 黄金比例

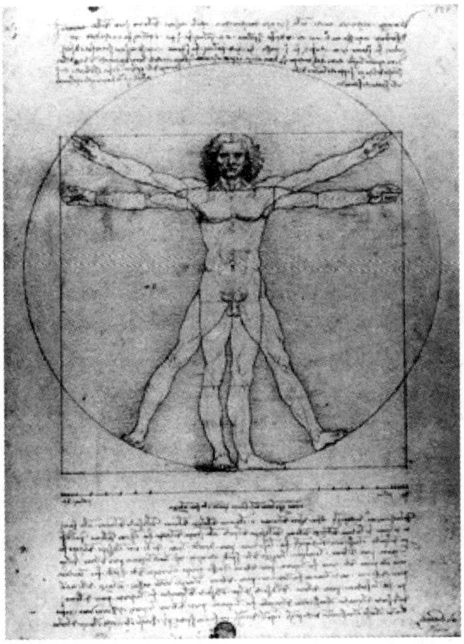

图6-15 黄金比例——列奥纳多·达·芬奇(Leonardo da Vinci)的著名素描《维特鲁威人(Uomo vitruviano)》。(1487年,钢笔和墨水手稿,34.4 cm×25.5 cm)。画名取自古罗马杰出的建筑家马尔库斯·维特鲁威·波利奥(Marcus Vitruvius Pollio)。维特鲁威在其著作《建筑十书》中盛赞人体比例和黄金分割,达芬奇根据其描述绘出完美比例的人体

2. 费波那奇数列

费波那奇数列是在黄金比例的基础上得出的,为避免像黄金分割比例中出现小数点这种不便于使用的情况,就取有效整数排成数列,按数列1:2:3:5:8:13:21等排列。这个数列的每一项是前面两项之和,除了有可循的规律,还因为它的比值与黄金比例的比值近似。在服装设计中,这种比例显得柔和而富有节奏感,常用于多层次服装的长度比例或内部装饰的布局上。

3. 日本比例

在日本,是按1:3:5:7:9这种等差数列求得的比例,因此称日本比例。这是一种整数渐进比例,比较简洁明快。日本比例是由整数加算得到的。所以最初的渐进较大。随着数值的增大,渐进比在减小。如日本建筑中的榻榻米、拉门、拉窗等(图6-16)。

4. 百分比比例

在服装上指服装的某一部分占整体的百分比,或小部分占大部分的百分比。百分比多用于自然科学的研究,在服装上使用它是因为其直观、方便,如背长占衣长的百分数,分割线或装饰线占衣长的百分数等。

图6-16　日本比例——日本传统民居

（三）在服装中的运用

　　比例是服装中最常用的形式美原理，服装上处处可见。在多件服装搭配中，比例可以用来确定服装内外造型各部分的数量位置关系、服装的上装长与下装长的比例以及服装与服饰品的搭配比例。在单件服装的设计中，比例用来确定多层次服装各层次之间的长度比例、服装上分割线的位置、整体与局部之间的配比、局部与局部之间的配比等。除了服装本身的比例协调关系，比例还用于服装与人体裸露部分的比例关系（图6-17、图6-18）。

图6-17　比例——服装与人体裸露部分的比例关系（Aganovich 春夏 RTW 时装发布秀）

图6-18　比例——BCBG Max Azria 秋冬 RTW 时装发布秀

　　比例在服装中的应用以比例分割和比例分配两种形式进行：

1. 比例分割

　　将一个整体分成几个小面积的个体，这些小面积之间的比例、小面积与整体之间的比例关系就是被分割的比例。比例分割的对象是同一个整体。在服装设计上常用于确定内侧分隔线的位置及长短(图6-19、图6-20)。

图6-19　比例分割——BCBG Max Azria 秋冬 RTW 时装发布秀

图6-20　比例分割——Adam Selman 秋冬 RTW 时装发布秀

2. 比例分配

在两个或两个以上的物体间确定某种比例,比例分配的对象不是一个整体,是体现附加于整体之外的个体之间或者个体与整体之间的比例关系。如:外套与裙长等不同服装的搭配等(图6-21、图6-22)。

图6-21　比例分配——Jonathan Saunders 秋冬 RTW 时装发布秀

图6-22　比例分配——Miu Miu 秋冬 RTW 时装发布秀

五、平衡

（一）概念

原指物质的平均计量。在造型艺术中被丰富了许多、不止是力学上的重量的关系,而是包括了感觉上的大小、轻重、明暗以及质感的均衡状态。

（二）形式

根据形成平衡所包含的要素的数量可分为对称平衡与非对称平衡:

1. 对称平衡

即正平衡。当物体与图形存在于某个基准的相应位置时所产生的平衡。对称是指图形相对某个基准,做镜像变换,图形上的所有点都在以基准为对称轴的另一侧的相对位置有对应的对称点。对称是造型设计中最简单的平衡形式,尤其在服装中,采用对称的形式很多,因为人体结构是基本对称的,身着对称形式的服装给人的感觉最自然最舒适,容易达到心理上的平衡感。对称有很多具体的形式,如:旋转对称、中心对称、左右对称和平行移动对称等(图6-23)。

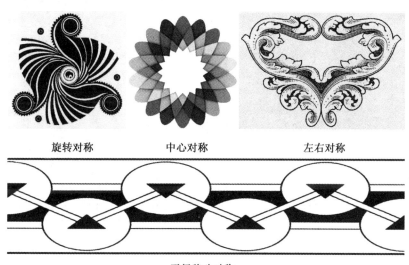

旋转对称　　　　中心对称　　　　　　左右对称

平行移动对称

图6-23　对称的形式

- 左右对称:也称为单轴对称,对称轴对称。
- 中心对称:也叫多轴对称,随着对称轴的增加,对称要素也随着增加,多用于图案构成,染织纹样构成和服装上的装饰。
- 旋转对称:也叫点对称,是在点的两个方向增加形状相同、方向相反的两个或两个以上元素,形成旋转对称的形式。
- 平行移动对称:以单轴为对称中心,将同一元素依次向前移动。

2. 非对称平衡

即均衡。也叫非正平衡或者非对称平衡,与对称相比,均衡在空间、数量、间隔、距离等要素上都没有等量关系,它是一种在大小、长短、强弱等对立的要素间寻求平衡的方式。均衡的实际意义就是在不对称中由相互补充的微妙变化形成一种稳定感和平衡感。

（三）在服装中的运用

平衡在服装设计中的应用是在服装的各基本因素之间,形成既对立又统一的空间关系,形成一种视觉上和心理上的安全感和平稳感。它是色彩搭配比例、面积及体积比例等的重要原则。平衡多用在不对称服装的外轮廓造型设计、内轮廓分割或镶拼以及上下装的平衡设计中。很多非对称的服装,左右两侧的形状并不相同,材质、色彩也不相同,为了形状、材质在视觉上的呼应,就要运用均衡原则来配比(图6-24～图6-26)。

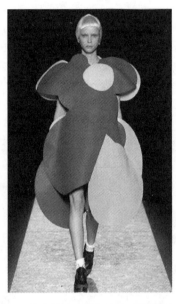

图6-24　对称平衡——Alexander Wang 秋冬 RTW 时装发布秀

图6-25　非对称平衡——Comme des Garcons 秋冬 RTW 时装发布秀

图6-26　非对称平衡——Alexander Wang 秋冬 RTW 时装发布秀

六、对比

（一）概念

质和量相反或极不相同的要素排列在一起会形成的效果称为对比,如直线和曲线、粗和细、大和小等相互矛盾的元素并置。通过差别的对立可同时增加对比元素的各自特征,在视觉上形成强烈刺激,给人以明朗、清晰、活泼的感觉。

（二）形式

1. 造型对比

指造型元素在服装廓形或结构细节设计中形成对比,这种对比既可出现在单件服装中也可是一系列服装的相关对比。造型元素排列的疏密、水平线与垂直线的横竖关系、简洁与繁复的风格之间都可形成对比。

2. 面积对比

指不同色彩、不同元素、不同材质在构图中所占的量的对比。面积大小的对比给人的感觉非常直观且显而易见。

3. 色彩对比

指各种色彩在构图中的对比,包括同类色对比、邻近色对比、对比色对比和互补色对比等。

4. 材质对比

指在服装上运用性能和风格差异很大的面料来形成对比,以此来强调设计感。材质对比无论是在视觉,还是在手感上都有一种刺激效果。

(三)在服装中的运用

对比运用在服装设计中可起到强化设计的作用。服装廓形上宽松和紧身的对比、圆形与三角形的对比、直线造型与曲线造型的对比或者大与小的造型对比等,都是对比运用。这些对比要素之间的相互作用、协调,使服装造型具有强烈的视觉冲击力(图6-27)。

服装的零部件、服饰品也可和主体服装产生对比,既突出了服装的造型,也强调了饰品的运用(图6-28)。

创意服装、前卫风格和休闲风格的服装设计中,经常运用质地反差很大的服装面料。材质对比设计通常都比较随意自由,并且常带有某种叛逆性格(图6-29)。

图6-27 廓形与造型对比——Comme des Garcons 秋冬 RTW 时装发布秀

图6-28 饰品与服装对比——锁子甲帽子(D&G 秋冬 RTW 时装发布秀)

图6-29 材质对比——错综复杂的金属贴花出现在塑料质地面料上,服装的廓形很简单,风格却很突出(Miu Miu 秋冬 RTW 时装发布秀)

色彩对比在童装、少女装、运动装和民族服装或者具有这种风格的服装中经常运用，可加强视觉上的明快感和运动感，使设计具有强烈的震撼力。在色彩对比的实际运用中，不仅要考虑色彩本身的因素，还要考虑运用色彩的面积搭配(图6-30)。

七、协调

(一) 概念

原为音乐术语，指为了形成和声及两个以上音的调和音而产生的衔接音。设计的协调是指为了使设计在保持其功能性的基础上具有艺术的美感，通常使用两种或多种特点不同元素，各元素之间相互协调，不发生冲突。

(二) 形式

协调的形式按照协调内容的不同，大致可以分为下面几类：

1. 类似协调

指具有类似特点的要素间的协调。类似的各要素有着某种共性，虽然它们有区别于其他要素的个性化特征，但是还是较易协调的。

图6-30　色彩对比——Altuzarra 秋冬 RTW 时装发布秀

2. 对比协调

指对立要素之间的协调。对立要素之间的差异很大，相比类似协调，对比协调难度较大，最佳的方法就是在对立的两个元素之间加入对方的元素，或者加入第三方因素。原本对立的两个元素，由于第三方元素的存在而产生一定的联系，于是就达到了协调的目的。

3. 大小协调

指将构成服装的各要素进行尺寸上的合理搭配。服装通常不是只由一种元素构成，所以不同元素之间的大小协调，往往会存在问题。元素大小的相互协调会使服装发生相应的变化。

4. 格调协调

指在视觉上和心理上协调设计给人的感觉。服装设计所要追求的结果是造型元素通过各种手法组合后所表现出的内涵，这种精神内涵与外在形式相统一并与人体结合，从而显示出着装者的情调和品位，所以格调的协调是服装内涵高度统一的前提。

5. 材质协调

指根据设计风格、造型需要和材质特性来确定和调整设计的材料和质感。很多前卫的设计中，往往运用无论质感还是色彩对比都较强烈的材料，形成一种视觉上的反差。

(三) 在服装中的运用

服装设计过程中，需要协调的要素较多，如：形状之间、形状与色彩之间、材质之间、色彩之间、色彩与材质之间等。同性或不同性的要素间，都有可能产生协调的问题，所以，在设计中要充分考虑。

服装本身是由多种元素共同组合而成的，服装设计不是单纯考虑采用哪种造型、哪种色彩或者哪种面料,而是通过对多种元素的综合调配使服装具有协调美。

在系列服装设计中,协调是必用的手法,且效果明显。通过对多种元素的协调运用,使服装元素组合灵活多变而又具有统一美(图6-31~图6-33)。

图 6-31　过渡协调——Jonathan Saunders 秋冬 RTW 时装发布秀　　图6-32　大小协调——D&G 春夏 RTW 时装发布秀　　图 6-33　材质协调——Alexis Mabille 秋冬 RTW 时装发布秀

八、统一

(一)概念

指调和整体与个体的关系,通过对个体的调整使之更加融入整体,使整体产生出秩序感。

(二)形式

1. 重复统一

指在设计中将同一元素或具有相同性质的元素重复使用,这些元素在一个整体中很容易形成统一。

2. 中心统一

指整体中的某一个体成为设计中的重点,通过对这一重点地突出和强调,吸引人的视线集中在这个个体上,其余的个体元素以此为中心,并与之协调形成统一。

3. 支配统一

指主体部分控制整体以及其他从属部分,通过建立主从关系形成统一。在设计中,相同的材料、形状,相同的色相、明度、纯度,相同的花形纹样等都可以作为支配的要素。

(三)在服装中的运用

服装设计中,构成服装的个体相互统一时,就形成服装自身的整体美;当服装本身与服饰品如:首饰、鞋帽、箱包、化妆、发型等统一时,就会构成着装的整体美。

服装中的统一首先表现在形态上的支配与统一,指的是从宏观角度控制服装整体设计,形成整体风格的统一(图6-34)。除此之外,服装中上下装的关系、外轮廓与内部零件的关系、装饰图案与部位的关系等都要用统一的原理进行设计(图6-35)。服装的任何构成元素都可以单独看作是需要统一的元素。在服装图案、边饰、零部件以及其他装饰设计中经常运用重复统一的方法。职业套装经常用色彩作为统一要素,来统一外轮廓与不同的内部细节或是上下装的造型。

图6-34　统———D&G 春夏 RTW 时装发布秀　　　图6-35　统———Saint Laurent Paris 秋冬 RTW 时装发布秀

九、强调

(一)概念

类似于中心统一,指使人的视线从一开始就被所要强调的部分吸引,通常被强调的部分是设计的视觉中心。

(二)形式

1. 强调主题

一般运用在发布会服装或比赛服装的设计中。这类服装的设计一般给出一个主题,然后围绕这个主题展开设计,一般是以系列服装的形式出现,从构思、材料选择、色彩运用、工艺、配饰等都以突出主题为目的,甚至连发布会表演的场景、灯光、音响等都要考虑与设计主题相呼应。

2. 强调工艺

指突出裁剪特点、制作技巧或装饰手法等的应用,将工艺作为服装的设计特色,给人以风格明确、设计巧妙的印象。如镂空工艺、抽纱工艺、褶皱工艺等。强调工艺往往被设计师用来强调整件服装的气氛。款式相对简单的服装,往往更加侧重强调工艺的巧妙和精湛(图6-36)。

图6-36　强调工艺——Zuhair Murad 秋冬 CTR 时装发布秀

3. 强调色彩

色彩在服装设计中是一个积极而重要的因素,利用色彩优势作为强调手段,是非常容易出效果的设计形式。如:应用色彩的情感特点、色彩的对比、色彩的明暗及深浅的对照关系等来突出服装,会使设计作品醒目活跃、风格明确。不同穿着场合、不同用途、不同年龄阶段的服装都有各自不同的常用色系。

4. 强调材质

随着纺织工业的发展,科学技术的进步,各种各样运用不同工艺或者高科技手段形成的服装材料应运而生,从而使服装设计在材质表现上出现了多种风格。现代服装设计正朝着面料的再创造,二次设计方向发展,根据面料的不同特色将面料进行改造,强调面料的可塑性和观赏性,或利用面料本身所具有的特点强调面料的功能性和艺术性。

5. 强调配饰

现代服装设计中,通过强调配饰来强调设计主体已成为很多人追逐的设计时尚。设计款式、面料、色彩等元素都较为平淡的时候,运用诸如腰带、拉链、头饰等配饰可收到画龙点睛的效果。配饰的强调运用还可为着装者扬长避短,掩饰人体某一部分的缺点;同时,可掩饰服装设计本身的不足,突出设计优点。

(三) 在服装中的运用

强调手法通常用在区分不同风格的服装中,不同风格的服装具有不同的设计特点,如比较固定的廓形、细节、色彩、面料或者工艺等,强调其中的某一方面,都可使服装呈现较明显的风格特征。有些风格已经由特定的面料成为其代言词,闪光面料、皮革、牛仔是前卫或休闲风格服装经常会用到的面料(图6-37)。

除了区分风格,强调手法在特殊作业服中,也有着重要的应用。如面料的防护性能、工艺的坚牢程度和色彩的醒目等,通常由专门设计人员完成。

强调还常用在服装的某个部位,用来掩盖和修正人体的缺陷或者强调人体的优点。不同的强调方法会收到不同的效果(图6-38)。

图6-37　强调风格——D&G 春夏 RTW 时装发布秀

图6-38　强调造型——Versace 春夏 RTW 时装发布秀

第三节　视错的概念和意义

一、视错的概念

视错是视觉错觉(optical illusion)的简称,也称视错觉、错视,是指观察者在客观因素干扰下或者自身的心理因素支配下,对图形产生的与客观事实不相符的错误的感觉。

在中国古代,人们就已对视错现象有所理解和描述。在"两小儿辩日"中描述的近大远小、近热远凉就是孩子们基于生活常识所作出的判断,两种判断相互矛盾却都符合知觉恒常性,因此孔子难以决断(见列子·汤问):

孔子东游,见两小儿辩斗,问其故。

一儿曰:"我以日始出时去人近,而日中时远也。"

一儿以日初出远,而日中时近也。

一儿曰:"日初出大如车盖,及日中则如盘盂,此不为远者小而近者大乎?"

一儿曰:"日初出沧沧凉凉,及其日中如探汤,此不为近者热而远者凉乎?"

孔子不能决也。

两小儿笑曰:"孰为汝多知乎?"[①]

现代科学对这一现象的解释是:早晨和傍晚,太阳与观察者之间的角度小,阳光穿透的大气层较厚,大气层梯度折射率影响大,光路弯曲显著,所以看到的太阳感觉大;中午观察角度大,阳光穿透的大气层相对较薄,大气层梯度折射率影响较小,光路弯曲相较不显著,所以看到的太阳觉得小。此外,太阳早上升起时,远处的屋子或山与太阳形成鲜明对比,中午太阳周围没有参照物进行对比,则显得小。而太阳的实际大小在一天当中是不变的。

二、视错的形成

学术界对视错的形成原因通常有三种解释:一是源于刺激信息取样的误差;二是源于知觉系统的神经生理学原因;三是用认知的观点来解释视错。比较有影响的视错理论有以下三种:

(一)眼动理论

该理论认为:人们在知觉几何图形时,眼睛总在沿着图形的轮廓或线条作有规律的扫描运动。当人们扫视图形的某些特定部分时,由于周围轮廓的影响,改变了眼动的方向和范围,造成取样误差,因而产生各种知觉错误。如:缪勒-莱耶尔错觉(Müller-Lyer Illusion,详见下文)。作为补充,人们又提出传出准备性假说(Efferent Readiness Hypothesis):认为错觉是由于神经中枢给眼肌发出的不适当的运动指令造成的。只要人们有这种眼动的准备性,即使眼睛实际没有运动,视错也会产生。

(二)神经抑制作用理论

20世纪60年代中期,有人根据轮廓形成的神经生理学知识,提出了神经抑制作用理论。这是从神经生理学水平解释视错的一种尝试。该理论认为:当两个轮廓彼此接近时,视网膜内的侧抑制过程改变了由轮廓所刺激的细胞活动,从而使神经兴奋分布中心发生变化,导致人们看到的轮廓发生了相对位移,引起几何形状和方向的各种视错,如波根多夫错觉(Poggendoff

---

① 列御寇.列子.上海:上海古籍出版社,2014.

Illusion,详见下文)。

（三）深度加工和常性误用理论

该理论认为：视错具有认知方面的根源。人们在知觉三维空间物体的大小时,会把距离估计在内,这是保持物体大小恒常性的重要条件。当人们把知觉三维世界的这一特点自觉或不自觉地应用于平面物体时,就会引起视错现象。从这个意义上说,视错是知觉恒常性的一种例外,是人们误用了知觉恒常性的结果。如:潘佐错觉(Ponzo Illusion,详见下文)。

上述三种理论都只能解释部分视错现象的形成,而不能涵盖全部的视错现象,关于视错的成因,人们仍在继续探索中。

三、视错的意义

视错作为一种普遍的视觉现象,对造型设计有着一定的影响。在设计及艺术创作中,研究视错的原理及其规律性,合理地运用视错,可使设计方案更为完善和富于创意。视错在建筑设计、装潢设计、舞台设计、陈列设计中都有大量运用,使观者产生空间上的错误感受,可使较小的空间给人以较大的视觉感受。

色彩也会形成视错,法国国旗由红白蓝三色构成,其分割比例是:红:白:蓝 = 35:33:37。因为白色具有扩张感而蓝色具有收缩感,通过这样的比例调整后最终实现的视觉效果是三种颜色平分秋色,在国旗上看起来一样大(图6-39)。

在服装设计中,由于着装者的体型样貌并非都完美无瑕,而服装并不能从根本上改变人的已有形态,因此利用视错的规律进行服装设计或着

图6-39　法国国旗由红白蓝三色组成

装搭配,可造成观者的"视觉欺骗",使着装者"看起来"更高、更苗条、更健壮、体型更完美、比例更恰当、肤色更漂亮,从而弥补着装者的"缺陷",实现扬长避短的审美效果。

第四节　视错的类别及其在服装设计中的应用

视错从产生原因上可分为来自外部刺激和对象物本身的物理性视错,来自感觉器官上的感觉性视错(亦称生理性视错),来自知觉中枢上的心理性视错等。其中感觉性视错最为常见,一般所说的视错大都属于这个范畴。下面列举一些典型的视错现象。

一、尺度视错

尺度视错是指视觉对事物的尺度判断与事物的实际尺度不相符时产生的错误判断,尺度视错也叫大小视错。

（一）长度视错

长度相等的线段由于位置、排列等空间差异或诱导因素不同,使观察者产生视觉上的错觉,感觉它们长度并不相等。类似的长度错觉有很多。

1. 缪勒-莱耶尔错觉（Müller-Lyer Illusion）

也叫箭形错觉。两条长度相等的直线,如果一条直线的两端加上向外的两条斜线,另一条直线的两端加上向内的两条斜线,那么前者就显得比后者长得多（图6-40）。

2. 菲克错觉（Fick Illusion）

两条等长的直线,一条垂直于另一条的中点,那么垂直线看上去比水平线要长（图6-41）。这一视错被普遍运用在服装上。人的视线随线条方向的左右或上下而移动,产生视错。垂直线产生上下延伸感;水平线则产生横向移动扩展感。利用这种视错现象,可使服装在视觉上增加或减少穿着者的高度感或宽度感（图6-42、图6-43）。"横条显宽,竖条显瘦"的说法在一定限度范围内才成立①。

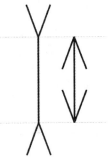

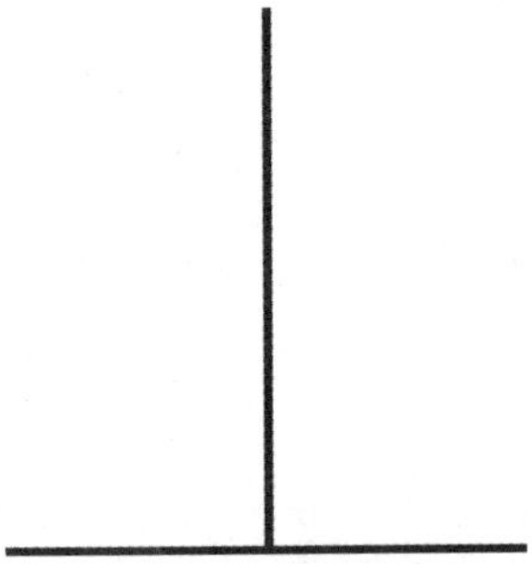

图6-40　缪勒-莱耶尔错觉

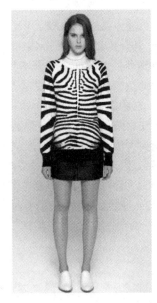

图6-41　菲克错觉

图6-42　菲克错觉的运用——Alberta Ferretti 春夏 RTW 时装发布秀

图6-43　菲克错觉的运用——A.L.C. 秋冬 RTW

3. 潘佐错觉（Ponzo Illusion）

也叫铁轨错觉,月亮错觉,在两条辐合线的中间有两条等长的直线,上面一条直线看上去比下面一条直线长（图6-44、图6-45）。

---

① 德国物理学家、生理学家兼心理学家赫尔曼·冯·赫尔姆霍茨（Hermann von Helmholtz,1821—1894）创建了"赫尔姆霍茨四方形错觉理论",在他1867年出版的著作《生理光学手册》中提到,"女士穿横条纹衣服更具修身效果"。——著者注。

（二）角度、弧度视错

由于周围环境因素不同使得相同的角度或弧度看上去并不相等。如：贾斯特罗错觉（Jastrow Illusion），两条等长的曲线，包含在下图中的一条比包含在上图中的一条看上去长些（图6-46）。

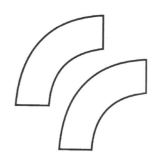

图6-44　潘佐错觉　　　　　　图6-45　潘佐错觉　　　　　图6-46　贾斯特罗错觉

（三）分割视错

使用分割作为诱导因素可使得相等的形态看上去大小不同。被分割的形态比不被分割的形态看起来显得大。左边的部分显得比右边的长（图6-47）。

图6-47　分割视错

（四）对比视错

尺度相同的形态，与周围不同的诱导因素对比，会产生大小长短并不相同的视错。对比视错在面积上表现尤为明显。左右两图形中，中间的点是一样大的，但由于被不同大小的圆包围，使得右图中间的圆显得大（图6-48）。

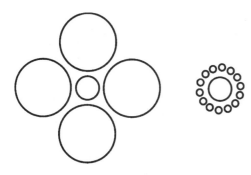

图6-48　对比视错

另外，由于近大远小的透视规律的影响使得同等大的形，由于处于不同的空间位置也会产生视觉上大小不等的视错现象（图6-49、图6-50）。

图6-49　近大远小的视错——看起来像是一个大个子正在追赶一个小个子，其实，这两个人是一模一样的！

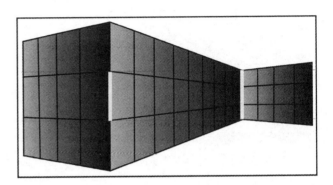

图6-50　哪条红线更长？在这幅图像中，前面的线段短一些，其实，这两条线是一样长的！

参照物在圆的内外位置不同，使得两个相等的圆看上去不等大。图6-51是著名的艾宾浩斯错觉（Ebbinghause Illusion），两个面积相等的圆形，一个在小圆的包围中，一个在大圆的包围中，结果前者显大，后者显小。

（五）上部过大的视错

同样大小的形上下构成时，上部的显得比下部的大，所以要将上部的写的小一点才能取得视觉上的平衡（图6-52）。

图6-51　艾宾浩斯错觉

图6-52　上部过大的视错

二、形状视错

人的视觉对形的认知与形的实际情况不符合时会产生形状视错。

（一）扭曲视错

由于相关因素或环境的干扰影响，导致形的视觉映像发生变化，从而使形状发生不同的扭曲现象，这样形成的视错叫扭曲视错（图6-53）。

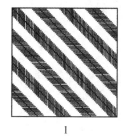 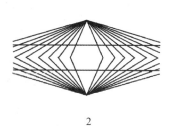 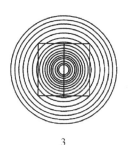 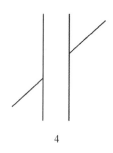

1   2   3   4

图 6-53 扭曲视错

1. 佐尔拉错觉（Zollner Illusion）

一些平行线由于附加线段的影响而看上去不平行了。

2. 冯特错觉（Wundt Illusion）

两条平行线由于附加线段的影响，使中间显得凹下去了。

3. 爱因斯坦错觉（Ebrenstein Illusion）

在许多环形曲线中，正方形的四边显得有点儿向内弯。

4. 波根多夫错觉（Poggendoff Illusion）

被两条平行线切断的直线，看上去不在一条直线上。

（二）无理视错

由于本身或背景环境的诱导干扰，导致环境的变化或产生某种动感（图 6-54）。

（三）视觉不统一的视错

由于画法的特殊处理，形成异常不安定的形，或者形成心理上的纠葛（图 6-55）。

图 6-54 无理视错——这张静止的图片看起来像是旋转着的传动轮，白色高光的趋向暗示了轮子传动时的转动关系

图 6-55 视觉不统一的视错

三、反转视错

同一图形，由于视觉判断的出发点不同，给人的立体效果就不一样，使得图形本身或图底之间产生矛盾反转，或者感觉局部形时凹时凸的现象叫做反转视错。

（一）方向反转

由于观看方向的改变或注目点的转移，使得视觉对图形的感受随之改变。图6-56可以看做是一个闭目冥思的人，换个注目点，又可看作是一对情侣在亲密地相吻。

（二）距离反转

由于视觉对局部形的空间深度的理解不同，使得局部形有忽上忽下，时凹时凸的感觉（图6-57），通过绘画达到一种视知觉的运动感和闪烁感，使视神经在与画面图形的接触过程中产生令人眩晕的光效应现象与视幻效果。

（三）图底反转

视觉点在图和底之间进行转换，原先的图隐换成底，原先的底凸显成图，在视觉上形成可能毫不相干的形。如图所示，我们可以把白色的花瓶看成是图，黑色为背景；当我们将白色作为背景的底时，会发现黑色区域是左右各有一张人脸的侧面（图6-58）。

图6-56　方向反转——美国艺术家杰里·唐恩创作的视错觉绘画《虚幻的亲吻》

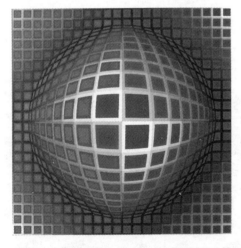

图6-57　距离反转——维克托·瓦萨雷里的欧普艺术作品《vagenor》,1961年

图6-58　图底反转——1915年丹麦心理学者鲁宾发表的反转图形，被称为鲁宾之杯

四、色彩视错

由于色彩本身的色相、明度、纯度、冷暖变化而导致视觉上的错觉，称为色彩视错。

（一）色相视错

在不同环境色彩的影响下，色彩原来的色相会发生视觉偏移。任何两种不同色彩并置时，都会把对方推向自己的互补色。在服装设计中，正是运用这个原理衬托肤色美。如：穿绿色调的衣服，脸色会显得更加红润一些；肤色较黑的人穿白色的衣服也会显得更加精神一些

（图6-59）。

（二）明度视错

明度相同的色彩,在不同环境下明度感觉不一样。在背景较明亮的空间明度会降低,色彩将变深;在背景较暗的空间明度会提高,色彩将变亮。因此,穿深色衣服比穿浅色衣服使肤色显得更白。除此之外,高明度的色彩还有膨胀感,低明度的色彩有收缩感,利用这种错觉,让肥胖的人穿上深色暗色的衣服会显得身材瘦削一些,同理,瘦小的人穿上浅色亮色的衣服会显得丰满一些（图6-60）。

（三）纯度视错

任何色彩与灰色这种中性色并置时,会将灰色从中性的、无彩色的状态转变成一种与该色相适应的补色效果。如:脸色黄而偏黑的人,穿上中性灰色的服装会弥补面色的不足,如果穿浅色的衣服将使脸色更加蜡黄,而如果穿黄色或棕色衣服,会把脸色衬托得更黑。灰色作为现代都市服装常用色,同其他色彩相比,能更好地、更准确地传达微妙复杂的情趣和思维（图6-61）。

（四）冷暖视错

冷色有收缩感而暖色有膨胀感。在服装上,通过色彩冷暖特点进行衣着选择是常用手法。如:瘦弱的人穿红、黄、橙等暖色系服装显得丰满;脸色白而泛红的女性,穿湖蓝色会显得健康。原理就是服装的色彩与肤色形成冷暖对比错觉（图6-62）。

图6-59 色相视错——肤色较黑的人穿白色的衣服显得更加精神（Stella McCartney 春夏 RTW 时装发布秀）

图6-60 明度视错——在白色背景下的黑色服装更加显得黝黑深沉（Saint Laurent Paris 秋冬 RTW 时装发布秀）

图6-61 纯度视错——灰色同其它色彩相比,能更好地、更准确地传达微妙复杂的情趣和思维（Altuzarra 秋冬 RTW 时装发布秀）

图6-62 冷暖视错——红、黄、橙等暖色系服装显得丰满（MARK MCNAIRY 春夏 RTW 时装发布秀）

五、视错在服装设计中的应用

在服装上巧妙的运用纵线和横线的处理方法,条纹,腰带以及色彩的对比等,可以利用视错达到预期的改变效果(图6-63、图6-64、图6-65)。

图6-63 视错在服装设计中的应用——条纹的张力使得服装视觉效果更加丰富(Tom Ford 春夏 RTW 时装发布秀)

图6-64 视错在服装设计中的应用——分割之后采用不同面料拼接使人体看起来更加曲线分明,性感动人(Zuhair Murad 秋冬 RTW 时装发布秀)

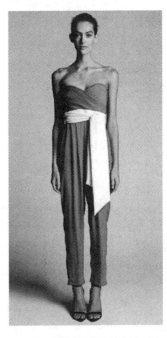

图6-65 视错在服装设计中的应用——腰带可有效调整上下身比例(Catherine Malandrino 春夏 RTW 时装发布秀)

第五节　服装设计的美学规律

设计美学是研究艺术设计在社会、自然界、文化等领域中的审美规律和创造过程,探讨艺术创造美的本质,联系创造过程中的关系的一门哲学。

从社会角度看,设计美学是生活、生产用品和社会环境美化的审美表现形式,是创造者或设计师运用各种科学技术、艺术方法和工艺技巧的表现过程,并使所创造出的形态具有满足人们生活的实用性、使用方便性、视觉美观性的特征。同时,其形态可以有效地带给使用者心理上和精神上的愉悦感(图6-66、图6-67)。

从文化角度来看,设计美学是贯穿于设计构思、灵感、企划、制作、生产、使用等一系列过程中的审美哲学,是集美学、哲学、艺术学、工程学以及社会学、心理学等众多学科于一体的审美表现形式。它既表达了人们物质和精神生活的协调需求,又体现出社会生活方式和思想观念,是时代性、科技性、思想性、艺术性及审美观念的综合折射。

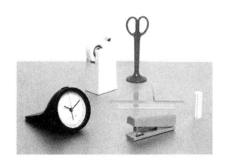

图6-66　设计美学——德国红点奖（red dot award）作品办公用品

图6-67　设计美学——德国红点奖获奖作品家居组合——费爱丽（Fiore）

一、设计美学特征

从设计的过程分析设计美学，其核心内容包括以下三个方面：

1. 设计形成

即服装设计师的想法、灵感、计划、构思和认知的形成过程，是对设计的闪光点——灵感来源的探索。

2. 设计表达

即把计划、构思、设想、解决问题的方法利用视觉的方式传达出来，是设计产品的视觉元素的搭配，包括造型、色彩、材质等的搭配。

3. 设计效果

即设计计划通过视觉传达之后的实践、具体应用和社会反映，是视觉元素搭配的文化内涵表现，包括时尚性、科学性、适用性等方面。

据此，设计美学的特征包含以下方面的内容：

（一）综合性

形态表征、文化内涵与外延综合构成设计美学。形态表征是指设计物品的视觉形态艺术美，主要表现为视觉形态上的设计形式美。如造型形态美、色彩匹配美、材质肌理美、细节装饰美、匹配和谐美等，是可见的视觉要素。文化内涵包含设计物品视觉形态的艺术风格等与设计艺术哲学有机结合而诠释的符合时尚的文化内涵。如设计美蕴涵的复古意韵、流行艺术风格、构成结构以及衍生的哲学内涵等，是存在于精神世界的感知内容。外延则是设计美感来源的延伸探索，是设计技术美和设计师个性与人格魅力、品位格调的体现（图6-68）。

图6-68　设计美学的综合性——20世纪西班牙最杰出的建筑家安东尼奥·高迪（Antonio Gaudi）是"新艺术"运动的践行者。高迪的建筑突出表现曲线和有机形态。图为建造于1905—1907年间的巴特罗公寓（Casa Batlló）

（二）特定性

设计美学是以研究当代人生活方式和精神需求为目的，以特定的社会物质和生活环境为背景，以不同的民族和不同的民俗文化群体的审美差异为研究对象，是对社会大环境和人的生理及精神需求小环境有机联系的认识、创造过程。设计美蕴涵在这种创造的过程中。现代设计的认知过程基于改善现代社会和现代生活的计划内容，其决定因素包括现代社会标准、现代经济和市场、现代人的需求（生理和心理两个方面）、现代技术条件、现代生产条件等。

（三）情感性

人的思想性在设计中会表现为情感性，是设计美学中的情感要素。具体而言就是设计师个性修养和综合素质在设计中的体现，可以很好地体现设计的品调美。品调是设计师品位和格调的综合表现，是设计师或消费者的气质、文化内涵、艺术修养等综合素质和审美水平的体现。品调美是表现设计师或消费者的气质、文化内涵、艺术修养的艺术哲学。消费者的认知水平也影响着设计市场的消费趋向。因此，设计师的素质、修养、品位是设计美的情感性和艺术性的有效保证①（图6-69）。

图6-69　设计美学的情感性——意大利设计师马西姆·约萨·吉尼（Massimo Losa Ghini）设计的"妈妈"（Mama）扶手椅，造型简洁但厚重柔软，使人感觉温暖、舒适，进而获得一种安全感

（四）科技性

科技的发展给我们带来了各种触感舒适的、新奇漂亮的、特别肌理结构的、绿色环保的服装材料，满足了人们不断追求新鲜感和舒适感的基本生理要求。艺术和美学的融入则可实现更高级的视觉需求和心理需求。科学技术给现代生活和工作带来高度的快捷、舒适、方便，艺术哲学带来人文气息和精神享受，二者的统一满足了新时代人们的物质和文化需求（图6-70）。

图6-70　设计美学的科技性——荷兰设计师阿努克·维普雷彻特致力于探索时尚与科技的完美结合。这套蜘蛛服机械部分在着装者身体上抖动着，当不怀好意的人接近时机械蜘蛛爪会伸展出来

---

①　情感设计，是通过各种形状、色彩、肌理等造型要素，将情感融入设计作品中，在消费者欣赏、使用产品的过程中激发人们的联想，产生共鸣，获得精神上的愉悦和情感上的满足。——著者注

二、设计审美规律

不同种类的设计有着不同的表现形式,但对设计的审美仍是有规律可循的,这些规律是人们经过长期观察、整理与总结得出的。认识并掌握这些规律,对于提高审美判断与设计创造能力都很有益处。

(一)单纯整齐律

"单纯"即纯粹的、不夹杂明显的差异与对比的构成因素,"整齐"即统一、齐一,不变化或者有秩序有节奏的变化。秩序感是审美的一个重要原则,如阅兵式上整齐划一的仪仗队,相同的身高、相同的服饰、相同的动作,显示出整齐雄壮之美。再如建筑物,规则排列的窗户与玻璃幕墙给人以整齐之美的感受。在日常生活中,人们也喜爱单纯整齐之美。如居室的色彩要统一,书柜的书籍要排列有序。宜家(IKEA)的各种收纳设计深受人们喜爱,正是因为设计师精心设计的收纳用品满足了人们保持生活工作环境整齐有序的需求。在讲究整体感,强调秩序和规则的团体中,统一服装是很好的一个办法,会使身在其中的人意识到自己身处一个团队中,油然而生集体感,也会使观者有向上、积极、力量等等的审美感受(图6-71)。

图6-71　设计美学规律之单纯整齐律——阿联酋航空公司空乘人员制服

(二)对称均衡律

对称均衡是指由于双方量的均等而获得了稳定,由此得到的平衡状态。在造型艺术中平衡指造型的各基本因素之间形成既对立又统一的空间关系,整体中的不同部分或要素的组合给人以平稳、安定的感受。这一规律广泛应用于各领域,在设计中是安定的原则。"如果只有形式一致,同一性的重复,那还不能组成平衡对称。要有平衡对称就须有大小、地位、形状、音调之类定性方面的差异,这些差异还要以一致的方式组合起来。只有把这种彼此不一致的定性结合为一致的形式,才能产生对称平衡。"[1]对称均衡之美要求事物在差异与对立中显示出一致和均势,依靠视觉和心理进行感受,只有在设计中所涉及的各个个体之间在感觉上获得平衡才可能取得设计的统一效果。它是造型、色彩搭配、比例、面积集及比例等的重要原则(图6-72)。

(三)韵律节奏律

节奏是指相同的运动、节拍、时间等,是表现运动的原则,是事物运动过程中一种合乎规律的有次序的变化。在造型艺术设计中,线条的流动、色块形体、光影明暗等因素的反复重叠可体现节奏韵律。利用线条的有规则变化,形似形块的交替重叠可以激起并控制人的视觉运动方向、视觉感受的规律性变化,从而给人的心理上造成节奏感受和情感变化。服装作为造型艺术,

---

① 黑格尔(德).美学 第1卷.朱光潜,译.上海:商务印书馆,1996.

在空间是占有位置的,当人们在欣赏一件服装时,视线会随着构成这套服装的点、线、面、形、色的过渡、排列方向进行时间性的移动,这就会产生旋律感。如服装的扣子、口袋、衣领的构成、裙子的褶裥,摆动的裙线等等,都具有这种律动的效果(图6-73)。

图6-72 设计美学规律之对称均衡律——BCBG Max Azria 秋冬 RTW 时装发布秀

图6-73 设计美学规律之韵律节奏律——英国设计大师 Charles James 的设计作品

(四)比例匀称律

比例是指两个数值之间形成的对应关系,是事物的整体与部分、部分与部分之间的比较关系,既有质量比例,也有形体比例。尺寸与尺寸之间的关系处于统一美的状态,即为美的比例。美的造型必须具备一个完美的比例。符合比例要求,就会产生匀称的效果。中国现代画家徐悲鸿提出改良中国画的"新七法",其中重要的一条就是比例:"比例正确,毋令头大身小,臂长足短。"①古希腊的毕达哥拉斯学派提出著名的"黄金分割律",被许多学者和研究者认为是形成美的最佳比例关系。可见比例匀称是视觉艺术审美的一条重要法则。在服装中的比例是指身长与服装之间、分割线位置的确定、领子与服装整体之间、扣子与个体及整体之间等等局部与局部以及局部与整体之间的比例关系,是创造造型美的重要手段(图6-74)。

(五)调和对比律

调和与对比是指事物的两种不同对比关系,反映两种不同的矛盾状态。调和是异中求"同"(统一),对比是同中求"异"(对立)。调和是把两种或者多种相接近的东西并列在一起。"桃花一簇开无主,可爱深红爱浅红"②表述的就是在同为桃花的红色中,深红与浅红的变化给人以欣喜的感觉,这种色彩深浅浓淡的层次变化,也能表现出调和的效果。对比是把两种极不相同甚至相反的东西并列在一起,突出它们之间的差别,使之对照鲜明、效果强烈。如色彩浓淡、光线

---

① 徐悲鸿.画范序.中华书局,1939.
② 杜甫.江畔独步寻花七绝句之五.

明暗、体积大小、空间虚实、线条曲直、形态动静、线条疏密、节奏疾缓等。通过对比可以突出印象、强化效果。调和与对比的目的都是为了突出形象、增强审美效果(图6-75)。

图6-74 设计美学规律之比例匀称律——Todd Lynn 春夏 RTW 时装发布秀

图6-75 设计美学规律之调和对比律——Zimmermann 春夏 RTW 时装发布秀

（六）主从协调律

主从协调是指构成审美对象的各个审美要素应该有主有从、主从相协。协调与统一有近似之意,在范围上有着一定的区别。协调更多的指的是局部个体间的协调关系,整体与局部间的协调关系,安定与变化间的协调关系,是一种相对狭义的相互关系。协调是统一的准备阶段,各个体之间的协调是整体统一的先决条件。在进行各设计要素的排列组合时,要做到中心突出、层次分明,给人以鲜明深刻的印象,同时又要照顾到主从呼应、相互协调、使之成为一个主从协和的有机整体。在服装设计中,构成服装的各要素之间的协调不仅包括形状与形状的协调,还包括大与小,色彩间的搭配,材料的质感与质感、格调与格调间的协调;此外,色彩与形状、色彩与材质、人与服装等相互之间也必须和谐(图6-76)。

（七）多样统一律

多样统一即"寓变化于统一",是审美的最高法则,任何形式的审美最终都要符合这一原则。各种设计要素的排列组合无论怎样丰富多彩变化万端,都要显示出其内在的和谐统一。在设计构思中,为了达到整体的完美必须对各因素认真细致慎重的选择。在选择的过程中,这些个体相互制约形成一体后成为不可分割的统一体。所以,要求这些个体之间的联系、过渡给人以秩序井然的统一美感。统一是宇宙的根本规律,是对比、比例,节奏、协调等形式法则的集中概括,是形式美的基本原则,包括集中和支配两种重要形式。符合多样统一原则的就是富于美感的作品,它给予人的是快意、满足、完整及安心舒适感,要求在艺术形式的多样性、变化性中体现出内在的和谐感,反映了人们既不要单调与呆板,也不要杂乱无章的复杂心理(图6-77)。

183

图6-76　设计美学规律之主从协调律——Zuhair Murad
秋冬时装秀

图6-77　设计美学规律之多样统一律——Leonard 秋冬
RTW 时装发布秀

本章小结

　　形式美的规律与法则是进行一切造型艺术的指导准则。抛开美的内容和目的,单纯研究美的形式的标准,称为"美的形式原理",即形式美原理。

　　服装构成的形式法则包含反复与交替、旋律、渐变、比例、平衡、对比、协调、统一和强调。

　　在设计及艺术创作中,研究视错的原理及其规律性,合理地运用视错可使设计方案更为完善和富于创意。在服装设计中,可利用视错的规律来调整服装造型,弥补着装者体型上的缺陷。

　　视错从产生原因上可分为物理性视错、感觉性视错(生理性视错)、心理性视错。其中感觉性视错最为常见。典型的感觉性视错分为尺度视错(大小视错)、形状视错、反转视错和色彩视错。

　　设计美学的特征包含综合性、特定性、情感性、科技性。

　　设计美学的主要规律是:单纯整齐律、对称均衡律、韵律节奏律、比例匀称律、调和对比律、主从协和律、多样统一律。

思考与练习

　　1. 夏奈尔说:"时装是建筑学,它跟比例有关",请谈谈你对这句话的理解。

　　2. 利用视错的原理设计 1~2 款女装。

FASHION DESIGN
第七章
服装设计的方法

　　如果是个好的设计师，他不需要去模仿别人，他可以在学习别人好的东西的同时，去创造自己的风格。作为设计师，你可以从不同领域中去吸取创作的灵感和源泉，如艺术、电影、戏剧，都可以作为创作灵感的基点。作为设计师，一定要知道"设计"本身这个词是什么意思，什么叫设计？什么叫创意？而不是一味地模仿。

　　　　——皮尔·卡丹（Pierre Cardin，1922 年，出生于意大利，著名时装设计大师，Pierre Cardin 品牌创始人）

第一节　服装设计方法的定义

　　服装设计师在进行设计时,前文所述的各种物的要素是最基本也是必备的,但这样是不是就可以设计出合适的完美的作品了呢? 应该说,具备了物的要素只是为设计出好的作品奠定了物质基础。如同做菜,所有的材料都备好了,要烹饪出美味佳肴还得靠厨师的技艺。同样,在服装设计中,对材料、造型、色彩等等这些设计要素如何选取、如何组合、如何协调以使创造出来的作品达到服装设计师心目中的设想,成为完美的设计,需要方法、技巧与经验。服装设计师用以完成设计的各种手段与方法是本章要探讨的主要内容。

一、服装设计方法的概念

　　方法是指为了达到某个目的,用以实践(实际操作)的模式或过程(步骤),有时还包括在这一过程中所使用的工具或技巧。关于方法,在人类征服自然、改造世界的过程中始终占据着重要的地位。《孙子兵法》中不断谈到的"法"就是方法。如:"凡用兵之法,驰车千驷,革车千乘,带甲十万,千里馈粮。"[①]说的就是战时军队的车辆配置方法。"其法,用胶泥刻字。"[②]这里的"法"说的是用粘土刻字的活版印刷的方法。

　　服装设计方法是为了完成设计、实现设计师预想的设计效果所采用的手段与方式。解决问题的方法正确与否直接影响到工作的效率和结果。正确的方法为成功奠定了坚实的基础,而错误的方法无异于沙地起高楼,难达目的。如同一个人想徒步从地球走上月球,是无法实现的。

二、服装设计方法的应用前提

　　"我的设计中,有一半是有节制地发挥想象,有15%是完全疯狂的创意,剩下的则是为了面包和黄油的设计。"莫罗·伯拉尼克(Manolo Blahnik,英国,著名高跟鞋设计师)如是说。

　　服装设计是受限的,服装设计师的工作建立在市场需求的基础之上,服装设计方法的应用也是建立在着装者的实际需求上的。

(一) 何人穿(who)

　　"何人穿"? 是一个关于主体是谁的问题,这个主体既是服装设计师的设计对象,也是服装的服务对象。设计作品给谁用? 给谁穿? 是设计进行前要考虑的首要问题。服装设计工作须针对明确的使用主体进行,切实把握主体的形象特征是服装设计活动得以开展的主要条件之一。

　　不同的人对服装的要求不同,要根据消费对象的性别、年龄、体型、个性、职业、收入、生活方式、习惯等进行分析。现代设计主要采取定位设计的方式,在需求与设计之间找到融会点。这种定位设计面对的是一个群体,要分析这个群体的共性,主要对其生活舞台、生活方式、生活空间及其心理感性侧面、感觉类型及对时尚的态度等做全面分析,以获取消费对象的需求信息。

(二) 何时穿(when)

　　"何时穿"是时间因素。设计进行之前须做好设计作品何时使用的计划。与使用时间、季节

---

① 　孙武.孙子兵法·作战.
② 　沈括.梦溪笔谈·活板.

不相符的设计难以表达出理想的效果。有时,不能满足这一条件的服装甚至会完全失去其作为商品的价值。

　　这个时间因素从大的方面看是指一年的季节变化,从小的方面看是指一天 24 小时中的具体时间。季节中的季指一年四季,节指节气节日。国家或地区不同,季节变化就不同,有些地区四季分明,有些地区四季如春,这些都影响设计计划。季节不同直接影响服装的风格特点和造型。

　　具体时间指具体在什么时间穿用,如早、中、晚等。恰如其分的着装体现的是服装与着装者的文化内涵(图 7-1)。

图 7-1　英国王妃凯特以军旅风装扮现身英国军营

(三) 何地穿(where)

　　"何地穿"回答的是一个关于着装环境的问题。这是服装设计师需要考虑的客观限制条件。着装环境包括自然环境和社会环境两种,社会环境指工作场所、学校、饭店、商店、剧场、娱乐场所等。自然环境指海滩、森林、高山、平原等大自然的环境。所设计的服装在什么场所、什么地方、什么环境使用? 这些都是服装设计师在设计中须考虑的重要因素。在哪个国家穿? 在城市穿还是在乡村穿? 在北方寒冷地带穿还是在热带穿? 这些地理环境的变化会使服装穿着需要发生改变,在设计时要仔细斟酌,设计内容亦需随之而变。

　　在日常生活中,人们涉足的场合有很多。即使同样是出席晚会或参加聚会时穿用的服装,聚会的目的、地点也可能会有差异,在设计中须仔细考虑细节以使着装与场所的各项条件如室内室外、地点的装饰风格、灯光效果等达到谐调的状态。

　　另外,人文环境的变化也是需要考虑的。例如不同宗教信仰的民族对色彩、图案、材料及形体的认识、喜好以及着装的禁忌都有极大区别。这也是设计中不可忽视的大环境因素。

(四) 为何穿(why)

　　"为何穿"表达的是使用目的,这是设计的前提。设计存在某种目的性是一种必然,也是与艺术的一个极大的区别。服装在产生之初就有对人体的保暖及保护作用,其后就有了男女差别,又逐渐发展为体现着装者地位、身份、喜好、个性、精神思想等内蕴的外在表现形式。服装设计师首先要考虑的是为什么进行设计？就是指以什么使用目的为设计的前提。人们的着装心理既是相对稳定的，又是时时变化的，是一种动态平衡。

人们着装目的不同，对服装的风格、造型、色彩、质感的要求也不相同。如上班时人们希望服装能够体现自己精明干练、稳重踏实的职场形象；闲暇时希望通过着装得到轻松自在、悠然自得的感受；与朋友相聚时则希望自己能以亲切活泼、漂亮迷人的形象出现。这种通过着装来体现自已的身份、地位、素质、修养，表现出个性、时尚和审美品位的内在需要是人们着装的重要目的。

（五）穿什么（what）

很多人每天清晨打开衣橱，思索的就是"今天穿什么？"尽管对每个人的重要性不一样，但"穿什么"仍是一个每人每天都要面对和解决的问题。一般而言，对这个问题的重视程度和投入程度，女性强于男性，中青年女性强于老年女性。当每个人伸出手去从多件衣服中拿出当天要穿的衣服时，就完成了一个选择，回答的就是"穿什么"。

现代社会中，经济的发展与物质的丰富使得人们拥有大量服装成为可能。这就使得人们常常要在许多服装中作出选择：穿什么？对服装设计师而言，"穿什么"就是选择最合适的服装形式与形态进行设计来满足人们的要求。对着装者而言，"穿什么"就是在衣橱中挑选出最符合要求的服装与配件。当现有的服装都不能达到这种要求时，新的购买需要诞生。

"穿什么"这一命题是不能脱离前述的时间、场合、目的等因素孤立存在的，它建立在这些限制条件的基础之上。

（六）如何穿（how）

"如何穿"提出的是对现有服装进行搭配组合的问题，就是如何让选择出来的服装及其配件饰品以最合适的方式组合起来。这个合适与否的评判标准在于与上述穿着对象、场合、目的的配合程度。符合穿着对象与场合的具体情况、并且达到穿着目的的就是合适的，反之则是不合适的。夏奈尔曾说："所谓好的设计，就是在合适的时机拿出合适的款式。"

今天，"如何穿"这一问题的解决由服装设计师和着装者两方面共同完成的。服装设计师在设计时会有预先设想的穿着效果，这种效果以多种方式进行表达。服装发布会、产品手册、橱窗展示、专柜出样等都在向人们传递着服装设计师的组合搭配方式。穿着者可能会为这种搭配的整体效果打动从而购买其中的一件或者几件，但在实际穿着中往往又会根据自己的实际情况与喜好进行变动，将橱窗中的整体装扮原版照搬的现象少之又少，这就是着装者的个性表现。

（七）价格（Price）

服装设计与艺术作品不同，它受时间和经费使用的制约，因此服装设计师的工作与纯粹的艺术家创作有较大区别。服装设计师要考虑的除艺术审美因素及上述人的因素外，还有价格因素，如何以最少的费用支出换得最理想的回报，这是现代社会中服装经营者与设计师的重要使命之一。

在成衣产品设计开发过程中，成本核算是销售计划的中心课题。材料费、加工费、市场流通费等各占多少比例？所得利润有多高？也属于服装设计计划的重要内容。对服装企业而言，这份计划制定得是否出色，从某种程度上直接影响企业的发展前景。服装设计师作为这个环节中的重要角色，必须关注这方面的内容。对于期望自己开工作室或者自己创建设计师品牌的服装设计师来说，就必须更加注重这一点。从着装者的角度而言，服装价格的高低一定程度上会左右着装者对服装的审美，从而影响到购买决策。

第二节　服装设计的主要方法

　　服装艺术设计包含了多种设计元素,如色彩、造型、材质、结构等等。如何把这些不同种类不同性质的元素巧妙地融合在一件、一套、一系列的服装设计中,需要一定的方法。服装设计师要具备很强的创造力,也需要丰富的设计经验。成熟的服装设计师在运用各种设计方法上是驾轻就熟、得心应手的。对初学者而言,首先要了解并掌握这些设计方法,其次是在实际设计中不断磨练、实践这些方法,直至这些方法成为自己的设计手段中自然而然的组成部分。

一、逆向法

　　所谓"逆向"就是与原来的方向相反,这种方法也称反对法。它是把原有事物放在反面或对立的位置上,寻求异化和突变结果的设计方法。这是一个能够带来突破性结果的设计方法,它不仅改变服装造型,还往往是新形式的开端。因为它的思考角度是方向性的逆转,打破了常规思维所带来的常规设计结果,有可能导致服装造型的革命性改变。

　　逆向法的内容既可以是题材、环境,也可以是思维、形态等。在服装设计中,可以从服装种类的角度逆向:如上装与下装的逆向,内衣与外衣的逆向,男装与女装的逆向。可以从服装材料的角度逆向:如里料与面料的逆向,厚重面料与轻薄面料的逆向。可以从服装造型的角度逆向:如前面与后面的逆向,宽松与紧身的逆向等。可以从用途的角度逆向:如礼服与日常服的逆向,冬装与夏装的逆向。还可以从工艺的角度逆向,也会出现意想不到的效果,如:简作与精作的逆向、将隐藏的针法故意外露、把里子的处理工艺逆向运用到外观上等(图7-2、图7-3)。

图7-2　逆向法——将牛仔裤的腰部设计提升为连身裙的胸部设计,把牛仔裤的臀部造型向前转为前胸设计,进行了逆向法的双重运用(Chanel 春夏 RTW 时装发布秀)

图7-3　逆向法——衬衫袖变成了从肩颈部垂下的多重装饰,袖子失去了本来的功能,而穿插的颜色强调了徒剩造型意味的袖子的形式感(Alexis Mabille 秋冬 RTW 时装发布秀)

使用逆向法时要灵活机动，不可为了逆向而逆向。逆向的出发点是创新造型，但目的仍然是要实现审美效果。切记生搬硬套，出现不伦不类的"嫁接品"。设计作品无论多有新意，也要保留原有事物自身的特点，以免使设计显得生硬而滑稽。

二、变换法

变换法是指改变当前形态中一项或多项构成内容，形成一种新的结果的设计方法。设计的涵义之一是创新，无论变换哪个方面都会赋予设计以新的涵义。若处理得当，其效果令人称奇，而采用的手段却非常简便。设计、材料、制作是构成服装的主要要素，变换法在服装设计中的应用可考虑以下三方面入手：

变换设计：是指变换服装的造型和色彩以及饰物等。如：当某个款式处于热销阶段时，可考虑改变其面目，因为随之而来的可能是销售的衰减。适当的变动既保留了原先受人们欢迎和喜爱的整体感觉，又由于局部变动避免了审美疲劳带来的负面效应，从而继续保持畅销状态。这种变换在不少品牌服装中都可以发现，可称为设计的延续性，这种延续可在一个集团内的多条产品线中进行（图7-4）。

变换材料：是指变换服装的面料和辅料。夏奈尔有一季的设计中把常规风衣面料换为透明的彩色塑料布，给人带来全新的视觉感受。有时，变换材料可使一个平淡无奇的设计焕发生机。如把常规男西装的面料变换成优美浪漫的蕾丝面料，就可能变成颇具创意的新式服装（图7-5）。

图7-4 变换设计——宗教主题近年来很流行，杜嘉班纳在女装上的运用取得成功后，在男装也开始以数码印花的形式运用宗教元素（Dolce&Gabbana 秋冬 RTW 时装发布秀）

图7-5 变换材料——传统的枪驳领男西装正装采用了具有复古意味的白色蕾丝面料，顿时给人活泼清新的感受（Dolce&Gabbana 秋冬 RTW 时装发布秀）

变换工艺：是指变换服装的结构和制作工艺。结构设计是服装设计中的重要方面，变动分割线的部位就可能改变整件服装的风格，不同的制作工艺也会使服装具有不同的风格。如在同样造型的西装上摈弃以前厚重板结的传统工艺，改用轻薄柔滑的新工艺就可使西装呈现出崭新的面貌。普通的职业装完全用辑明线的工艺就使得服装风格趋向于休闲。

三、追踪法

追踪法是以某一事物为基础,追踪寻找所有相关事物进行筛选整理,并从中确定一个最佳方案的设计方法。新造型设计出来后,设计思维并不就此停止,而是顺着原来的设计思路继续下去,把相关造型尽可能多地开发出来,然后从中选择一个最佳方案。这种方法是系统化、全面化的设计方法,速度快捷、手法简便,如服装的系列化设计往往会用到追踪法。

追踪法适合大量快速设计,设计思路一旦打开,人的思维变得非常活跃、快捷,脑海中会在短时间内闪现无数设计方案。追踪法可迅速捕捉这些方案,从而衍生出系列相关设计。在信息化时代,人们对时尚的更新速度要求越来越高,ZARA,H&M 等品牌为适应人们的这种需求,其产品就是以快速设计为特色。这些企业的服装设计师们具备根据设计企划进行快速大量设计的能力。

追踪法还可以曾经发表过的经典款式为来源进行创作,从而使经典款在新面料新潮流下焕发出新的生机。许多设计师都会追踪历史上的某个著名设计来创造新款,既是向大师的致敬,也是对品牌的再度弘扬(图 7-6、图 7-7)。

图 7-6 追踪法——Zac Posen 被认为是最得 Charles James 衣钵传承的设计师,在他的作品中,常常可以看出 Charles James 的经典作品的廓型(Zac Posen 秋冬 RTW 时装发布秀)

图 7-7 美国设计师 Michael Kors 为影星佐伊·索尔达娜(Zoe Saldana)量身定做的礼服,采用的亦是 Charles James 式的经典廓型(左:Zoe Saldana in Michael Kors,右:Charles James gown, 1948)

小资料:Charles James 的时装雕塑艺术

2014 年 5 月 5 日至 8 月 10 日,美国纽约大都会博物馆举办了"查尔斯·詹姆斯:超越时尚"(Charles James:Beyond Fashion)的个展,令这位一度沉寂在历史尘封中的设计大师查尔斯·詹姆斯(Charles James, 1906—1978),重新回到了世界高级时装的舞台中间(图 7-8)。

查尔斯·詹姆斯出生于英国,父亲是英国人,母亲是芝加哥的贵族,22 岁在纽约踏上女装设计之路。1940 年开设高级时装店(图 7-9)。

图7-8　纽约大都会博物馆举办的 Charles James：Beyond Fashion 展览,陈列了百余件高级定制服装,系统性的展现 Charles James 运用雕塑、科学以及数理方法,以独特创新的裁剪技术设计出革命性宴会礼服

图7-9　1948 年,Charles James 为模特试衣,他的好友、20 世纪伟大的摄影师 Cecil Beaton 拍摄

　　查尔斯对面料的塑造如同雕刻家、画家对石材、泥土、颜料一样了如指掌、得心应手。无论是过去还是现在,查尔斯的服装辨识度都极高。他从身边的建筑构造中获得灵感,把服装当作建筑来做。他的作品结构非常复杂,喜欢从悠远的历史服装中挖掘灵感:巨大的裙撑、克林诺式的裙子、不对称设计、几乎消失的接缝。在那个年代,他的作品异常前卫。他重构了女性的身体曲线,这是理解他的设计最为重要的一个原则。他的礼服设计以大裙摆、收腰、侧面轮廓为主要特点,如雕塑般精致、具有强烈的形式感,因此被称为"时装雕塑家"(图7-10 ~ 图7-12)。为了使裙子达到他想要的"立体"感,他还特别研究过人体解剖学。

图7-10　1948 年,模特身穿 Charles James 设计的舞会礼服,Cecil Beaton 拍摄

图7-11　1946 年,Charles James 设计的晚宴礼服

查尔斯最著名的裙子有"四叶草（Four-Leaf Clover）"礼服、花瓣裙等,兼具立体效果和精致裁剪。四叶草晚装长裙以加热的塑料枝条先定型,所以才有如此特殊的形状（图7-13）。他发明了无杯式乳罩、Puffer 大衣,还有晚礼服背后的拉链。

图7-12　1954年 Charles James 的蝴蝶礼服

图7-13　1953年呵斯汀·赫斯特（Austine Hearst）穿着四叶草晚装

查尔斯对时装的重大贡献不仅在于他的设计款式奢侈华丽,还在于他是一位时装"力学工程师",他非常重视如何通过巧妙的内里架构,把庞大裙子的重量均匀分布,令穿着者步履轻盈。为了让一件极致豪华的庞大晚装穿起来轻盈如燕,查尔斯·詹姆斯不惜花费数日甚至数月来建构一袭裙子的内部型架。

与查尔斯同时期的法国高级定制时装大师迪奥对其极为尊崇,说他1947年的 New Look 灵感来源之一就是查尔斯的蜂腰丰臀线条,他称查尔斯的设计是"诗歌"。另一位同期高定大师巴伦夏加（Cristobal Balenciaga）盛赞查尔斯不仅是美国最伟大的时装设计师,可能也是世界上最伟大的设计师。

后世的年轻设计师不少都深受其影响,候司顿（Halston）、麦昆（Alexander McQueen）、扎克·珀森（Zac Posen）便是个中楚翘。

四、联想法

联想法是指以某一个意念为出发点,展开连续想象,截取想象过程中的某一结果为设计所用的设计方法。联想法是拓展形象思维的好方法,尤其适合在设计前卫服装和创意服装时寻找灵感。联想法主要是为了寻找新的设计题材,使设计思维突破常规,拓宽设计思路。联想之初必须有个意念的原型,然后由此展开想象,进行不断的深化。

　　被誉为"布料艺术雕塑家"的意大利设计师罗伯特·卡布奇（Roberto Capucci）来中国举办作品发布会时，作者参加了他与服装设计专业学生的座谈。他谈到自己的设计过程："我在非洲时见过一种鸟，当它的尾翼打开时色彩绚烂，而收起时又恢复成简单的一种颜色，我为这种美丽打动，但没有想好如何表现这种感受……当我看到中国的折扇时，那种折叠的形式让我联想到了这种鸟，我又联想到服装的裙摆……当我把这三者联系起来，就有了现在大家看到的设计……"在他的设计中，由面料折叠和褶皱所形成的肌理感给人以强烈的审美感受。这是服装设计师从最初的感触经过一系列的联想后在服装上的最终表现（图7-14）。

图7-14　罗伯特·卡布奇（Roberto Capucci）以一些受大自然启发的设计而著称

　　需要注意的是，以联想法进行设计需要在一连串的联想的过程或结果中找到自己最需要又最适合发展成服装样式的东西。正如罗伯特·卡布奇的设计，折扇的形式为他在服装与鸟的尾翼之间搭起了一座桥梁，最终出现了完美的设计，而不是在人的裙子上长了一只奇怪的鸟尾巴。

五、结合法

　　结合法是把两种不同形态和功能的物体结合起来，从而产生新的复合功能，从功能角度展开设计的方法，在其它设计领域应用也很广泛。功能上的结合要合理自然，切忌异想天开生拉硬扯。事实上，功能或造型相差太远的东西是无法结合在一起的。

　　服装设计中的结合既可以是全部与全部的结合，也可以是全部与部分的结合，还可以是部分与部分的结合。如果将两种不同功能的零部件结合起来，形成的新造型就会兼具两种功能。例如，将口袋与腰带结合成为别致的腰包；如果将服装的整体结合起来就会变成新的款式，如裙子与裤子的结合成为裙裤；上装与下装结合形成连衣裙或连衣裤；长统袜与靴子结合形成软筒长靴。还有里外结合的实例，比如，里外都能穿的双面绒大衣、两面穿风衣等。也有层次结合物，如二层相加的双层裙、脱卸式夹克等（图7-15）。

结合法还可运用在材料的结合上，在一套服装甚至单件服装上进行多种面料的结合。比如，衣袖用法兰绒，大身却用马裤呢；有时为了活动方便，大衣的大身部分做成有夹里的，袖子却做成单层的。此外，还有将上述多种结合方法混为一体多重结合，形成更加复杂多样的服装新款式（图7-16）。

图7-15　结合法——结构的结合——西装上衣与裤子流畅的结合在一起，既有了连体装的轻松干练，又不失正装的严肃，亦庄亦谐，颇具奇趣（Versace 春夏 RTW 时装发布秀）

图7-16　结合法——材料的结合——真皮、丝绒与精纺羊毛面料的分割组合，使得黑色有了丰富的质感变化（BCBG Max Azria 秋冬 RTW 时装发布秀）

六、限定法

限定法是指在事物的某些要素被限定的情况下进行设计的方法。严格地说，任何设计都有不同程度的限定，如成衣价格的限定，用途功能的限定，规格尺寸的限定等。在设计方法里所说的限定是指设计要素的限定。

从服装设计构成要素的角度看，限定条件主要针对6个方面：造型限定、色彩限定、面料限定、辅料限定、结构限定、工艺限定。有时在设计时只有单项限定，但有时会在设计要求中对上面6个方面进行多项限定，设计的自由程度受限定方面的影响，限定方面越多，设计越不自由，但也越能检验服装设计师的设计能力。

品牌服装设计中，在一定的限定条件下进行设计是服装设计师时时可能面对的情况。例如：服装公司都会面临库存面料消化这个问题，库存面料是过季的、不够流行的，但很可能是昂贵的。服装设计师需要巧妙地设计，把这些面料变成当季可以上市销售的服装，既减少库存，又创造效益。

对于一些全球销售的服装,还必须考虑到有些地区和民族对某些色彩的禁忌,服装设计师要认真研究这些色彩限定条件,调整设计以应对具体需求。

七、整体法

整体法是由整体展开逐步推进到局部的设计方法。在服装设计中,先根据风格确定服装的整体轮廓,包括服装的款式、色彩、面料等,然后在此基础上确定服装的内部结构,要使内部的东西与整体相互关联,相互协调。这种方法较易从整体上控制设计效果,使设计具有整体感强、局部特点鲜明的效果。

服装的外轮廓是构成服装整体的主要内容,而服装的外轮廓具有强烈的流行性。从整体入手进行设计可很好的把握服装的流行度。此外,在服装设计中,设计师有时会由于某种灵感的启发在构思过程中首先形成整体造型的轮廓,这时就需要在领子、袖子、口袋等局部造型的设计中考虑与整体造型的协调,避免出现与整体造型相矛盾的局部造型。要注意保持由造型产生的形态感的统一,避免造成风格上的混乱。

八、局部法

局部法与整体法相对应。局部法是从局部入手进行设计继而扩展到全局的设计方法。设计师的灵感来源是丰富多彩的,灵感突发的瞬间其表现形式也是多种多样的。有时,生活中的一个细微之处会成为点燃设计之火的导火线,这个细微之处就是一个细节,服装设计师抓住这个细节,把这种感觉扩大至整体,由此得到完整的设计(图7-17~图7-20)。

图7-17 局部法——设计师在简洁的白裙上以腰胯部位的V型线条为设计焦点,用黑白重叠的羽毛流苏加以强调,配合肩部的棕色羽毛装饰,形成清晰明快的节奏感(Proenza Schouler 秋冬 RTW 时装发布秀)

图7-18 局部法——设计师将V型线条上移至肩部至胸部,以红白两色形成大V领造型,并在肋侧以白色毛条加强V型效果,肩部毛皮装饰向内移至颈部,营造出冬装的雍容华贵效果(Proenza Schouler 秋冬 RTW 时装发布秀)

图 7-19　局部法——设计师将 V 型线条以并重的形式在前身重复出现,厚重的羽毛、毛条与轻薄的透视装形成强烈对比,选择黑红两色传递另类时尚感 (Proenza Schouler 秋冬 RTW 时装发布秀)

图 7-20　局部法——设计师将 V 型线条以打孔镂空的形式线性排列在前身,只在腰部加以毛条流苏装饰,肩部的小面积羽毛装饰挑亮了肩部造型,虽然还是透视装,效果却含蓄优雅了许多 (Proenza Schouler 秋冬 RTW 时装发布秀)

　　每一季从全球几大时装中心辐射出的流行信息中,细节是一个重要的组成部分,如:蝴蝶结、羊腿袖、刺绣腰带等传递的都是关于细节的流行,世界各地的服装设计师们会仔细研究这些细节,把它们运用在自己的设计中,从而使设计具有很强的流行性。从局部推衍至整体的设计方法难度较大,需要服装设计师有较强的整体把握能力,否则在推衍的过程中很有可能失去方向,得出不完整不协调的设计,甚至有可能丧失最初的感觉导致设计夭折。

九、极限法

　　极限法是把事物的状态和特性放大或缩小,在趋向极端位置的过程中截取其利用的可能性的设计方法。它通常是以一个原有造型为基础,这些造型可以是领、袖、袋或衣身等服装上的任何一个设计元素,在此基础上对其进行放大或缩小,追求其造型极限以确定最理想的造型。极限法的形式多样,如重叠、组合、变换、接线的移动和分解等,可以从位置高低、长短、粗细、轻重、厚薄、软硬等多方面进行造型极限的拓展。极限法在进行具有超前意识与前卫风格、创意感很强的服装设计时常被用到(图 7-21、图 7-22)。

　　极限法并不改变原来造型中服装零部件的数量,只是对其长短、宽窄、厚薄、高低、软硬等因素的改变(图 7-23、图 7-24)。对原来造型进行极限式的思考,可以轻而易举地得到不曾想到过的新造型。这种极限思维方式同样适用于对面料和色彩的处理,以原型面料为基础,作极粗极细、极光极糙、极软极硬、极透极严、极厚极薄的极限变化,然后作出审慎的选择。

图 7-21　极限法——将男式西装的造型极限放大，平淡无奇的款式与色彩立刻表现出荒诞怪异的设计效果（Comme des Garcons 秋冬 RTW 时装发布秀）

图 7-22　极限法——将普通的折叠波浪边极限放大为全身造型，层层叠叠的效果也得到了极大的强调（Zac Posen 春夏 CTR 时装发布秀）

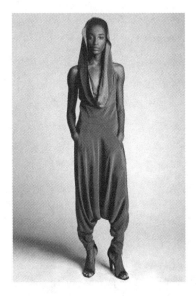

图 7-23　极限法——将领部向上扩大，延伸为连身帽的效果，将裆部向下延伸，出现了与上身造型相对称的弯曲弧线造型（Catherine Malandrino 春夏 RTW 时装发布秀）

图 7-24　极限法——将裤子的长度延伸，需要配合超高跟鞋方可表现服装效果，从视觉上拉长了腿部比例（Escada 春夏 RTW 时装发布秀）

十、调研法

　　调研法是通过收集反馈信息来改进设计的设计方法。在服装设计中，特别是在批量生产、上市销售的实用服装的设计中,要使设计符合流行趋势,产品畅销,市场调研必不可少。在调研法里有三个分支。

- 优点列记法:罗列现状中存在的优点和长处,继续保持和发扬光大。任何好的设计都有设计的"闪光点",这些"闪光点"不宜轻易舍弃,应分析其是否存在再利用的价值,将这些优点借鉴运用会产生更好的设计结果。
- 缺点列记法:罗列现状中存在的缺点和不足,加以改进或去除。服装产品中存在的缺点将直接影响其销售业绩,只有在以后的设计中改正这些引起产品滞销的缺点,才有可能改变现状。缺点列记法在实战中比优点列记法更为重要。
- 希望点列记法:收集各种希望和建议,搜索创新的可能。这一方法是对现状的否定,听取对设计最有发言权的多个渠道的意见,旨在为创新设计提供思路。

十一、加减法

加减法是增加或删减现状中必要或不必要的部分,使其复杂化或单纯化的设计方法。加减法主要用于内部结构的调整。从形式上看,某些设计的确是在做加减工作,但加减是有依据的。在服装领域,加减的依据是流行时尚,在追求繁华的年代做增加设计,在崇尚简洁的年代做删减设计。加减的部位、内容和程度依设计师对时尚的理解和个性而定。

加减法是对已有的设计做局部调整,增加或删减的往往是服装零部件或无关紧要的装饰。服装设计师不必患得患失地在一开始就考虑它的最终造型,可以比较随心所欲地把注意力集中到如何创造新款式上,否则会因为考虑过多而难以下笔。初稿设计完成后,可以审查一下自己的设计是否与原来的想法相符,如尚未达到理想效果,不妨用加减法进行调整,对局部的零部件或细小处理进行必要的调整来完善整个设计。

加减法是使用方便而行之有效的造型方法,它同样可表现出服装设计师对最终设计效果的控制能力。这种方法尤其适合更多依靠局部调整的实用服装的设计。

第三节　服装设计的其它方法

在许多设计师眼里,服装设计是一项激情勃发的工作,这个过程也因充满了挑战和未知而令人向往。人的思维是无穷尽的,在设计中,除了上述的主要设计方法外,服装设计师们还会采用一些比较特殊的方法进行设计,如趣味法、转移法、借用法、派生法。

一、趣味法

趣味法是把人们感到有趣的形象或造型或色彩运用在设计中,使服装富有意味、充满乐趣的设计方法。现实生活中存在着很多让人觉得非常有趣的事物,这些事物往往具有与众不同的值得品味的趣味性。这种趣味性在服装上的表现会出现耐人寻味的设计点,整个设计也会变得趣味横生、意趣盎然。

趣味设计的一个设计来源是对生活中的一些具体形态进行描摹。另一种来源是把现有形态进行变形以达到趣味化的审美效果(图7-25、图7-26)。

图7-25　趣味设计——Charlotte Olympia 从古代皇朝汲取灵感,中国龙变成了背负厚重鞋跟的卡通造型,配合鞋面绳结盘绕的卷曲纹样,用超高跟展现帝皇气派,红、黑、金的皇族配色带人穿越沉淀数千年的中国文化

图7-26　趣味设计——创意时尚家居设计之芭蕾情

趣味法的设计具有纯真、可爱、甜美、梦幻等等效果,会使人感受到生活的美好,因其暗合了人们对童话世界与完美世界的向往而受到欢迎,不仅仅在童装设计中大量使用,在成人服装的设计中也有很多应用(图7-27、图7-28)。

图7-27　趣味法——如此超大的购物袋,将女性化身为购物袋中的宝贝,完美映射女性对购物的狂热喜爱,这么开心的超模在 T 台上可是难得一见啊(Moschino 春夏 RTW 时装发布秀)

图7-28　趣味法——数码印花、色彩分割、解构主义,各种手法在这组男西装上共同呈现,其趣味性不可小觑(Walter Van Beirendonck 春夏 RTW 时装发布秀)

二、转移法

转移法是根据用途将原有事物转化到其它范围使用,以寻找新的解决问题的可能性,研究其在别的领域是否可行,可否使用代用品等的设计方法。有些问题在自身所处的领域难以得到很好的解决,但是将这些问题转移到其它领域后,容易引起思维的突破性变化从而产生新的结果,原来的问题迎刃而解。

转移法在服装设计中的运用主要是通过将不同风格的服装进行碰撞组合,从而产生新的服装品种。从微观角度看,转移法用在单件服装的设计上可以产生新的结构与部件(图7-29)。

转移法是对两种事物的转换与融合,这两种事物之间存在一个主次的问题。两种相互转换的事物之间看谁的分量重则主要属性就倾向于谁,分量轻的一方处于从属地位。在单件服装设计上,转移法与结合法有相似之处,都是选取两个不同的事物来设计,但也有区别。结合法注重于两个事物的形式与形态的组合,结合后两者的原始形态都有所变化,会出现兼具两者特色的新造型,而转移法则是把原有形态转移到新的位置,原始形态基本保持不变(图7-30)。

图7-29　转移法——牛仔风格与公主裙碰撞组合(D&G春夏 RTW 时装发布秀)

图7-30　转移法——原本在服装正中的门襟偏向了一边,点缀的金色扣子也一起偏了过去,却又不遵循双排扣的设计思路,普通的风衣因此而变得不再普通(Moschino 秋冬 RTW 时装发布秀)

三、借用法

借用法是通过对已有造型进行有选择的吸收融会和巧挪妙借形成新的设计的方法。借用体可以是服装本身,也可以是其它造型物体中具体的形、色、质及其组合形式。借用包括直接借用和间接借用两种形式。

直接借用:客观存在中各种各样的造型样式均有其可取之处,将这些可取之处直接借用到新的设计中,可能会轻而易举地取得巧妙生动的设计效果。在服装设计中,设计精巧的服装本身、包袋、鞋帽、装饰品以及设计中某种局部造型的色彩、造型、材质或者某种工艺手法与装饰手法等都可直接借用到新设计中去。直接借用要灵活,切忌生搬硬套,借用体与新设计的风格要相互协调,避免给人视觉上和感觉上的混乱感(图7-31、图7-32)。

图7-31 直接借用——中世纪武士原型:15世纪的德国骑士穿用的服饰,左边骑士头戴的锁子甲成为现代服装设计师借用的对象

图7-32 直接借用——金属的锁子甲以镶满宝石的形式出现,没有了冰刃气,多了贵族味(Dolce&Gabbana 秋冬 RTW 发布秀)

间接借用:不同类别的设计造型有时是很难将其直接借用的,这时需要在借用时有所取舍,或借其造型改变其色彩材质,或借其材质而改变其造型,或借其工艺手法而改变其色彩、造型、材质等。在服装设计中,由于服装是直接与人体相结合,所以在考虑服装设计时要考虑到人体的适用性。(图7-33、图7-34)。

图7-33 间接借用——又似风车,又似折纸,难以判别其设计原型,强烈的空间感给人以无穷的想象余地(Issey Miyake 秋冬 RTW 时装发布秀)

图7-34 间接借用——是百叶窗?是栅栏?是剪纸?强烈的秩序感、硬朗的造型令人过目不忘(Gareth Pugh 春夏 RTW 时装发布秀)

四、派生法

派生的本意是在造词法中通过改变词根或添加不同的词缀以增加词汇量的构词方法。派生法的特点是要有可供参考进行变化的原型，派生法运用在服装设计上是指在某个参考原型的基础上进行廓形、细节等的渐次演变，如把廓形变大变小，把装饰线、分割线变宽变窄，改变局部造型等。根据派生的方向和派生的程度可分为三种形式：廓形与细节同时变化；廓形不变，变化细节；细节不变，变化外形。

派生法既可用于单款服装的设计，也可用于系列服装的设计。服装廓形的派生多用于系列服装的设计，细节的派生则多用于系列服装与单款服装的设计中。派生法所形成的形态表现的是从原始形态到最终形态的逐渐演变的过程，因此在视觉上有顺延和推移的效果。无论是廓形还是细节，渐次变化的形态之间形成节奏感，极具审美意味（图7-35、图7-36）。

图7-35　单件派生——雪纺上衣用大小不一的贝壳状扇形拼接叠搭在一起，好似动物身上的鳞甲（Christopher Kane 春夏 RTW 时装发布秀）

图7-36　系列派生——以花朵为来源的系列设计，花朵原型进行了各种变形，色彩、材质、造型、表现手法变化多端，而我们仍能从中看出其关联性（Benjamin Cho 秋冬 RTW 时装发布秀）

第四节　服装设计方法的应用原则

　　任何设计都将受到公众的评判。何为"好的设计"？设计师有设计师的说法，消费者有消费者的观点，营销人员有营销人员的立场，到底怎样的角度才是一个合适的、公正的评判标准？"好的设计"表达的是一些以对工业产品质量的客观的美学态度为基础，确定美和实用结合在一起的标准的原则。

　　作为服装设计师，进行服装设计的目标是要实现"好的设计"。"好的设计"包含美的、实用的、技术的等多方面因素。在设计时要遵循以下原则，选择合适的方法以达到预定的设计目的。

一、根据设计要求

　　在现代服装设计中，设计要求是常用指标。各类服装设计大赛都会事先设定设计主题，根据这一主题提出设计要求。服装设计师们在参加比赛时首先要考虑的就是设计要求。不符合要求的设计哪怕再完美也是没有价值的。在定制服装设计中，定制对象会提出具体要求，比如结婚用的礼服要求漂亮、有特点、能够掩饰身材缺陷、能够今后再次穿着、具备一定的实用价值……服装设计师要根据对方提出的设计要求进行设计。

　　在现代成衣设计中，设计工作在商品企划完成之后进行，商品企划中产品开发部门会对随后的设计提出具体而详尽的要求。这些要求与流行趋势、目标客户、成本核算、营销计划等内容紧密相关。只有符合这一要求的设计才可能成为符合市场需求的产品。服装设计师要根据这些设计要求进行进一步的款式设计与开发。

　　设计要求不同，设计方法也不一样。如要求系列感强的服装可以考虑使用派生法、追踪法等；要求礼服兼具实用性可以多场合穿着的，则宜采用结合法、借用法、转移法等实现功能的复合；要求设计个性鲜明、吸引眼球的舞台装可以使用趣味法、极限法等创造特别的甚至另类的效果。

　　设计过程是理性与感性相结合的过程，既需要感性认知带来创作和设计情绪，也需要理性思维把握设计方向与内容。

二、根据灵感来源

　　服装设计师的灵感来源千变万化，从创造的意义上说，设计是一件水到渠成的事。当灵感来临，创作的激情在服装设计师心中迸发，接下来的工作就是运用一定的技法将这种激情与冲动转化为现实的作品。在转化的过程中，应当顺应灵感所带来的心理感受和视觉感受，以尽可能自然的手法将之运用到设计中去。

　　例如：若打动设计师的是非洲土著民族的一场祭祀歌舞，那么这种原始的、充满野性和神秘感的情绪可以用联想法进行设计；若打动设计师的是土著民族的纹身图案，则可以使用趣味法或借用法把这种纹样放到服装中来使服装饶有意味；若打动设计师的是土著民族的披挂缠绕式的着装形式，则可以使用结合法或移用法把这种形式转化为现代服装的某种结构或局部的款式应用，以使现代服装具有民族风格。

　　灵感来源不同，其适应的表现方式就有差异。来自于具体形态的灵感可能适用于能够进行形态借用或转换的设计方法,如灵感来源于建筑物、动植物等等具有具象形态的事物。当灵感来源于抽象形态时,这种抽象形态的表达方式是无法用外在形式来实现的。此时服装设计师需要抓住的是来自于形式内在的力的结构,通过"结构"的一致,把隐匿起来的自然法则通过巧妙的变换达到结构上的同型对应,从而使之获得明晰的表达。这时,联想法、结合法、借用法、追踪法就可能是服装设计师需要的方法。

三、根据设计目的

在现代服装设计中,服装设计师的设计目的是多种多样的。设计目的不同,所需的设计效果就不一样,所适用的设计方法也不同。根据设计目的进行设计是服装设计师在采用设计方法时需要认真考虑的一个原则。

如果是为了参加设计大赛,设计作品需要具有较强的创意感,就可以在造型、色彩等方面设计的夸张一些,视觉冲击力更强一些,如极限法、派生法、逆向法等用得比较多。如果是为了举行服装设计师专场发布会,设计作品要尽可能展现服装设计师的创造能力和才华,设计作品要求别具一格,个性鲜明。此时,如局部法、结合法、联想法等能够表现服装设计师特色的设计方法会较多采用。如果是举行品牌发布会则需要尽可能表现该品牌的风格及特点,既具备实用价值又富有时尚气息。这时的设计需要考虑更多的因素,追踪法、限定法、整体法、调研法、派生法等方法会较多地为服装设计师采用。如果是为了展示流行趋势,则设计的侧重点会根据要展示的内容而变化:如展示的是色彩流行趋势,追踪法与派生法就是很好的设计方法;如展示的面料流行趋势,整体法、变换法就很适合。

四、根据设计对象

有时,服装设计师的设计过程十分理性,从设计之初就以一种理性规划的形式在进行,如同现代化生产企业中的一条流水线,到了哪个阶段该做什么事情都是设定好的。在现代服装公司的设计部门运作中,这是非常普遍的操作形式,并且正在越来越广泛地被采用。这是由现代服装的商业性质所决定的。服装设计师无拘无束的思维需要受到服装的商品特性的限制。

正是因为服装的商品特性,服装设计师在进行服装设计时要考虑设计对象的具体情况。这一点与纯粹的创意服装设计、各种设计大赛征集的设计不同。那些设计需要的是尽可能的展现服装设计师的创作才华,服装在与人(着装者)的关系中处于主导地位,对人本身几乎没有限制。在这些设计中,服装本身接近于艺术品,人体是与此艺术品相融合的一部分,甚至是作为服装的支撑物存在。

但在成衣设计中,人(着装者)占主导地位,服装必须为人服务,要使人看起来更美、更令人满意。这就需要服装设计师把着装对象的具体情况作为设计方法运用的原则进行考虑,如设计对象的身高、年龄、体形特征、肤色、喜好、审美情趣等。不同的设计方法所达到的设计效果可能大相径庭。如极限法的设计会使服装表现出夸张的外观效果,在针对职业女性所需穿着的套装设计时要谨慎使用;再如趣味法会使服装表现出富含意味的效果,传递可爱、活泼、富有生机的感觉,更适合运用在针对年轻人的生活装设计中。

本章小结

服装设计的方法是为了完成设计、实现设计师预想的设计效果所采用的手段与方式。

服装设计方法的应用是建立在对服装设计这项工作、这门设计艺术的理性认知的基础上的,内容包括:何人穿(who)、何时穿(when)、何地穿(where)、为何穿(why)、穿什么(what)、如何穿(how) 以及经济(Price)等多方面因素。

服装设计的主要方法有:逆向法、变换法、追踪法、联想法、结合法、限定法、整体法、局部法、极限法、调研法、加减法。在设计中,除了上述主要设计方法外,服装设计师们还会采用一些较特殊的方法进行设计,如趣味法、转移法、借用法、派生法等等。

设计时需要遵循一些原则,选择合适的方法,以达到预定的设计目的。在进行服装设计原则应用时可以从灵感来源、设计目的、设计对象、设计要求等方面进行考虑。

思考与练习

1. 请分别采用服装设计的各种主要方法进行设计练习。
2. 请谈谈你对"好的设计"的评判标准的看法。

第八章
服装设计的表现

许多艺术家的失败，仅仅是他们只接受一种画法，而指责其他所有的画法。必须研究一切画法，而且要不偏不倚地研究；只有这样才能保持自己的独特性，因为你将不会跟着某一个艺术家跑。

　　——欧仁·德拉克罗瓦（Eugène Delacroix，1798—1863，法国，著名画家，
　　浪漫主义画派典型代表）

第一节　服装设计表现的定义

设计表现是整个方案设计过程中的重要环节,一个好的设计构思必须将设计方案中最有价值的部分真实而又客观地表现出来,以便设计师和客户对设计方案进行研讨和决策。准确的服装设计表现能够让其他人快速领会服装设计师的意图,提高工作效率。含糊不清、不明确的设计表现则可能使整个团队的工作走弯路,可能给企业带来损失。因此,良好的设计表达能力是服装设计师的一项基本专业素质。

一、服装设计表现的概念

设计表现是设计师运用各种媒介、材料、技巧和手段,以生动、直观的方式来阐述设计思想、表现设计意图、传达设计信息的重要工作,同时也是传达设计师的情感以及体现整个设计构思的一种设计语言。

服装设计表现是服装设计师为了向他人清晰地传递自己的设计想法,选择一定的表现工具与材料,通过一定的技法对自己的设计想法和构思进行表达。

说到服装设计的表现,不少人会认为是服装画的绘制。事实上,服装设计表现并不完全等同于服装画。服装画是最常用也是非常主要的设计表现形式,除此之外,直接以面料或替代材料在人台或实际人体上进行款式造型表现也是服装设计师们喜爱的表现手段。因此,凡是可以表达和传递服装设计师的设计想法的形式都可以称之为服装设计的表现。

二、服装设计表现的内容

服装设计表现包括把设计从意念转化为现实的过程中需要的所有细节。服装设计表现应包含服装的款式、色彩、材质等这些内容。设计表现的目的和方式不同,包含的内容也不同。以下对服装的平面表现内容进行简介。

以服装插画的形式进行的设计表现所包含的表现内容较少,人物有时会成为表现的主角和重点,人物的发型、妆容、身体局部都可能需要仔细刻画。服装则以大体造型、色彩、和所用材质为主,关于细节如:分割线、口袋造型、纽扣数量等则是根据画面需要进行取舍,有时细节交代的比较清楚,有时则很概括地描绘一下,有时省略较多,只有一个大致的服装轮廓,甚至有时连服装轮廓都不完全,画面上只出现服装的局部(图8-1)。

以参加设计大赛为目的的效果图较注重形式美感,表现的内容包括设计灵感来源、服装整体造型、色彩、面料质感、款式细节、配件配饰、设计说明、生动的服装模特以及画面构图,一些特殊效果或局部的详细说明、面料及主要辅料、配件配饰的材质小样等。以实用装为主旨的设计大赛还需标注服装基本规格,如衣长、袖长、胸围等基本控制尺寸。人和服装在这种设计表现中所占的比重基本相当(图8-2)。

以企业产品开发为目的的效果图较注重实际效用,表现的内容包括服装的准确比例、外轮廓的造型、每一条分割线与省道的位置和长短、口袋、领子、门襟、袖口等所有的设计细节,正反面均需仔细刻画(图8-3、图8-4、图8-5)。服装的内里设计比较特别时,需对里部进行详细表现。服装的色彩与面料以贴面料小样或标面料编号,贴色卡或标色号的方式进行说明。要标注款式的号型,具体的规格尺寸,对一些需要注意的内容还需要详细说明或者配以细节图释,如:服装内部的特殊工艺手法,结构上的特别处理等(图8-6)。配饰与配件的材料小样也需要粘贴实物进行说明,如:珠片、花边、纽扣、拉链头等。有夹里或填充料的服装需要把夹里材料和填充材料的小样贴在设计稿上,夹里的处理方式也需要说明。如冬季棉服的设计上有绗缝工艺,则需把绗缝的针迹效果画出。在进行这种设计表现时,人物仅仅是起到衣架的作用,用以表明服装的穿着效果和服装与人体的比例关系。

图8-1　强调艺术效果的服装设计表现——日本著名服装画家矢岛功为内衣品牌华歌尔(Wacoal)创作的服装宣传画

图8-2　以参赛为目的的服装设计表现——获得日本文化服装学院"装苑赏"的参赛效果图,左上角为参赛成衣

图8-3　服装企业内部用服装效果图——画面简洁明了,款式交代清晰

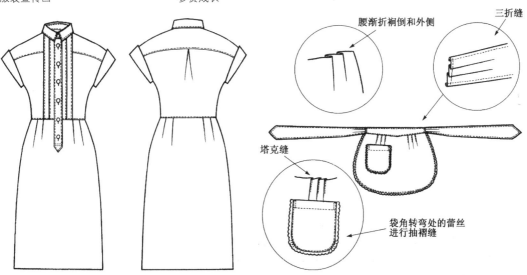

图8-4　服装正面款式图　　图8-5　服装背面款式图　　图8-6　服饰配件及细节图

三、服装设计表现的作用

服装设计表现的目的在于采用最佳的表现方式,完全传达和展示出服装设计师的设计思想和设计概念。客观上,服装设计表现是起到一个信息传递的作用。

当需要其他人理解自己的设计时、需要其他人的配合以将设计实现时,就需要将设计想法进行表现。因此,对服装设计表现的作用可以概括如下:

首先,把服装设计师的构想具体、形象地表现出来。在现代服装企业中,服装设计师与其他工作人员紧密配合,协同工作。从面辅料的选择、结构的设计绘制、工艺的制作、配件的完成到成品展示、销售的整个过程都需要依靠具体的服装设计表现形式提供工作依据。

其次,全球时装行业已形成一个庞大而完整的产业链。巴黎、伦敦、纽约、东京、米兰、佛罗伦萨等等时装中心每一季都在向全球发布流行信息。服装设计师手稿是一种非常专业、具有很高的行业内借鉴与参考价值的服装设计表现形式(图8-7)。类似的服装商业销售的广告以及时装画报、杂志的专业性与版面效果也常使用服装设计的平面表现形式。

图8-7 服装设计师手稿与成衣相结合的流行信息资讯

再者,服装设计的平面表现形式是绘画艺术的一个组成部分,能够满足人们的美感欣赏要求,作为绘画艺术的一个支流,起着丰富艺术审美形式,反映时代人物风貌和社会风俗的作用。

第四,服装设计表现形式是服装设计师在生活中收集素材、记录灵感瞬间、进行设计积累的一种最简便的手段。有时服装设计师的想法转瞬即逝,以设计表现的形式进行记录可以为今后的设计做好准备。

第二节　服装设计表现的形式

从设计表现的物质存在方式看,服装设计师们常用的设计表现方式可分为现实表现和虚拟表现两大类。在实际运用中,具体采用哪种方式根据服装设计师的习惯和设计内容决定。

一、现实表现

现实表现是指借助于现实中存在的物质材料进行服装设计意图表现的形式,表现结果看得见、摸得着。从现实设计表现的空间构成角度来看,可分为平面表现和立体表现两种方式。

(一)平面表现

平面表现是服装设计师们最为广泛采用的设计表达方式,即把设计想法勾画在纸面上的表现形式,既可手绘也可电脑绘制,具有快速、简便、一目了然、便于在工作伙伴间传递的优点。

平面表现根据用途的不同,可分三类:服装效果图、服装款式图、服装工艺图。

1.服装效果图

服装效果图的绘画过程也是设计的创作过程,服装设计师们在进行服装效果图的绘画时也会创造出新款式。

(1)服装效果图的概念

服装效果图也称服装画或时装画。从宣传广告或时装画报的角度出发,可称为服装插图或时装插图;从设计的角度出发,可称为服装效果图、服装人体画或服装样式画;从美化生活、绘画欣赏的角度出发,有的服装效果图更重视艺术效果被称为服装艺术画。从名称上看各有侧重和差别,但有一点是共同的:这种画必须能准确地体现各种款式在人体上穿着后的效果。它是服装款式设计构想的记录和表现。服装效果图应表现出服装式样、裁剪缝制的主要结构、服装面料品种、质地和图案特色以及色彩搭配效果,也要表现出服装款式风格和穿着者的个性与穿着时的环境气氛。

(2)服装效果图的种类

根据服装效果图绘画的目的可分为两大类。

一类是以装饰性为主的,注重欣赏效果的服装效果图。它重视感性的艺术感染力,把服装效果图作为一种艺术形式。这种服装效果图更多地被人们称为服装画,其画面内容与一般绘画尤其是风俗画较为接近。无论东方还是西方,在以人物为主的绘画中,服装往往是画面表现的一个重要方面。但这些绘画的创作指导思想是描绘和刻划人物,反映当时的社会生活而并非为了表现服装(图8-8)。服装画同样描绘人物性格和反映当时当地的习俗,其指导思想是以表现服装的设计和穿着效果为主,刻划人物性格和描绘场景气氛的目的是为加深和烘托对服装的印象和效果。另一类是以实用性为主的直接为服装生产服务的服装效果图,主要用于服装款式的设计、打板、裁剪、缝制等环节,是最初的设计意念在缝制完成后穿着效果的预想图,即未来穿着时的实际效果。这种服装效果图要求服装设计师具备服装

图8-8　《德·蓬帕杜尔夫人》(Madame de Pompadour),弗朗索瓦·布歇(Frangois Boucher 1703—1770年,法国),1756年,布面油画

结构、裁剪、制作工艺等相关知识,才可能把服装局部造型以及各种镶、嵌、补、绣等工艺画得详尽而正确,鲜明地表达出服装的款式特征和风格,正确地表达设计意图。

(3)服装效果图的要求

顾名思义,虽然服装效果图也称服装画,是一种“画”,但主要着眼点是服装。其要求如下:

一是将千变万化的人体动态概括为适宜于表现服装美的几种理想姿态。在服装画技法的书中会画有特定的人物常用姿势以供学习者描摹。

二是对人物进行夸张处理以突出表现服装美感。在这一点上,服装画与其它人体绘画有着较大区别。一般真人的成人头身比例大致在六至七头身之间。[①]在服装效果图中人物比例在八头身以上,在婚纱、夜礼服的设计效果图中,人体的头身比例甚至会加到十二头身、十三头身的程度(图8-9)。

三是对衣纹表现强调简练,避免繁琐地写实。要运用归纳的手法勾画主要褶皱、衣纹,包括图案、刺绣、装饰等细节,不要进行大面积过细的刻画,防止过多细节干扰服装表现的整体效果(图8-10)。

图8-9 在服装设计的平面表现中,拉长腿部比例以表现修长的效果是最为常用的手法之一(Yves Saint Laurent 手稿)

图8-10 在服装设计的平面表现中,需要以归纳的方法表现衣纹效果(A. L. Arnold)

四是能准确、完美地表达出服装设计的构思与效果,根据服装效果图就能准确地画出服装结构图,并根据服装效果图进行裁剪和工艺制作。正确性对于服装效果图极其重要。

五是服装效果图中所表现的发型、鞋、帽以及其它服饰配件均应完美地与服装成为一个整体,不可出现画蛇添足或杂乱无章的画面效果。

(4)服装效果图的作用

服装效果图的种类不同,起到的作用也不一样:

以装饰性为主的服装效果图重视艺术感染力。常见的形式是服装插画和服装销售宣传画。其主要作用是艺术地宣传款式和穿着效果,多为推广新款式和销售宣传服务,在画报和时装杂志上以艺术性的插图形式出现。

以实用性为主的服装效果图强调表现的方便性和有效性。它为服装产品的打板、加工、归类、出样、销售提供参照标准。这种服装设计效果图的意义甚至超过雕塑家与画家在正式创作艺术品前的构图稿。

---

① 头身:表示身高与头部的比例关系,几头身代表身长为头长的几倍。——著者注

2. 服装款式图

在某些表现形式上,服装效果图等同于服装款式图,但服装款式图不等于服装效果图,服装效果图包含了服装的造型、色彩、面料材质以及装饰、配件等内容。服装款式图则简单的多,以表现服装造型和款式为主要内容。

（1）服装款式图的概念

服装款式图是表达服装款式结构细节的平面图,分为正面款式图和背面款式图。服装款式图不需画出人体的,只需画出服装平面效果即可。

（2）服装款式图的种类

服装款式图分为正面款式图、背面款式图、侧面款式图、细节示意图①以及服饰配件图。其中,正面款式图和背面款式图是最基本的,对于个别侧面造型和结构特殊的款式需要配侧面款式图。服饰配件如包、鞋、腰带等如需特殊定做就需单独画出款式图（图8-11）。

图8-11　服饰配件图

（3）服装款式图的要求

服装款式图和服装效果图相比,要减少夸张成分,加强写实效果;要求准确详尽的表现服装的正反面（侧面）造型特征;要求衣长、肩宽、胸围、袖长、领子大小等各部位比例正确。

在服装款式图中,没有褶裥与抽褶设计时无需画出衣纹褶皱,以免干扰服装细节的表现。分割线、辑线、口袋、拉链等局部设计的位置、长短,与衣身的比例关系都需要准确到位。用于样衣、工厂制作等的服装款式图要求直接标注成品尺寸。

在画细节示意图时,要求造型准确,刻画细致。与工艺相关的内容要进行工艺的文字说明以及所需尺寸的标示。如:表现打洞装饰,需要标出洞的位置、间隔、直径大小、数量等细节。

（4）服装款式图的作用

服装款式图的重要作用在于为服装的打板、裁剪、制作提供依据,明确的服装款式图在绘制服装纸样时起着决定性的作用,一幅完整的服装款式图应准确解决纸样绘制前在造型、颜色、结构甚至工艺上的一切问题。有了明确的款式图,打板师可以清楚而明确地绘制服装纸样。

如果说服装效果图是为了让其他人明白服装设计师的设计作品在人体上的着装及整体搭配效果,服装款式图就是为了让其他人明白这件衣服或者这套衣服的是由哪些细节与结构构成的。在实际操作中,打板师和样衣工更注重的是服装款式图而不是服装效果图,因为这直接关系到他们的工作方向和细节。

---

① 由于画面的限制,有些款式中的细节不能清晰的表达出来,如多重辑线装饰,铆钉、细小的商标、细致的绣花图案等,这时就需要画出局部放大图,又称细节示意图。——著者注

3. 服装工艺图

随着服装设计师的设计想法在各个环节中的转移,最初的设想正在一步步地变成现实。每个环节工作人员需要对自己的工作最具有直接指导意义的信息。在服装工艺实现这个环节上,工艺图是非常重要而不可或缺的。

（1）服装工艺图的概念

服装工艺图是对具体的服装制作过程、方法、技术要点和细节等制作工艺进行描绘的图稿。服装工艺图与服装效果图、服装款式图有较大不同。服装工艺图用以对服装制作工艺进行详细解释说明,主要运用于工艺制作的环节,比服装效果图与服装款式图的专门性和针对性更强。从审美角度来看,服装工艺图的艺术性不强,类似于工程制图。

（2）服装工艺图的种类

服装工艺图根据服装制作部位的不同分为很多种,如领子工艺图、口袋工艺图、裤子工艺图、腰头工艺图等,用以说明不同部件的工艺制作方法。还可根据工艺制作的流程分为裁剪工艺图、黏合工艺图、缝纫工艺图、熨烫工艺图等,用以说明在不同工艺流程中的制作方法（图8-12～图8-15）。

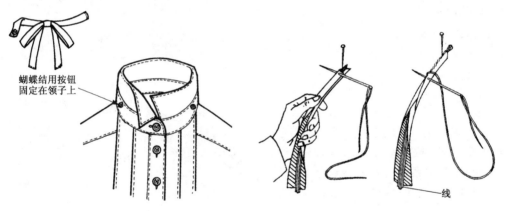

图 8-12　细节示意图　　　　　　　　　　　　图 8-13　缝纫工艺图

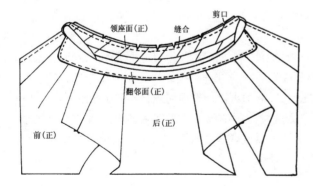

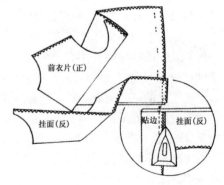

图 8-14　领子工艺图　　　　　　　　　　　　图 8-15　熨烫工艺图

（3）服装工艺图的要求

服装工艺图属于标准化制图的范畴,在表现时要求画面清晰,服装结构交代准确,线条的画法要按照行业统一标准进行绘画。如裁剪线用实线、对折线用点划线,翻折线用虚线等。在服装工艺图的表现中,如果是按制作过程进行分步骤表现,需要标明步骤图的顺序。有些局部画法可能会令人迷惑,需要仔细阅读方能理解,此时应加引线标注说明部件名称,增强服装工艺图的阅读性与可理解性。

（4）服装工艺图的作用

服装工艺图的作用在于形象而直观地对服装的制作工艺进行说明。对于文字的理解,由于受教育程度的不同,加之以往制作经验的影响,不同的人对同样的文字会产生不同的理解。这就可能导致制作方法的变动甚至错误。服装工艺图一方面可以明确清晰的说明需要的制作步骤及方法,另一方面可为制作工艺提供一个标准,保证在协作化的服装生产加工中达到统一的制作效果。

（二）立体表现

立体表现是服装设计师们时常采用的设计表现形式。有时服装设计师的想法难以在纸面上以绘画的形式淋漓尽致地表现出来;有时服装设计师的灵感正来自一块独特的面料,需要在对面料的实际操作中继续寻找感觉;有时,囿于绘画能力的不足,服装设计师需要借助于实际的制作材料直接进行造型表现。这些时候,立体表现就成为服装设计师极佳的设计表现途径。

1. 立体表现的概念

立体表现是在模特或者人台身上直接用材料来表现服装设计师的造型意图的表现形式。它能够很好地处理人体曲面与材料的关系,使服装更加适体。

2. 立体表现的种类

立体表现根据表现所选材料可分为两类。一类是用坯布进行造型和细节表现,就是立体裁剪。这种方法以突出设计的整体及局部造型为主。还有一类是用非服用材料进行表现,这种表现方法适合表现服装设计师在服装的造型、材料质感上的特殊设计想法,如用报纸、纤维、铁丝、羽毛、甚至木片、竹篾、金属片等材料在人台上进行立体造型设计(图 8-16)。

图 8-16　以特殊材料进行设计的立体表现——英国手工折纸艺术家 Zoe Bradley 以纸为材质创作的服装设计作品

3. 立体表现的要求

立体裁剪的表现手法要求真实体现设计师的想法,达到造型准确、服装合身、结构合理、表现手法细致到位的效果。立体裁剪要注意面料的使用方向,在表现时要考虑到工艺制作的可行性与难易程度,在实现造型效果的同时还要注重结构的合理性。立体裁剪对结构的设计要一并实现,这一点不同于平面表现。

用特殊材料进行的立体表现,重点在于对所选材料的表面效果、质感等的展现上。因此,在达到上述与立裁表现同样的要求上,还需额外考虑所用材料对人体皮肤的刺激性、与人体曲线起伏的适应度以及穿着的可实现性,不可出现只能堆砌在人台上,而实际无法穿着的服装。

4. 立体表现的作用

立体表现能够很好地表现出立体感或贴身感,具有准确、直观、生动的特点。对于一些复杂的、从不同角度看去服装会呈现多角度造型变化的设计,平面表现难以刻画完全,立体表现就可实现这类复杂设计的表现效果。对于特殊材料,采用立体表现的方法可直接检验设计的可行性。著名服装设计大师们在进行高级女装设计时常采用立体表现的方式。以造型精致,穿着合体、结构合理著称的日本服装多用立体裁剪和平面结构相结合的方式完成(图8-17、图8-18)。

图8-17　服装设计的立体表现——采用立体裁剪的方法直接在人台上进行服装设计的立体表现(Zac Posen 春夏发布会)

图8-18　服装设计的立体表现——渡边淳弥(Junya Watanabe)春夏发布会

是否采用立体表现方式主要根据服装设计师的个人习惯和款式的需要来决定。立体表现尤其是立体裁剪需要用坯布进行初步造型,然后将其展开,得到平面结构图再进行加工缝制,因此,比较耗时耗力,花费的时间和材料都比较多。对于普通款式和常规款式采用这种方法代价相对较高,在高级订制服装设计中立体表现的手法应用比较普遍。立体表现与平面表现两种设计表现形式共同为服装设计师提供表达设计构想、展现设计才华的便利与手段。

二、虚拟表现

虚拟是一个抽象概念,它与真实相对应。虚拟包含有几重含义:不符合或不一定符合事实的情况是虚拟的;仅凭想象编造的事情是虚拟的;由高科技实现的模仿实物的技术是虚拟的。此处所指的虚拟表现就是指依靠高科技所带来的虚拟技术进行的设计表现。

随着电脑技术、网络技术和通讯技术的飞速发展,虚拟技术的发展使得服装虚拟技术应运而生,并且不断进步。随着图形学的飞速发展,服装虚拟仿真技术已成为虚拟现实领域的研究热点。

（一）虚拟表现的概念

服装设计的虚拟表现是近几年虚拟现实和计算机图形学领域的研究热点之一,目前主要是指三维服装仿真。服装设计的虚拟表现是通过虚拟设备实现三维人体着装的动静态模拟,这种表现形式可以在计算机屏幕前直接观看服装的各个方向和角度的穿着效果,并通过实时交互对服装的款式或尺码进行选择和修改(图8-19)。

图8-19　影视制作是服装设计虚拟表现的一个重要应用领域。电影《冰雪奇缘》利用三维服装仿真技术创造出的人物及服装效果完美逼真,不亚于真实服装的展示

在服装设计的虚拟表现中,服装造型设计的VR①环境可提供设计所需的资源条件,有助于最终直观地获得设计款式的效果,还可与智能系统相关联以生成款式纸样。服装设计的虚拟表现可模拟仿真顾客穿着服装时的动态效果,有助于帮助顾客选购服装,可在VR环境中模拟服装穿着效果,可进行虚拟服装表演。

（二）虚拟表现的种类

服装设计的虚拟表现在服装行业中的运用越来越广,从服装的3D到2D②展平样板生成技术、交互式设计系统、到效果图的3D动态虚拟等(图8-20)。包括虚拟人体建模、角色动画、布

① VR:virtual reality 的缩写,意为"虚拟现实"。——著者注
② 3D:three-dimensional 的缩写,意为"三维的、立体的";2D:two-dimensional 的缩写,意为"二维的、平面的"。——著者注

料物理模拟等等。

图 8-20　北欧青年服饰零售商 JC 的全部在线商品目录都是通过 Looklet 的虚拟模特技术完成的，这样制作目录的速度更快，可有效减少时装摄影产生的成本和麻烦。Looklet 就像一个有着无数件漂亮衣服的试衣间，用户可以随意搭配，并且还可以把自己的搭配保存起来，分享给网友和朋友

　　在实际设计中，较多使用的是服装设计效果的虚拟和服装部件的虚拟。其中服装设计效果的虚拟包括服装本身的三维效果虚拟与人体着装后的效果虚拟（图 8-21）。

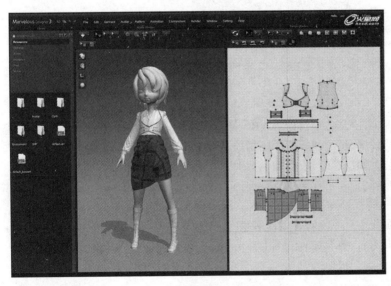

图 8-21　Marvelous Designer 服装设计软件具有直观的图案设计功能，可创建设计师想要的风格，支持折线，绘制自由曲线和三维立体裁剪同步互动设计，任何形式的修改会立即反映在 3D 实时立体裁剪服装设计界面中

（三）虚拟表现的要求

服装虚拟表现要求效果逼真，生成的画面具有真实感，真实感是虚拟设计的最基本要求，要能够从各个角度模拟真实服装的色彩、造型、面料质感以及穿着后的效果。

作为对传统的服装设计表现形式的突破与发展，虚拟设计应具备以下功能，这既是对虚拟服装设计技术的要求，也是今后发展的方向。

（1）能够实现款式设计向结构设计的自动转化。使服装设计的虚拟表现与服装结构设计的实现联动起来，即服装效果图能够自动转化为平面纸样或立体服装结构。

（2）能够实现服装设计的3D交互设计。有助于服装设计师较为直观地根据服装面料的悬垂性与质地方便地修改服装的长短胖瘦、结构线等外观形状。

（3）能够实现量身定做。服装设计的虚拟表现要能够使服装设计师和客户直接在虚拟设备上看到顾客着装后的效果并进行实时修改，为量身定做提供直接的视觉依据。

（四）虚拟表现的作用

目前，已得到实际应用的虚拟表现主要分为真人的虚拟服装应用与虚拟人物的虚拟服装应用两大类。

真人的虚拟服装应用是指服装是由计算机虚拟出来的，着装者是现实生活中真实的人。此时的虚拟表现作用在于实现虚拟服装与真人的最佳匹配，最终还将转化为真实的服装为人所穿。

虚拟人物的虚拟服装应用是指服装是由计算机虚拟出来的，着装者是由真人控制的虚拟人物。此时的虚拟表现作用与真人着装相比减少了匹配性的要求，如：服装号型是否合适等等。网络中的虚拟人物造型与现实真人存在差异，有时甚至是极大的不同。这样的虚拟人物形象与虚拟服装的设计尺度变得很宽泛（图8-22）。这两类虚拟表现的作用如下：

图8-22 网络虚拟人物形象——与现实生活中的人类在形象上可以有很大的差别，人物名称也是虚拟的，不受现实生活的起名限制，这种极大的宽松度是现实生活与现实服装设计无法企及的（左图为换装前造型，右图为换装后造型）

1. 网络试衣中的服装虚拟表现

网络试衣即3D试衣(三维试衣),与网上虚拟服装店相辅相成,为大众提供一种崭新的服装选择平台。三维试衣的服装设计虚拟表现不仅让用户体验服装试穿的乐趣,还成为个人形象设计的平台(图8-23)。

图8-23 "3D互动虚拟试衣间",用户站在屏幕前即可投影3D服装形象,对购物有更直观的感受,衣服合不合身一目了然

2. 网络游戏中的服装虚拟表现

网络游戏是通过互联网连接进行的多人游戏,所有参与游戏的人都会有一个在网络上的虚拟身份与虚拟人物造型。这个虚拟人物的着装就是网络游戏的虚拟服装。虚拟世界中的虚拟服装具有增强战斗力或增加技巧的功能,这些功能超出了现实服装所具有的审美与实用功能,是现实服装所不具备的,也是虚拟世界中最受欢迎的功能(图8-24、图8-25)。

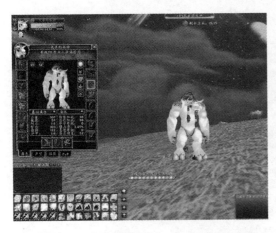

图8-24 虚拟世界中的虚拟服装——尚未穿着衣服的虚拟人物

图8-25 虚拟世界中的虚拟服装具有增强战斗力、增加技巧的功能——图中可见,穿着飓风盛装(含手套、外套、头饰、褶裙、肩垫)后,虚拟人物增加了740护甲、42耐力、40智力、161点治疗效果、5秒11点法力回复等基础属性和法术属性

第三节　服装设计表现的流程

从设计构思到面辅料选择,再到结构设计直至样衣制作,都属于服装设计的内容。它是艺术创作和工艺实践相结合的过程,这个过程按照相对稳定的程序进行。

一、服装设计表现的基本流程

服装设计表现的基本流程与服装设计的流程相对应。设计是一个需要不断进行信息表达与传递的过程,所以设计表现是伴随着设计而行的(图8-26)。

(一)明确设计任务

服装设计目的不同,设计要求相差也很大。设计任务需要以纸面的形式确定下来,一方面可以作为后面工作的一项准则,不致发生设计方向的背离,另一方面有利于工作团队进行工作时方向一致、统一步调。

(二)确定设计主题

现代服装设计的取材十分广泛。挖掘创作题材,寻求创作源泉,启发设计灵感是服装设计师的一项基本专业素质。

设计主题是在选择题材的基础上取其题材的集中表现特征而实现的。主题是服装的核心和灵魂,也是构成流行的主导因素。主题明确后,服装设计师需要围绕主题对服装的各方面进行构思。包括:

(1)主题倾向——即题材风格,如阿拉伯风格或热带雨林情调等。

(2)风格趋向——即主题倾向和时代、流行时尚的结合,如浪漫风格、田园风格等。

(3)灵感启发——选取主题的"形"或"神",考虑如何将之在服装上进行表达。如以图案的形式表达民族韵味、以造型表达设计的建筑感等。

(4)设计要点——确立服装的造型和工艺技法的运用。如局部造型,选择扎染或刺绣工艺等。

另外,对服装面料、色彩图案、服饰配件等方面

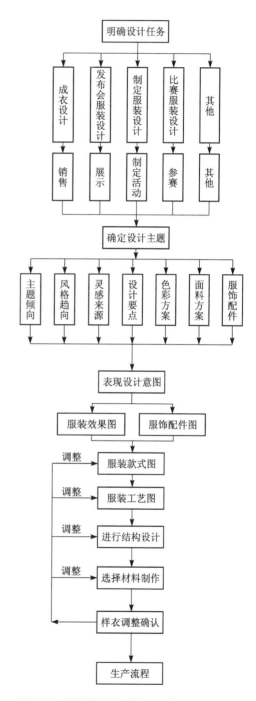

图8-26　服装设计表现的基本流程

221

都要进行全面细致的构思以达到突出主题的目的。这一环节要以确定的版面进行表现。通常这些版面被称为灵感版、色彩版、面料版、细节版等等。这些版面由精心选择的图片、色块、面料小样等内容构成。

（三）表现设计意图

这一阶段要把前面的工作中所酝酿的想法转化为实际的服装。在此阶段需要进行服装设计效果图、服装款式图、服装工艺图、服饰配件图的绘制以及相关文字说明的标注。

（1）绘制服装效果图——把服装与人体相结合，以服装设计师习惯的绘画方式进行表现。根据设计任务以单款或是系列的形式进行表现。

（2）绘制服装款式图——将服装款式进行展开，此时可剥离服装的面料与色彩以及与人体的结合，着重表现服装设计的两维图形特征，绘画清晰明了。要标明服装号型和主要尺寸，并贴上面料小样。

（3）绘制服装工艺图——不需画出所有的工艺，对常用的工艺进行简单文字说明，对于特殊工艺处理，或者新创造的工艺处理手法需详细图解，必要时配上文字说明。

（4）绘制服饰配件图——在整套设计或者系列设计中出现配件设计时，如腰带、帽子、拎包、鞋子等要详细画出造型及细节，标明颜色及所用材料。

（四）进行结构设计

这个环节是将服装设计效果图转化为合理的空间关系，一般有平面分解衣片（即打板）和立体裁剪两种方法，可能只选其一进行，也可能两种方法相结合进行，要根据款式特点来选择合适的方法。结构设计是整个设计的过渡环节，是款式设计成败的关键所在。

（五）选择材料制作

在这一阶段，服装设计师要选择恰当的材料进行服装的实物表现，包括面料、拼接材料（如果需要）、辅料、填充料等几乎所有细节。材料选择完成后就可在样衣工的配合下进行实物制作了。制作过程一般是样衣工完成，但服装设计师需要在此过程中进行指导和确认。

（六）调整确认样衣

对样衣的调整和确认包括外观效果和穿着舒适度两个方面。

对于外观效果的确认，包含两方面内容：一方面看样衣由试衣模特穿着后的效果如何，是否达到了设计的预想效果。此时，服装设计师需要对如衣长、袖长、胸围、口袋大小、图案位置等细节进行确认，尽可能完美地实现设计意图；另一方面征求样衣工的意见，看在实现这种外观效果的过程中是否有很困难的工艺环节。如果存在这样的环节，就有可能不适用于批量生产，也有可能虽然在技术上可以进行批量生产但成本过于昂贵。这两种情况都需要进行工艺调整，此时，服装设计师就要对原设计进行调整。

对穿着舒适度的确认由试衣模特试穿后提出，如是否有紧绷感、行动时的束缚感、面料对皮肤造成的刺痒感等等。这些不舒适的感觉要服装设计师与打板师共同研究，找出问题症结所在，同时听取样衣工的意见以解决问题。

对这一环节中出现的问题，调整后需要再次封样以进行检验，直至问题都得到纠正与解决，设计才算基本完成。

当以上步骤都完成，服装设计表现的基本流程就完成了，下面的工作则分别交给生产和销售部门。

二、服装设计表现的特殊流程

服装设计是一项技术与艺术相结合的工作,既具有技术的严密性与逻辑性,又具有艺术的突发性。操作过程的一些特殊情况也会使得服装设计表现流程发生变化。这时的设计表现流程不同于上述流程,属于特殊情况下的特殊流程。

有时,服装设计师在特定的情境下受到启发,灵感突现,需要立刻进行设计表现以记录当时的感受。此时的设计表现跳过了明确设计任务与选择设计主题的环节,直接进入到设计意图表现的环节。这种由突如其来的激情创造出来的设计可能无法直接转化为服装,尤其在成衣设计中,需要为这种激情转化出的服装款式寻找合适的定位。根据此时的设计上溯到设计主题的环节,提出一个主题,明确这个主题之后继续向下进行系列款式的开发;也可能由此题继续上溯到设计任务,将这个主题转化为一项明确的设计任务;或与已有的设计任务相合并,使已有的设计任务得到丰富;或使处于搁浅状态的设计任务得以继续。在这些情况下,设计表现流程发生了颠倒:先有设计稿、再推出设计主题、再引发设计任务,这是很特别的一种方式,是由服装设计的艺术性所导致的(图 8-27)。

有时,服装设计表现会从表现流程的某一个环节切入。如已进入销售环节的服装中,有的单款销售很好,可以此为设计出发点,进行款式拓展与种类延伸。此时的设计表现无需再进行设计任务与设计主题的讨论。在现有款式上结合市场反馈信息直接进行款式的变换。这时的设计表现可直接进入到服装款式图绘制的阶段,服装设计效果图可以省略,因为面料与制作效果已是明确可见的(图 8-28)。

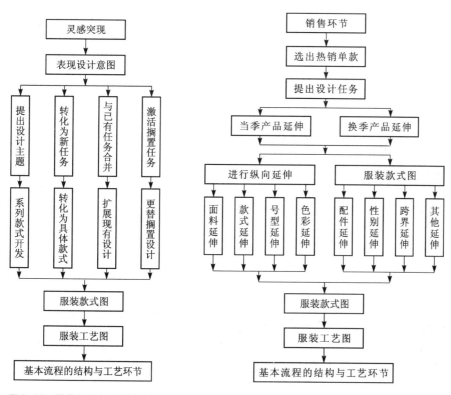

图 8-27　服装设计表现的特殊流程 1　　图 8-28　服装设计表现的特殊流程 2

有时,设计表现可以直接制作的方式进行。服装设计师有时需要对一些现成的物品进行改造,而这种改造的效果事先不能预知,需要在改造的过程中渐渐看到效果。如面料的破坏处理、特殊材料的堆砌等等,这时的设计表现与制作融为一体,制作过程就是设计表现过程,制作完成之时就是设计表现完成之时。

第四节　服装设计表现的选择

从设计表现方式的变化上,我们可以把服装设计大致分为初期、中期、后期三个主要阶段。在这三个阶段中,服装设计的表现因表现内容和重点的不同而不同。

一、服装设计初期的表现

服装设计初期是指设计的构思阶段,这一阶段的重点在于对将要进行的服装设计提出构思与设想,要以清晰明确的形式将服装设计的概念、内容准确的表达出来。服装设计的构思与设想是一些概念性的意图、含义、感觉等等,对这些内容的表现以文字、照片、图片、表格等形式为主。

各种内容的图片、照片可以用来传达设计灵感来源、表明色彩感觉、说明色彩方案以及服装设计细节所需的元素(图8-29～图8-32)。表格用来对后阶段将要进行的服装款式设计进行具

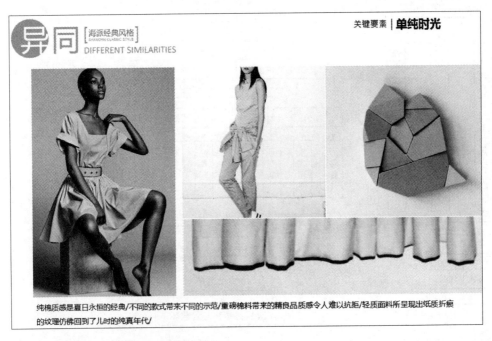

图8-29　服装设计的初期表现之灵感版

体的分类、归纳,使整个服装设计计划合理有序、一目了然,还可对整个服装设计计划进行进度安排。文字可对整个服装设计计划或项目进行提纲挈领的说明,对图片、照片进行解释,还可以对服装设计细节进行注释。

图 8-30　服装设计的初期表现之色彩版

图 8-31　服装设计的初期表现之主题版

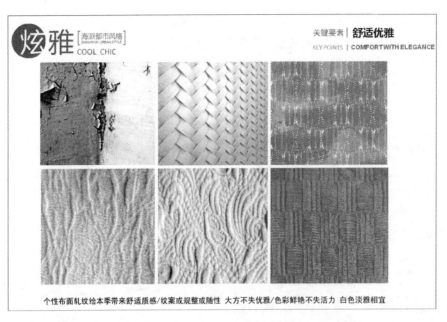

图 8-32　服装设计的初期表现之面料版

二、服装设计中期的表现

服装设计的中期是整个服装设计的核心阶段,在这个阶段要将初期的设计构思与设想落实为确定的款式,并将款式以服装效果图的形式绘制出来。

以商业销售为目的成衣设计多选择以固定人体姿态为主的服装效果图绘制,一方面便于快速出图,提高设计效率,一方面有利于团队合作。服装设计表现以画面简洁、描绘准确、细节交代清晰为好(图 8-33)。

图 8-33　服装设计的中期表现之商业用途

以参加服装设计大赛为目的的服装设计适合以画面效果更丰富的设计形式来表现。此时的设计表现既要以优美的画面效果传递设计者优秀的绘画才能，又要以准确细致的服装款式表达设计师独特的设计思路。

以展现服装设计师艺术才华为目的的服装设计需要以具有强烈绘画感的服装效果图进行表现，更为强调画面效果的装饰性(图8-34)。

三、服装设计后期的表现

服装设计后期进入实物制作与调整的阶段，这一阶段服装设计的表现并不因服装实物的制作完成而结束。在服装设计的后期存在着两个方面的设计表现。

一方面，要对初步完成的服装设计稿(即服装效果图)进行调整与修改。此时的调整与修改源于两种可能:一是服装设计稿未能准确传达服装设计师的设计构想，与设计师脑海中的构想有出入，这需要对服装效果图进行修改直至真实地体现设计构想。二是服装设计稿的表现效果与服装设计师的构想虽然一致，但是设计效果却并不好，这就需要对设计本身进行调整。这种调整往往直接对服装效果图进行修改，很少会退回到设计的初期阶段进行修改调整。

另一方面，如果服装设计的中期阶段完成的服装效果图本身没有问题无需修改，那么根据效果图的结构设计与样衣制作就将继续进行直至完成。当样衣被确认后，设计表现的工作是将确认的样衣进行归档整理编号，绘制平面款式图存入款式档案，并在样衣的衣架或外袋上贴上服装效果图或服装款式图，标明设计编号(图8-35)。

服装设计后期的表现虽然没有中期表现效果那样丰富多彩，显得单调平板，更具有程式化的意义，但它是商业化服装设计流程中重要的一个环节，为接踵而来的服装生产环节、销售环节做好准备，不可马虎。

图8-34 服装设计的中期表现之展示才华

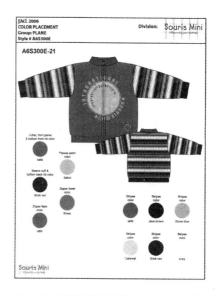

图8-35 服装设计的后期表现之单款归档

四、设计表现流程的选择

服装设计表现流程并非不可更改。上述的服装设计的前期、中期、后期是一个具有普遍性的设计过程。当服装设计流程与这三个阶段相吻合时，适用服装设计表现的基本流程;当服装设计的流程不是按照这三个阶段的顺序进行时,服装设计的表现流程就会发生相应的变化,会用到服装设计表现的特殊流程。一般来说,对设计表现流程的选择主要依据设计表现的目的和用途进行。

以参加服装设计大赛为目的的设计,其设计表现的目的是要在众多的参赛稿件中引人注目,吸引评委目光,赢得入围机会。这时的设计表现要根据常用流程来进行。在未能入围的情况下,设计表现截止到服装效果图的完成与面料小样的选取。如果进入了决赛,那么还需要将后续流程继续,直至服装实物制作完成。

以成衣销售为目的服装设计,其设计表现的目的在于真实反映设计意图,为工业化生产提供尽可能详实准确的细节。此时的设计表现流程要把基本流程贯彻到底,直至样衣确认完成。在此情形下会用到设计表现的特殊流程,如在季节中临时添加的设计款式,就会用到特殊表现流程。

本章小结

服装设计表现的内容包含服装的款式、色彩、材质等这些内容。

服装设计表现的目的是采用最佳的表现方式,完全传达和展示出服装设计师的设计思想和设计概念。

服装设计表现的作用在于:把服装设计师的构想具体、形象地表现出来为整个设计环节的每一步骤提供工作依据;传播服装流行信息;作为绘画艺术的一个支流丰富了艺术审美形式,反映时代人物风貌和社会风俗;是服装设计师在生活中收集素材、记录灵感瞬间、进行设计积累的一种最简便的手段。

服装设计的常用表达方式分为现实表现和虚拟表现两大类。服装设计表现的流程分为基本流程和特殊流程。在服装设计的初期、中期、后期三个阶段,服装设计表现的内容和重点不同。对服装设计表现流程的选择主要依据服装设计表现的目的和用途进行。

思考与练习

1. 服装设计的虚拟表现与现实表现各有什么优劣之处?
2. 为什么服装设计师必须具备服装设计表现的能力?

第九章
服装设计的标准

我认为艺术就是控制，是控制与失控的交界处。

  ——维维安·韦斯特伍德（Vivienne Westwood，1941 年，英国，著名服装设计师，Vivienne Westwood 品牌创始人）

第一节　服装设计标准的定义

　　国际标准化组织（ISO）的标准化原理委员会（STACO）对"标准"的涵义作出这样的解释：标准是由一个公认的机构制定和批准的文件，对活动或活动结果的规则、导则或特殊值进行规定，供共同和反复使用，以实现在预定领域内最佳秩序的效果。

　　服装设计本身具有广义与狭义的定义，服装设计的标准也可分为广义的标准和狭义的标准。服装设计的广义与狭义可以根据服装设计师对服装实现的整个过程的参与程度进行划分。

　　在整个服装实现的过程中，服装设计师参与度最高的是服装款式的设计及服装效果图的绘画的环节，这阶段工作是服装设计的核心内容。其次是初期的设计策划、设计任务与设计主题的提出与确认的环节。再者是服装的结构设计与工艺设计与制作的阶段，这个环节以打板师和样衣工为工作的主要对象，服装设计师也需要较多地参与。在后期的生产、销售阶段，服装设计师的参与程度会降低许多。

一、广义定义

　　广义的服装设计包含从最初的服装设计的构思到最后的服装产品的完成，以及相关的服饰配件的设计。广义的服装设计标准包含这整个过程中每一个环节的标准。从服装设计主题提出的标准、到服装款式设计的标准、再到服装结构设计的标准、面料裁剪的标准、直至样衣加工的标准、服装号型的标准、成品包装的标准、甚至于服装在店面摆设的标准、橱窗出样的标准、款式之间交叉搭配的标准、产品样册的标准等，但凡与服装设计师的工作相关的内容需要遵守参照的标准都可包含在广义的服装设计标准中（图9-1～图9-3）。

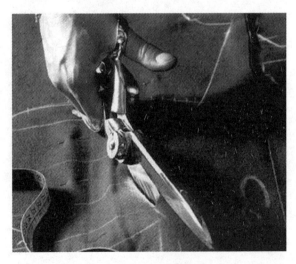

图9-1　广义的服装设计标准之面料裁剪

图9-2　广义的服装设计标准之成衣生产

图9-3 广义的服装设计标准之出样展示——优衣库

图9-4 狭义的服装设计标准之设计图稿——伊夫·圣·洛朗的设计手稿

二、狭义定义

狭义的服装设计是指由服装设计师自主独立完成的环节,就是指核心部分的服装款式设计,包含面料选择与色彩的确认。在这一定义下的服装设计标准是指服装款式设计的审美标准与设计图稿的标准(图9-4)。

第二节 服装设计标准的内容

标准可分为"硬性标准"和"软性标准"。"硬性标准"需要经过与该事物相关的机构进行协商,取得一致意见,再由其主管部门批准,然后以特定形式发布。作为所有参与者共同遵守的准则和依据,是必须遵守的。"软性标准"则是一种推荐性标准,是参照执行的。服装设计既有必须严格执行的"硬性标准",也有可根据实际情况自由变化选择参照的"软性标准"。"硬性标准"是为了保证服装产品生产达到其作为商品的要求,"软性标准"是服装产品作为艺术设计作品要达到的艺术标准。

一、硬性标准的内容

服装设计的硬性标准是服装设计过程必须遵守的,是国家主管部门根据现有条件,依据科学技术和生产试验的综合结果,在充分协商的基础上,对有关服装产品的技术指标作出统一规定,并经过一定的标准程序颁发的技术法规(图9-5)。根据标准的内容可分为技术标准、生产组织标准、经营管理标准。根据标准的级别可以分为国家标准、部颁标准、企业标准三类。从服装设计的流程角度来看服装设计的硬性标准主要应用在结构制图标准、生产工艺标准、服装号型标准三个方面。

图9-5 服装设计的硬性标准——技术法规

（一）结构制图标准

服装结构制图是对标准样板的制定、系列样板的缩放起指导作用的技术语言。结构制图标准包含制图规则和符号，这些严格的规定保证了制图格式的统一和规范。

1. 制图规则

服装制图规则中规定了结构制图的先后顺序，如先画衣身，后画部件；还规定了结构制图的种类，如毛缝制图、净缝制图等。在制图规则中，对结构制图的比例、图形及线条的画法、字体、尺寸标注等细节都有细致的标准。

（1）比例

在同一结构制图中，各部件应采用相同的比例，并将比例填写在标题栏内；如需采用不同比例时，应在每一部件的左上角标明比例，如：M1：1、M1：2等。

（2）图线

裁剪图中所用到的线形及代表涵义见表9-1。

表9-1 图线画法及用途 单位：mm（毫米）

图线名称	图线形式	图线宽度	图线用途
粗实线	————	0.9	服装和零部件轮廓线；部位轮廓线
细实线	————	0.3	图样结构的基本线；尺寸线和尺寸界线；引出线
虚线（粗）	– – – – –	0.9	背面轮廓影示线
虚线（细）	- - - - - -	0.3	缝纫明线
点画线	–·–·–·–	0.9	对折线
双点画线	–··–··–··	0.3	折转线

在同一张图纸中同类线的粗细应一致。虚线、点画线及双点画线的线段长短和间隔应各自相同，点画线与双点画线的两端是线段而不是点。

（3）字体

在服装及购置途中需要对各部位进行标注，标注时所用的文字、数字字母均有要求，应该做到"字体工整、笔画清晰、间隔均匀、排列整齐。"字体高度(在制图中用"h"表示)应为:1.8 mm, 2.5 mm,3.5 mm,5 mm,7 mm,10 mm,14 mm,20 mm。如需再大的字体,其字体高度仍需保证按比例增加,在这里字体高度代表字体的号数。汉字应写成长仿宋体字,全部采用中华人民共和国国务院公布推行的《汉字简化方案》中规定的简化字。汉字高度不得小于3.5 mm,字体宽度一般为$h/1.5$。

字母和数字可以写成斜体和直体,斜体字字头应该向右倾斜,与水平基准线呈75°,用作分数、偏差、注脚等的数字及字母,一般采用小一号字体。

（4）尺寸

基本规格:服装各部位和零部件的实际大小以图样上所注的尺寸数值为准。图纸中(包括技术要求和其它说明)的尺寸,一律以cm(厘米)为单位。服装制图部位、部件的每个尺寸一般只标注一次,并且需要标在该结构最清晰的图形上。

尺寸线画法:尺寸线需用细实线绘制,两端箭头应指到尺寸界线处。制图结构线不能代替尺寸标注线,一般不得与其它图线重合或直接画在其延长线上。

标注位置:标注直距离尺寸时,尺寸数字应标在尺寸线的中央,如直距离位置较小标不下,可将轮廓线的一端延长,另一端将对折线引出,在上下箭头间的延长线上标注尺寸数字。标注横距离尺寸时,尺寸数字应标在尺寸线的上方中央。横距离位置较小标不下时,需用细实线将其引出,在角的一端绘制一条横线,尺寸数字就标注在该横线上。尺寸数字线不可被任何图线穿过,若无法避免,须将尺寸数字线断开,用弧线表示,尺寸数字就标注在弧线断开的中间位置。

界线画法:尺寸界线用细实线绘制,可利用轮廓线引出细实线作为尺寸界线。一般应与尺寸线垂直。(弧线、三角形和尖形尺寸除外。)

2. 制图符号

在制图中用文字标注服装部位会占据很大的位置,导致图形混乱,并且受到语言限制,不具有通用性。在结构制图中,主要部位用代号表示。

3. 制图工具

常用的结构制图工具包括:米尺、角尺、弯尺、直尺、三角尺、比例尺、圆规、分轨、曲线板、自由曲线尺、擦图片、丁字尺、鸭嘴笔、绘图墨水笔、铅笔等。

还有样板剪切工具,包括:大头针、钻子、工作台板、划粉、裁剪剪刀、花齿剪、擂盘、人台(也称模型架)、样板纸等。

有时还需要绘制部件详图和排料图。部件详图是对某些缝制工艺要求较高、结构较复杂的服装部件进行补充说明,以便缝纫加工时进行参考。排料图是记录衣料辅料画样时样板套排的图纸,可采用人工排料与计算机辅助排料两种方式进行套排,将其中最合理最省料的排列图形绘制下来。排料图可采用10:1的缩比绘制,图中须注明衣片排料时的布纹经纬方向,衣料门幅的宽度和用料的长度,必要时还需注明该衣片的名称和成品规格尺寸。

（二）生产工艺标准

生产工艺标准是根据不同品种、款式和要求制定出特定加工手段和生产工序的标准。服装行业生产具有多品种、小批量、周期短的特点。生产工艺标准的科学性直接影响到生产效率和生产质量,对服装档次的高低会产生不小影响(图9-6)。

图9-6　生产工艺标准直接影响到服装档次的高低

1. 上衣外观质量标准

（1）领、驳头部位：领头外观平整、伏贴，驳口部位顺直，不荡开。驳头部位窝服，领里不外露，装领线正确，左右领角、驳角的造型、条格、丝缕一致，装领的衣身周围部位平服，驳折线要设计到第一粒钮眼上方1 cm处，驳折线齐整。领后部与衣身条格对齐，或左右领之间对称，翻领部位很好地覆合在衣身上，不能露出底领部位。

（2）袖子部位：袖山、袖窿对位记号准确吻合，袖子下端以基本遮住腰袋大小的一半为准。左右两袖装袖位置一致，缩缝量相同。有对条格要求时，袖窿1/2以下部位的袖子与袖窿须对上条格，装袖后袖子造型前圆后登，袖山饱满，缩缝量均匀，前后偏袖缝平整。

（3）肩、摆缝部位：肩缝顺服无多余皱褶，近颈部作出贴合颈部状态，摆缝平整挺服。

（4）止口部位：止口挺直不弯曲，平薄、窝服，挂面内外平服，穿着后止口不搅、不豁。

（5）胸、袋部位：胸部挺服、饱满，覆衬时面与衬相符，不壳不噎，丝缕顺直；胸省两省尖不起壳，无皱褶。口袋里外匀，造型美观，位置正确。

（6）后背部位：后领窝不起涌，底边不起翘，衣身无斜形皱褶，袖窿旁平顺，省道平服。

2. 上衣操作质量标准

（1）领、驳头部位：领衬裁准，底领归顺，领里车缝（或手针）里外匀，领面驳头吃势均匀，装领时前后领口不拉回。

（2）袖子部位：袖子大小和袖窿相符，丝缕归正，山头缝缩量均匀，偏袖缝上段10 cm处不拉回，前偏袖缝中部拔宽，后偏袖缝中部归拢，装袖前圆后登，男装后背平顺。

（3）肩、摆缝部位：车缝肩缝时，将前肩缝略拉宽，后肩缝中段稍归拢，吃势均匀，对准前后省道，绲线顺直、齐整。车缝摆缝时，在后片上摆缝（约10 cm）和下摆缝胖势部位要略微归拢、烫圆。后背袖窿上段略微拉上推归，将推归的多余部分并入肩缝，推出肩胛骨胖势，形成登状。

（4）前胸部位：推门要足，前胸袖窿部位略归进，胸部止口撇门归直，臀围丝缕推圆归正。丝缕正，面布和衬布受热相符，不紧不翘作出里外匀。

（5）口袋部位：口袋位置准确,贴袋角方正圆顺,嵌线宽窄相同,手巾袋两头方正,条格与衣身对准。安装窝服。

3. 下装外形质量标准

（1）衣缝部位：四缝对齐无吊链,后缝不紧不松,左右衣身一致。

（2）脚口、裙边部位：卷脚不兜位,宽窄相同,并略有翘势。脚口大小一致,裙边顺直。

（3）腰头部位：腰头挺括顺直,不回口、不过紧,前裥后省左右对称。

（4）口袋部位：袋势不外露,侧缝顺直,袋口平服不回,封口齐整,袋角不毛。

（5）门襟部位：门、里襟的弯度与裤角窿口弯度相符。门、里襟长短一致,无宽紧,窿门圆顺。

4. 下装操作质量标准

（1）缝份部位：前身裤片的侧缝袋口归直,牵带略敷紧;前裆缝胖势归直归拢,脚凹处两边略拔开。后身裤片的下裆缝中裆拔出,上臀围处向上拉开、突出。下裆缝10 cm处不回,回势归向挺缝处。侧缝处把胖势归进,中间拉出、归直。后裆缝弯势归正,脚凹处略归拢。侧缝、裆缝和后缝缉线齐整顺直,不松不紧,不弯曲。

（2）腰头部位：腰头顺直,里外挺服,做出圆头。装腰头时,省、裥不能拉回,左右宽窄相同。

（3）口袋部位：前袋口胖势略推呈直形,敷上牵带,臀围线下段袋口做成直形,袋止口缉线齐直,宽窄一致。车缝上段侧缝时将袋口略微拉紧。后袋弯势做顺,袋口封口不毛。

（4）门襟部位：门襟里襟弯势裁准,车缝门襟时,裤身门襟不能拉回。后窿门弯势烫卧烫服、归正。

（三）服装号型标准

号型标准是通过对全国男子、女子、儿童不同体型的普遍测量,采用其平均数制定的服装尺码标准。号型标准有助于成衣尺码的制定,也有助于消费者根据自己的体型选择合适的服装。

1. 号型定义

身高、胸围和腰围是人体的基本部位也是最具有代表性的部位,用这些部位的尺寸来推算其它部位的尺寸,误差最小。GB/T 1335—1997[①]标准中确定将身高命名为"号",人体胸围和人体腰围及体型代号为"型"。不管是国产服装还是进口服装,在中国销售的服装都必须按我国的服装号型标准 GB/T1335 标注号型。

"号"指人体的身高,是设计服装长度的依据。人体身高与颈椎点高、坐姿颈椎点高、腰围高和全臂长等密切相关,并随着身高的增长而增长。例如在国家标准中男子145 cm 颈椎点高,66.5 cm 坐姿颈椎点高,55.5 cm 全臂长,103 cm 腰围高,只能同170 cm 身高组合在一起,不可分割使用。

"型"指人体的净体胸围或腰围,是设计服装围度的依据,与臀围、颈围和总肩宽同样不可分割。例如在国家标准中男子88 cm 胸围必须与36.4 cm 颈围、44 cm 总肩宽组合在一起,68 cm、70 cm 腰围必须分别与88.4 cm、90 cm 臀围组合在一起。

---

① GB/T 1335—1997：国家标准,分为男子 GB/T 1335.1—1997、女子 GB/T 1335.2—1997、儿童 GB/T 1335.3—1997,由中国国家技术监督局1997 年11 月13 发布,1998 年6 月1 日实施,规定了男子、女子、婴幼儿和儿童服装的号型定义、号型标志、号型应用和号型系列,适用于成批生产的男子、女子、婴幼儿和儿童服装。男子与女子的国标于2009年8 月1 日作废,分别被 GB/T 1335.1—2008(男子)和 GB/T 1335.2—2008(女子)替代,儿童的国标于2010 年1月1 日起作废,被 GB/T 1335.3—2009 替代。——著者注

2. 体型组别

根据人体的胸、腰围差,即净体胸围减去净体腰围的差数,我国人体可分为四种体型,即 Y、A、B、C。根据胸、腰围差数的大小来确定体型的分类代号,如某男子的胸腰围差在 22~17 cm 之间,则该男子属于 Y 体型;如某女子胸、腰围差在 8~4 cm 之间,则该女子的体型就是 C 体型,如表 9-2 所示。

表 9-2 我国人体四种体型的分类　　　　　　单位:cm

体型分类代号	男子:胸、腰围差	女子:胸、腰围差
Y	22-17	24-19
A	16-12	18-14
B	11-7	13-9
C	6-2	8-4

号与型分别统辖长度和围度的各大部位,体型代号 Y、A、B、C 则控制体型特征,因此服装号型的关键要素为:身高、净胸围、净腰围和体型代号。

与成人不同,儿童身高处于逐渐增长中,胸围和腰围等部位处于不断发育变化的状态,不划分体型。

3. 中间体

中间体是根据大量的实测人体数据,通过计算求出平均值。它反映了我国男女成人各类体型的身高、胸围、腰围等部位的平均水平,具有一定的代表性。在设计服装规格时必须以中间体为中心,按一定分档数值,向上下、左右推档组成规格系列。中间体的设置参见表 9-3。

表 9-3 男女体型的中间体设置　　　　　　单位:cm

体型		Y	A	B	C
男子	身高	170	170	170	170
	胸围	88	88	92	96
女子	身高	160	160	160	160
	胸围	84	84	88	88

4. 号型表示

号型的表示方法:号型之间用斜线分开或横线连接,后接体型分类代号,即号/型体型组别。例如:160/84A、160/80B,其中 160 表示身高为 160 cm,84 表示净胸围为 84 cm,A 表示体型代号即人体的胸、腰围差的分类代号(女子为 18~14 cm)。

套装系列服装的上下装必须分别标有号型标志。由于儿童不分体型,童装号型标志不带体型分类代号。

5. 号型系列

号型系列是指人体的号和型按照档差进行有规则的增减排列。

在国家标准中规定成人上装采用 5·4 系列(身高以 5 cm 分档,胸围以 4 cm 分档),成人下装采用5·4系列或者5·2系列(身高以5 cm分档,腰围以4 cm或2 cm分档)。在上下装配套时,上装可在系列表中按需选一档胸围尺寸,下装可选一档腰围尺寸,也可按系列表选两档或以上腰围尺寸。

儿童号型系列按身高分为两段制。一段是80～130 cm身高的儿童,身高以10 cm分档,胸围以4 cm分档,腰围以3 cm分档,组成上装10·4号型系列,下装10·3号型系列。另一段是身高135～160 cm的儿童,身高以5 cm分档,胸围以4 cm分档,腰围以3 cm分档,分别组成上装5·4系列和下装5·3系列。

6. 号型配置

服装企业必须根据选中的中间体推出产品系列的规格表,这是正规化生产的基本要求。在规格设计时,可根据规格系列表结合实际情况编制出生产所需的号型配置。常用的方式有:

(1)号型同步配置:一个号与一个型搭配组合而成,如:160/80、165/84、170/88、175/92、180/96。

(2)一号配多型:一个号和多个型搭配组合而成,如:170/84、170/88、170/92、170/96。

(3)多号配一型:多个号和一个型搭配组合而成,如:160/88、165/88、170/88、175/88。

在具体使用时,可根据地区人体体型特点或产品特点,在服装规格系列表中选择好号和型的搭配。对于号型比例覆盖率较少及一些特体服装的号型,可根据情况设置少量生产,以满足少数消费者的需求。[①]

二、软性标准的内容

服装设计的艺术性决定了在服装设计的过程中必然会有一些感性的因素和环节,服装设计的新颖性要求给服装设计师以尽可能大的自由发挥的创造空间,服装设计的针对性又需要服装设计师在一定的规则下工作。这些规则用于保证设计的创新型与针对性,主要包括款式造型标准和艺术审美标准两个方面。

(一)款式造型标准

服装的款式造型因服装的种类、功能、用途不同,标准也不同,加之受流行因素的影响,服装的款式造型几乎不能穷尽。在千变万化、层出不穷的时尚变换中,以人为本、为人体服务的设计宗旨不可更改。

首先,服装必须能够穿着在人体上,不能出现无法穿的衣服。因此,在设计上必须要考虑合理的开合部位,或者从结构的角度,或者从面料的角度保证服装的穿脱自如。门襟是服装上进行开合的重要设计,门襟的长短、位置都关系到穿脱的方便程度。门襟的造型、装饰、开合方式还要跟服装的整体风格相一致(图9-7)。

其次,服装必须具备基本的结构。如一件上衣需要包括一些基本结构,前后衣片、袖片、领片、口袋等。造型可以变换,尺寸可以夸张,但服装的基本结构必须存在。在进行衣片结构的组合变化过程中,也需要遵守一定的规范和标准,每个部位都要考虑到整体风格、与其他部位细节的协调性(图9-8)。

第三,服装款式造型必须具有可操作性,不能出现无法实现的设计。在进行服装造型、分割的设计时必须考虑结构、工艺上是否能够实现。

①　张文斌.服装结构设计.北京:中国纺织出版社,2006.

图9-7　服装应保证能够穿着——无论怎样的领部造型都必须保证能够顺利穿脱

图9-8　服装应具备基本结构——即使是走怪诞路线的服装也有着符合人体造型的结构(Alice Auaa 春夏时装发布秀)

　　第四,服装款式造型必须与现代生活相适应,不能出现脱离时代的设计。怀旧复古的设计绝不是把古代服装搬到现代来穿,先锋前卫的设计也并非让人找不到服装的感觉(图9-9)。

　　第五、服装的外轮廓线、局部造型、线迹(结构线、分割线、装饰线)的变化要一致,不能出现简单拼凑的设计。用以造型的线条要风格统一、给人以协调、美观的视觉效果(图9-10)。

图9-9　服装必须与现代生活相适应——方便穿着与生活的款式成为主流(Catherine Malandrino 春夏 RTW 时装发布秀)

图9-10　服装的变化要一致——衣身上出现多处分割与镂空,其线条始终保持为弧度接近的圆弧形(Zimmermann 春夏 RTW 时装发布秀)

总体而言,服装款式造型的要求是外部造型做到新颖、典雅、美观、优质、实用、系列化,有利于结构实现;内部结构要做到工艺性能良好,便于加工制作,标准化、通用化,有利于发挥设备优势。

(二)艺术审美标准

服装设计的艺术审美标准包含了艺术美和流行美的双重内涵。

在现代服装设计中,服装的艺术美如同其它视觉艺术形式一样,要符合基本的美学原则。从服装的款式、色彩、面料、装饰细节到服装配件、穿着搭配方式都要符合这些原则,如协调、比例、均衡、强调、对比、视错等。在这些服装的各要素符合美学原则的同时,服装还需表现人体之美,服装的艺术美是与人体相结合后的综合审美(图9-11)。

对于服装的流行美,是服装审美的另一个重要内涵。流行的东西必然带有鲜明的时代感和时髦性,这一点在女装中的表现尤为突出(图9-12)。服装领域向来崇尚流行意识,流行与时尚密不可分,在今天的时尚产业中,服装占据了相当重要的位置。服装的流行美包含了流行款式、流行色彩、流行面料、流行装饰等。人们对流行的追求反映了现代生活的审美特征。

图9-11 服装的艺术美是与人体相结合后的综合审美——贴体的造型、镂空的装饰与流线型的人体、健康的肌肤完美结合在一起,表现出高级定制的华美与高贵(Zuhair Murad 秋冬 CTR 时装发布秀)

图9-12 服装的流行美带有鲜明的时代感和时髦性——巴黎街头年轻女性的时髦穿着

第三节 服装设计标准的表现

服装设计的标准在服装设计的整个过程中起到指导、衡量、参照、比较的作用。无论是硬性的还是软性的服装设计标准,都是一些具体的文字、条例、条款,这些文字在服装设计过程中的具体体现就是服装设计标准的表现。从表现形态来看,可分为图稿和实物两大阶段。因这两个阶段的服装设计的表现形式不同,故设计标准的表现也不一样。

一、图稿标准

图稿是进行服装设计表现的重要文件。事实上,服装设计图稿的标准就是服装设计平面表现的标准。服装设计的平面表现分为服装效果图、服装款式图、服装工艺图。关于这三种图稿的内容、要求与作用在本书第八章已有详细阐述,此处不再赘述。

需要说明的是:这三类图稿的表现会随着服装企业的差异而存在差异。

每个服装企业的图稿设计标准都是由本企业自己制定的。因此,不同服装企业的图稿标准也存在着差异。这种差异的形成是多方面的,如企业设计主管或设计总监的设计表现风格往往会左右整个设计部门的表现风格。服装企业所经营的产品品类或风格的不同,在设计表现上也会形成差异,如男装企业与女装企业的设计图稿的表现就存在着差异。即使同为女装企业,以婚纱为主营方向的服装企业与以休闲装为主营方向的服装企业在设计表现的风格上也有很大差异。这些差异有时会对服装设计平面表现的标准产生一定的影响。

此外,服装企业的规模、企业文化等因素也会影响服装设计图稿的标准。总体而言,服装设计图稿都需要具备比例正确、结构清晰、明了易懂等通用标准。

二、样品标准

服装设计的样品即样衣,样衣标准中包含了如下内容:

(一)标准名称

标准名称应该能够简单明确地反映标准的主题,同时与其他标准相区别。

(二)适用范围

应该规定标准的适应范围或应用领域,必要时要特别注明不能使用的范围和领域。

(三)规格系列

在样衣的规格系列里应该包括:

(1)号型设置。号型规格的起讫、终止、系列数。

(2)成品主要部位规格。上衣至少要列出衣长、胸围、领大、袖长和肩宽五个部位规格;下装至少要列出裤长/裙长、腰围、臀围三个主要部位规格。

(3)成品测量方法及公差范围,测量方法具体明确,附有测量部位图。

(四)材料规定

严格规定服装所选主料与配料、里料、填充料、线料、垫肩、纽扣、拉链等的配合规定。

(五)技术要求

明确规定产品必须具备的技术性指标和外观质量等要求,包括:

(1)原材料经、纬向的技术规定,包括各部位经、纬向规定及允许倾斜程度;

(2)需要对条纹、对格子、对图案的规定及允许误差(图9-13、图9-14、图9-15);

(3)面料有明显倒顺差异的须进行倒顺向的规定;色差规定,包括各部位色差的允许范围,色差分级按《中华人民共和国国家标准染色牢度褪色样卡:GB 250—64》的五级标准;

图9-13　服装设计对条纹面料的要求——Akris 春夏 RTW 时装发布秀

图9-14　服装设计对图案的要求——Chanel 早春度假系列女装发布秀

图9-15　服装设计对格子面料的要求——Emporio Armani 春夏男装发布秀

（4）外观疵点允许存在的范围包括疵点名称及各部位允许存在的程度,应附疵点样卡或图片及部位划分图;

（5）允许对面料进行拼接的范围及程度;

（6）缝制规定,包括针迹密度、缝纫质量要求等;

（7）外观质量要求,包括部位的平挺、整洁、对称及折叠包装要求。

（六）等级划分规定

包括产品计算单位,成品质量分级标准等,其内容有成品规格、缝制、外观、色差、疵点等。

（七）检验规则

原定检验的项目和类别、检验工具、抽样或取样方法以及检验方法、检验结果评定等。

（八）包装及标志、运输、储存的规定

包装:规定包装材料、规格、包装方式和包装的技术要求（图9-16）。

标志:规定包装标志的内容、制作标志的方法及标志在包装上的位置等。

运输:规定产品的运输方式。

储存：规定产品的储藏、条件与要求。

图9-16　服装产品的包装——CHANEL 的各种包装

第四节　服装设计标准的影响因素

完全符合硬性与软性双重标准的服装设计是一种理想状态的设计,在实际的服装设计操作中,上述标准的实现程度会受到许多因素的影响。从宏观角度看,服装行业环境属于大的影响因素;从微观角度看,服装企业自身的结构、规模等属于小的影响因素。

一、服装行业环境因素

现代服装业和成衣生产体制是近现代工业革命和科学技术进步的产物。服装市场发展和需求的变化对服装业提出新的要求,推动着服装业的进步。

(一)服装产业链

服装产业链由一系列与服装设计、生产和销售密切相关的行业所组成,目的是为了向市场提供能满足消费者穿着需求的各种服装。这些相关行业从加工对象和加工技术的角度可分为:纤维加工业和制造业,棉、麻、毛纺织业,丝织业,针织业,印染业,服装成衣制造业等,还包括向这些行业提供技术、信息咨询、市场调查及商品企划等的辅助行业(图9-17)。

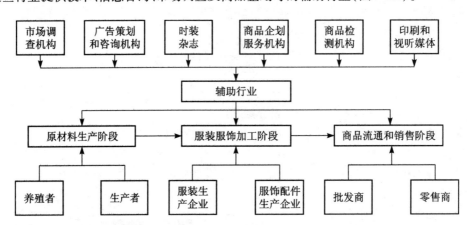

图9-17　现代服装产业链

(二)我国服装行业的特点

随着国内外服装市场的变化,我国服装行业发展表现出如下特点:

1. 在生产管理方面

许多有实力的服装企业引入 ISO 9000 系列质量体系认证和各类管理系统软件,内部管理趋于正规化、制度化和科学化。

2. 在产品开发方面

服装企业趋于系列化发展,依托品牌优势,实现虚拟扩张,产品横向延伸,并有向上游产业及相关领域延伸的举动。

3. 在营销管理方面

发达地区的企业普遍采取地区买断经销制、地区代理制、特许专卖、连锁专卖等方式,注重建立、完善销售网络以适应市场的变化。品牌得到越来越多的重视,利用品牌优势实现市场扩张成为新趋势。

4. 在信息收集方面

　　服装企业越来越重视市场及各类相关信息的收集工作,掌握各种机遇,开拓市场,满足消费者需求。

（三）行业环境对服装设计标准的影响

　　服装的行业环境是服装企业赖以生存的空间,服装企业对行业环境变化的应对措施之一是对产品执行标准的调整。当服装行业环境整体向上发展时,行业标准相应提高,服装企业的执行标准自然随之提高,反之亦然。

　　当行业处于较低发展阶段时,往往是整体经济环境不够好。行业整体处于不发达阶段,处在服装产业链上的每个部分的水准都不高,面料、加工、销售等等环节均处于相对较低水准。与此同时,从消费者角度看,人们对服装产品的需求也相对较简单,无论是款式的变化、面料的质地、还是工艺的质量均要求不高。面对这样的上下游状况,处于中间位置的服装企业自然也是在一种较低标准的状态下运行(图9-18)。

图9-18　当行业整体不发达,人们对服装产品的需求较简单——人们的着装有很多雷同之处,图为夏天的北京街头,1986 年

　　当行业处于蓬勃发展阶段时,行业环境日趋成熟,从面料到生产加工技术到销售方式都在不断的发展变化,消费者的着装意识与需求也变得细致、丰富。消费者的需求和品位开始成熟,消费水平和档次提高,出现多样化、个性化的趋势,并日益重视服装的社会功能,各类服装市场日趋细分化(图9-19)。在这样的环境下,服装设计标准必须提高以适应消费者日渐增长的服装需求。同时,随着服装行业的发展,与国际同行业的交流与接轨也使得服装硬性标准不断提高。

　　当行业处于成熟阶段,行业环境处于较高的水平,整个服装产业链的各个环节发展均衡。无论是原材料、加工工艺、销售、还是消费者的经济状况、审美意识、对服装的需求等各方面都十分成熟,服装市场竞争激烈,可供消费者选择的空间很大,此时的服装消费是多元化的需求,这时的服装设计标准是一种高标准严要求的状态。

图9-19　当行业蓬勃发展，各类服装市场日趋细分化——Ralph Lauren旗下的各个细分品牌

二、服装企业自身因素

由于服装企业在规模、所有制形式、经营方式、企业定位等方面的不同，企业间既有竞争，也有合作。在这样的复杂关系下，服装设计标准会受到本企业和竞争企业与合作企业等多方面因素的影响。

（一）服装企业的类别与特点

服装（制造）企业按经营特点可分为品牌经营型企业、生产销售型企业、生产加工型企业和销售经营型企业。

1. 品牌经营型企业

这类企业具有较强的产品设计开发能力，有自己的设计师队伍；产品定位较明确；有较强的原材料采购、生产和市场营销能力；有自己的品牌和销售网络；品牌有较强的竞争力和市场占有率；一般是业绩较好的大中型企业、三资企业和近年来成长迅速的私营企业。

2. 生产销售型企业

这类企业拥有少数设计师，有产品设计开发能力和采购能力；大部分企业市场营销能力较弱；有些企业有自己的品牌，但品牌定位不够清晰，竞争力不强；一般为处于成长初期的企业。

3. 生产加工型企业

这类企业有的规模很大；拥有先进的设备和工艺技术，产品做工质量很好；但设计开发和营销能力都很弱；有的甚至没有这方面能力，主要依靠接受贸易订单、来料来样委托加工生存。我国大多数外向型服装企业都属于这一类。

4. 销售经营型企业

这类企业有自己的品牌，有设计开发和市场营销能力；但没有自己的生产加工基地，他们通常自己设计开发产品，然后委托加工型企业生产，最后自己进行销售。

（二）服装企业因素对服装设计标准的影响

中国标准分为国家标准、行业标准、地方标准和企业标准四个等级。从原则上讲，在技术上企业标准要高于行业标准,行业标准要高于国家标准,在法律上也执行这个原则。从逻辑上讲,国家标准的执行保证产品的使用满足用户的基本要求,是最低要求,行业标准一般专业性更强,所以一般高于国家标准,因此企业标准高于国家标准和行业标准(至少有一项在技术上如此)。一般为了保证合格率和产品技术,企业的内控标准要高于企业备案标准。

在服装设计标准中,硬性标准就是指上述的四种标准。具体使用哪种标准要根据服装企业的规模、实力、战略发展方向由企业自主决定。对软性标准的制定与执行仍然因企业不同而不同。因此,服装设计的标准在每个服装企业中有着或大或小的差异。

根据服装企业的实力和规模,可以分为三种类型:强势企业、优势企业和弱势企业。

强势企业是市场的领先者,是市场占有率最高的企业。这类服装企业常常采用创新战略、强化战略、对抗战略以及困惑化战略等。这些战略的实施都必须在很高的服装设计标准下才可能得以实现。无论是新产品还是多样化的服装产品都需要在很高的软性设计标准下实现,而高品质的服装产品则必须有高的硬性标准进行保证。

优势企业是在强势企业之后,市场占有率处于第二、第三或第四位的服装企业。他们具有向强势企业挑战的实力。他们向市场领先地位的企业发起挑战,以图取而代之,提高自己的市场地位。为实现这一目标,这类企业会从产品、服务、销售、广告等多方面入手。其中与服装设计标准关系密切的有如下方面:低价销售战略、低价值提供战略、高级品战略、产品多样化战略、产品创新战略、制造成本降低战略。

这些战略都是在服装产品本身上下功夫,增强创意、增加品类、提高品质、降低成本等等,这些都必须在适当的服装设计标准下才可能实现。

弱势企业规模较小,常常是市场补缺者。这类服装企业将经营活动限定在特定的领域,以形成专业化技能,保持在特定领域与大企业竞争时的优势这类企业赖以生存的空间比较独特,因此,在其生存战略上多集中于市场特别化战略方面:最终用途特别化战略、特定阶段特别化战略、特定顾客专卖战略、区域特别化战略、产品线特别化战略、产品特性特别化战略、定制特别化战略、最高级品、最低级品特别化战略、服务特别化战略。

这些战略的针对性很强,都是针对特定顾客、针对特定区域、针对特定产品特性、针对特定服务等某一特定方向进行的。如此多的特别化需要针对性极强的服装设计标准进行保证,否则服装产品的特定将无从谈起。

综上所述,服装设计的标准是服装产品的标杆、是服装设计师工作的准绳、是服装企业控制产品的利器,这些标准既会随整个服装行业环境的改变而改变,也受服装企业的具体状况的影响。

本章小结

服装设计作为与工业化生产相联系的工艺美术设计,必须要遵循一定的技术与艺术标准。

服装设计的标准可分为"硬性标准"和"软性标准"。软性标准主要包括款式造型标准和艺术审美标准两个方面。服装设计的硬性标准包括结构制图标准、生产工艺标准、服装号型标准三个方面。

　　服装设计的标准在服装设计的整个过程中起到指导、衡量、参照、比较的作用。从服装设计的表现形态可分为图稿和实物两大阶段。

　　在实际的服装设计操作中,设计标准的实现程度会受到宏观和微观因素的影响,服装行业环境属于影响宏观因素,企业自身的结构、规模属于微观影响因素。

思考与练习

　　1. 在服装行业中,服装设计的硬性标准与软性标准如何相互协调,共同发挥作用?

　　2. 服装设计师如何处理服装设计标准与个人创意之间的关系?

服装设计的管理

在企业或企业的经营活动中，设计是一个必不可少的部分，但在企业或企业的整个经营战略中，它只是这个战略的一个部分，因此它必须像其它经营活动一样进行有效的管理，认识不到这一点，设计就有可能会失败。

——马克·奥克利（Mark Oakley，英国，著名设计管理专家）

第一节　服装设计管理的定义

将设计与管理的概念进行组合,就成为一个新名词:设计管理。对于设计管理的定义,不同的学者和专家给出了不同的定义。究竟是对设计进行管理,还是对管理进行设计;是对一项具体的设计工作进行管理,还是从企业经营的层面对设计进行管理,这就是设计管理的定义要解决的问题。

一、服装设计管理的定义

英国设计师米歇尔·法瑞(Michael Farry)1966年首次提出设计管理的概念,将设计管理视为解决设计问题的一项功能:"设计管理是界定设计问题,寻找合适设计师,且尽可能地使设计师在既定的预算范围内及时解决设计问题。"[①]

此后,英国伦敦商学院教授皮特(Peter)为设计管理做出定义:"从管理的角度看,设计是一种合作性的为使产品达到某种目标的计划过程。因此,设计管理是这个计划过程中的一个重要的也是最为核心的方面。"

曾任美国国际设计管理协会(DMI)[②]主席的帕沃先生(E. Power)把设计管理定义为"以使用者为中心,对有效产品、信息和环境进行开发、组织、计划和资源配置。"

还有许多学者和专家就这一新的概念提出自己的看法,综合这些定义及一些设计机构、管理咨询机构的看法,对设计管理可作如下描述:

设计管理研究的是如何在各个层次整合、协调设计所需的资源和活动、并对一系列开发策略与设计开发活动进行管理,达成企业的目标和创造出有效的产品。这一定义适用于所有的设计领域的管理。

服装设计管理是在服装设计活动中运用计划、组织、领导与控制等管理原则,发挥设计效能、提高设计效率,以确保服装企业有效的使用服装设计资源以达到企业目标。具体的服装设计管理包括界定设计组织、规划设计计划、制定设计规范、拟定设计程序、执行设计创意、评价设计成果等。整体的服装设计管理层级包括高层的设计政策管理、中层的设计策略管理、底层的设计组织管理以及设计执行层次的设计项目管理。

二、设计管理的历史

1907年,担任德国通用电气企业 AEG 设计艺术顾问的彼得·贝伦斯(Peter Behrens)对该企业的设计进行了一系列有效管理,如在设计上推进产品设计标准化,以有限的标准化零部件组合成多样化的产品从而降低成本,并使企业产品具有统一风格等措施。他的工作使 AEG 这样一个庞大而繁杂的企业体现出完整的形象(图10-1),可以看作设计管理的初级雏形,贝伦斯本人成为设计管理的先驱者。之后许多企业纷纷成立设计部门,许多设计师成为设计经理或设计

---

① 刘和山,李普红,周意华. 设计管理. 北京:国防工业出版社,2006.
② DMI:(Design Management Institute)国际设计管理协会成立于1975年,是一个国际性非营利组织,旨在提高作为经营战略的重要组成部分的设计意识。该组织以会议、研讨会、会员计划及出版物的形式提供极有价值的知识、工具及培训。——著者注

顾问,开始参与企业产品策划。

图 10-1 左图为德国现代建筑和工业设计管理的先驱——彼得·贝伦斯(Peter Behrens, 1868—1940),右图为贝伦斯于 1909 年设计的德国通用电气公司 AEG 的透平机制造车间与机械车间,在建筑上摒弃了传统的附加装饰,造型简洁,壮观悦目,被誉为第一座真正的现代建筑

第二次世界大战后,设计管理有了进一步发展,一些大型企业完善了自己的设计政策,在企业的设计体系和管理上取得很大成就,在设计管理理论上有了大量积累。以英国和日本为典型代表,英国的设计管理重在理论总结,日本的设计管理重在实践(图 10-2、图 10-3)。

图 10-2 mini cooper 的传奇——1956 年苏伊士运河爆发战争,石油危机笼罩英国,英国汽车公司(BMC)聘请著名汽车设计师伊西戈尼斯(Issigonis)设计一款经济型汽车。1959 年秋 Mini 面世:只有 3.9 米长的车身容纳了 4 张合适的座椅,横置发动机机械集中到人不需要用的地方——两个前轮之间以及后座地板下面。1962 年起,Mini 不断参加各种汽车比赛,多次获得冠军。这种车车轮才 25.4 厘米,技术落后的铁质发动机的功率又比别的汽车小得多,如何在比赛中把保时捷、富豪、福特等汽车甩在后面呢? 其奥妙来自于设计:巧妙的重心分布及适当的轴距和轮距。许多人曾试图使这种小车变换成一种"现代化的式样",都没有成功,因为伊西戈尼斯将 Mini 车的设计从一开始就考虑得十分周密,自成一体

图 10-3　日本设计师设计的椅子（A Studio）

　　1975 年，美国成立"设计管理协会"（DMI）研究企业如何有效利用设计资源，推广设计管理活动。

　　设计管理随工业发展日益受到重视，并得到有力实施。IBM、科勒（Kohler）、宝丽来（Polaroid）、西门子（SIEMENS）等大型企业都以自己的方式推行设计管理，在全球市场上不断取得成功（图 10-4、图 10-5）。

图 10-4　科勒（Kohler）

图 10-5　宝丽来（Polaroid）

1988 年,第一届欧洲设计大会把设计管理与设计本身并列,作为衡量企业成就的两个标准,强调了设计作为一项管理的重要性,而不仅仅是根据企业的一两件产品来评价企业。

三、服装设计管理的作用

服装设计师创造出的好的设计需要好的管理,好的管理使好的设计更上层楼,糟糕的管理对好的设计则是灭顶之灾。从宏观角度讲,服装企业从其产品到其企业形象,都包含在设计范围之内,设计成为企业的重要管理手段。从微观角度讲,服装设计过程是一项具有复杂性的系统工程,需要有效的管理以保证设计机制正常运转与协调。

作为服装设计与管理结合的产物,服装设计管理决定了服装设计与管理的发展方向,关系到服装设计的发展与服装企业的生产效益。通过有效的设计管理,服装设计师与企业管理者之间不断取得有效沟通,可使服装设计师的工作更加高效、也更切合服装企业发展的实际、更符合市场需求。

四、服装设计管理的体系

服装设计管理的范围与内容有着较大弹性,根据不同的管理活动与内容,可将服装设计管理的范围分成几个不同的层次,以使不同层次的管理人员在自己的职责范围内充分发挥对设计的管理作用。

高层设计管理是由服装企业高层设计管理者(设计总监、首席设计师)进行的设计政策管理,主要考虑如何使设计配合企业整体,使设计吻合企业目标。中层设计管理是由设计副总经理进行的设计策略管理,主要进行企业设计组织与位置规划、设计管理系统策划与介绍、设计标准的建立与维护。底层设计管理是由设计经理进行的设计行政管理,主要管理设计组织内的日常设计行政与企划设计项目的提案,负责的设计经理必须组织设计资源(包括设计人员、设计设备与设计组织内的设计系统），如图10-6所示。设计执行管理是由项目负责人进行的设计项目管理。服装设计执行根据设计程序可分为概念设计、具体化设计、细部设计、生产设计四阶段。这四个阶段都需要关注服装设计师的表现。

在具体的服装设计管理活动中，不同层次的管理者所涉及的管理范围与内容不同。许多情况下，服装设计管理的范围与内容受到服装企业组织层级结构、特征及服装设计组织的规模等因素的影响。

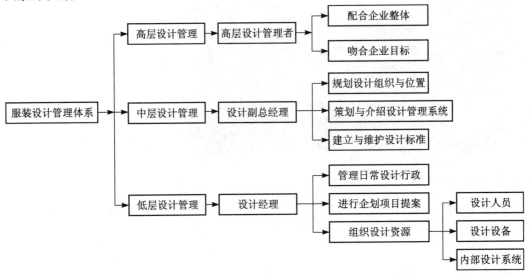

图10-6　服装设计管理体系

第二节　服装设计的项目管理

服装设计项目管理是服装设计管理的主要对象，它是在服装企业安排各种实际活动时，考虑服装设计在项目管理过程中所占的位置。

一、服装设计项目管理的内容

项目管理是在项目活动中运用知识、技能、工具和技术，以满足和超过项目管理人对项目的需求和期望，实现项目的目标。在由美国项目管理学会编写的项目管理知识体系指南（PMBOK）[1]中将项目管理划分为需求确定、项目选择、项目计划、项目执行、项目控制、项目评价和项目收尾七个阶段。

---

① PMBOK：美国项目管理学会在20世纪70年代末率先提出的项目管理知识体系（Project Management Body of Knowledge），简称为PMBOK。——著者注

（一）服装设计项目管理的定义

服装设计项目管理是以服装设计项目为对象的系统管理方法,通过寻找合适的设计师、制版师、财务人员、助理等建立一个临时性设计团队（设计小组）,对服装设计项目进行高效率的计划、组织、指导和控制,实现服装设计项目全过程的整合,对服装设计所需资源合理配置,对服装设计项目目标进行综合协调与优化。

服装设计项目管理的日常活动主要围绕服装设计项目计划、服装设计项目组织、服装设计项目监督、服装设计项目控制四方面内容进行。这四个部分相互交织、互动互生、不可分割。

（二）服装设计项目管理的特点

服装设计活动一般以两种方式进行,一种是企业内部设计部门自主进行的产品开发,另一种是委托服装设计公司、设计工作室或设计师进行产品开发。其设计项目管理具备一般项目管理的目标性、整体性、临时性等特点。主要表现在以下方面:

（1）服装设计项目管理的对象是设计项目。

（2）服装设计项目管理的过程贯穿着系统工程的思想。

（3）服装设计项目管理的组织具有特殊性。

（4）服装设计项目管理主要由服装设计项目经理执行,也称设计总监、设计总负责等。

（5）服装设计项目管理是一种多层次的目标管理。

二、服装设计项目的前期管理

从整个管理过程来看,可将服装设计项目分为建立与规划阶段的管理（称为前期管理）,执行阶段的管理（称为后期管理）。这两个时期的管理内容和工作重点不同,管理方式也不一样。

（一）服装设计项目的建立

服装设计产品开发的成功与否,很大程度上取决于服装设计项目建立阶段（可行性阶段）。服装设计项目的可行性评估是项目立项的主要依据,也是设计项目得以开展的可靠保证,主要包括以下内容:

（1）前期技术评估:评估技术可行性、勾画操作步骤、识别技术风险。

（2）前期市场评估:获得初步通过的市场研究。

（3）具体的技术评估:证明技术可行性和说明技术风险的具体工作。

（4）生产或操作评估:决定生产、操作或者资源供给问题。

（5）具体的市场研究:用户需求、竞争分析等。

（二）服装设计项目的规划

服装设计项目确定后需要制定详细的设计规划图和设计计划,以保证设计项目顺利进行并达到预期目的。具体规划步骤及内容如下:

1. 组建团队

组建团队要考虑三个问题:谁可以入选团队？入选的每个队员其任务与职责是什么？团队共同工作须遵循的章程是什么？

筛选队员主要有三个衡量标准:竞争力、可获得性、能力。如果是大型项目会需要很多工作人员,就要建立一个多层次的团队,从核心团队（第一层次）,到项目管理团队（第二层次）、再到专门的独立团队（第三层次）、最后是外围团队（第四层次）。在新形势下,参与新产品开发的人员主要包括设计人员、制造人员、市场营销人员。

2. 确定团队的目标及原则

设计团队的设计目标和设计原则需要明确地以书面形式提出,作为后期工作指导方针。

(1) 团队目标

服装设计项目一般考虑四类目标:产品目标、项目经济目标、生产销售目标、项目本身目标。产品目标描绘服装新产品的特征、功能、质量、定位及价格,应具有严密性和灵活性。项目经济目标确定销量、收入、可变成本、利润、资本投入即投资的预期回报率。生产销售目标列举服装新产品制造和销售的约束条件。项目本身目标制定项目进度安排、主要管理点及开发预算。

(2) 团队原则

这里主要指设计原则与设计理念,是进行设计评价的准则。服装设计原则大致包含技术原则、经济原则、社会性原则与审美性原则。技术原则是指技术上的可行性、先进性等;经济原则指成本、利润、竞争潜力、市场前景等;社会性原则指社会效益、对人们的影响、心理效果等;审美性原则是指服装的造型风格、形态、色彩、时代性、创造性等。

3. 编制计划书

计划书要把设计任务陈述、顾客需求、备选概念的细节、新产品特征、新产品的经济分析、开发时间表、项目人员及项目预算等内容都包含在内。计划书须包含以下文件:设计项目合同书、设计项目任务清单、设计项目进度表、设计项目预算、设计项目风险领域。

4. 制定产品设计计划

制定服装产品设计计划是为了保证新产品符合服装企业的整体规划和目标,产品形象符合企业形象(或品牌形象),包括服装设计项目名称、负责人员、设计人员、时间安排、备注等。其中时间安排包括市场调研、创意方案设计、方案评审、样衣制作等。

三、服装设计项目的后期管理

对服装设计项目的执行阶段进行工作管理的目的在于通过对服装设计实施过程进行有效的组织与控制,协调服装设计行为与各部门之间的关系以保证设计进度和设计质量。

在设计项目中,服装产品设计的基本程序包括:市场调研阶段、创意设计阶段、方案深入阶段、结构实现阶段、样衣制作阶段。这些阶段都伴随着服装设计的管理与控制。

(一) 设计过程的阶段管理

对于服装设计的上述过程,可概括为设计概念的生成、选择、验证三阶段,并对这三个阶段进行管理。

1. 概念生成阶段

提出服装设计的概念不可闭门造车、凭空想象得来,这一阶段的管理主要针对信息和市场进行。

(1) 信息管理

服装设计是一个信息管理的系统,信息采集是首当其冲的问题。信息的采集除了设计师的日积月累外,主要通过市场调研。调研包括事前对消费者需求进行调查,还伴随整个服装设计过程。从服装产品的设计流程图中可看出信息资料在服装设计过程中的管理情况(图10-7):

资料1:提供包括社会的(政治、文化、生活、心理、风俗、宗教等)、经济的、技术的、法律的、生理的和环境的等方面资料。

资料2：提供建立服装设计需求的条件和设计变量。

资料3：提供评价体系和评价方法

资料4：提供大量的市场研究和预测的信息

资料5：提供技术动向、新技术、新材料、新工艺、环保功能的信息资料。

可以看出，服装设计信息管理是一个不断循环、反复的过程，贯穿于整个设计过程。

（2）市场预测

市场预测是服装设计中的决策服务。通过市场预测对经济发展与未来服装市场变化的有关动态进行把握，可减少未来的不确定性，降低决策可能遇到的风险，减少决策盲目性，提高设计效率，使决策目标得以顺利实现。

进行服装市场预测主要通过以下几种形式进行：从市场的技术预测中识别，从以往的类似产品的经验中识别，从国内外同行业产品的调查分析中识别，从其他类似的顾客要求中识别。

2. 概念选择阶段

服装产品概念的选择极大的影响最终制造成本。服装概念选择的过程有助于维持服装设计过程在概念阶段的客观性，以及引导服装设计小组完成一个关键的、困难的、甚至

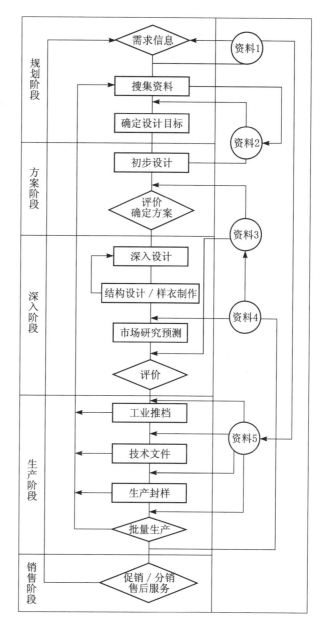

图10-7　服装新产品设计流程图

是令人振奋的工作过程。在进行服装设计的概念选择时，主要以社会因素、经济因素、技术因素为依据，要从产品和消费者两个方面进行考虑：

（1）关注顾客：服装设计是为消费者服务，是以顾客导向标准来明确服装设计评估概念，因此已选定的服装设计概念可能集中在顾客的满意度上（图10-8）。

（2）提升产品：进行竞争性设计，以相应的现有的服装设计作为概念基准，由服装设计师把握关键，推进设计朝着赶上目标品牌或超过竞争对手的产品的方向发展（图10-9）。

图10-8　概念选择——关注顾客,通过一线导购员获知顾客的最真实需求

图10-9　概念选择——ZARA在传统的顶级服饰品牌和大众服饰中间独辟蹊径开创了快速时尚(Fast Fashion)模式

3. 概念验证阶段

服装设计项目的概念验证从本质上讲是一个实验过程,用以验证之前所选择的服装设计概念是否正确可行。概念验证通常包括以下内容:选择调查对象、选择调查形式、概念表达、测试反应、结果解释、作出反应。

(二)设计过程的阶段控制

服装设计项目的控制过程包括项目建立、项目规划、项目执行、项目评估等阶段,每个阶段的控制内容和任务都不相同。在进行服装设计项目的控制时,设计小组与设计项目负责人要注意与企业内部负责人或委托方负责人进行良好的沟通与合作。

1. 设计项目控制工作原则

无论是专业的服装设计企业或工作室还是服装企业内部的设计部门,其设计控制都必须遵循以下10条基本原则,其所有关于设计控制的理论、方式及方法是否合理有效均以这些基本原则为评判标准。

(1)需求原则:在明确设计需求时要通过市场调研指导设计控制的展开,要从动态的角度去观察顾客需求,要注意到客户明确的显性需求之外的隐性需求并将其明确化。

(2)信息原则:设计控制人员必须全面、充分、准确和可靠地掌握与设计有关的信息,以保证服装设计工作的质量,杜绝不应有的时效和差错,要注意控制与信息传递有关接口的有效性。

(3)系统原则:服装产品设计可视为一个特定的技术系统,系统的输入为物质流、能量流和信息流,输出为满足一定要求的功能,可把服装设计问题视为服装功能与造型结合的系统。

(4)继承原则:对原有生产技术和基础进行继承可以降低经济成本。继承发扬原有产品风格可保持品牌风格的统一与协调,提高顾客对品牌的记忆度与识别度(图10-10)。还可向市场传达隐含的服装企业历史、文化与经营理念的信息,使服装设计从单一的商业渠道进入到商业文化并重的双重渠道运作。

图 10-10 设计项目控制原则(Yves Saint Laurent RTW 春夏时装发布秀)

（5）效益原则：在整个服装设计开发过程中，设计控制人员要兼顾社会效益与生产经济性，明确树立产品寿命周期费用最低的思想，把寿命周期费用作为设计参数，控制目标成本。

（6）简化原则：在确保产品功能并满足消费者精神需求的前提下，应力求简化设计，这是降低成本、确保质量、提高产品可靠性与竞争力的重要措施之一，在满足审美、具备自身特色的情况下，简化比复杂更优越。

（7）定量原则：除了服装结构、工艺可以用详细的技术参数进行确定外，对服装造型、色彩、材质肌理等也应尽可能进行定量评价。

（8）时间原则：既要尽可能缩短服装设计与开发周期，又要考虑到在设计开发期间市场的变化，包括顾客需求、竞争对手的动态及技术上的可实现性等。

（9）合法原则：服装产品的设计开发要符合法律法规的规定，符合国家政策以及遵循标准化原则。如：产品质量法、消费者权益保护法、专利法、合同法、进出口商品检验法、生产许可条例、产品认证条例等。

（10）审核原则：为实现高效、优质、经济的设计，必须对每一设计步骤的信息进行审核，不能让有错误的重要设计信息进入到下一步骤中。

2. 设计项目控制工作内容

服装产品设计一般有两种方式：由服装企业内部的设计部门设计和由独立的服装设计企业或工作室设计。

（1）服装设计质量控制：包含从市场信息、编制设计任务书、审查产品设计、结构设计、工艺设计质量到样衣质量、大货质量等一系列控制。

（2）服装设计成本控制：服装设计成本是具有决策性的成本，一般来说，产品设计费用只占到产品总成本的5%，却决定了服装产品成本的60%～70%。

（3）服装设计项目进度控制：进度控制是为了确保服装设计项目按时完成，是对服装设计项目的时间进行管理，主要包括编制设计进度计划和控制设计进度。

四、服装设计项目的评估

设计评估是指在设计的过程中，对解决设计问题的方案进行比较、评定，由此确定各方案的价值，判断其优劣，以便筛选出最佳方案。

（一）设计评审点

设计评估开展的主要形式是设计评审。ISO 8402：1994[①]标准中指出："设计评审可以在设计过程的任何阶段进行，在任何情况下该过程完成后均应进行。"ISO 9004—1：1994 标准中指出："在设计开发各阶段结束时，应按计划对设计结果进行正式的、形成文件的、系统的、严格的评审。"两份标准都要求设计过程各阶段完成后必须按计划进行正式的设计评审。

1. 设计评审点的确定

设计过程的评审分为概念生成阶段的评审、概念选择阶段的评审、概念实施阶段的评审。

2. 设计评审点的内容和要求

ISO 9001：1994 对设计评审活动提出了按照具体的设计阶段和产品应考虑评审的项目：

（1）与满足客户需要和使客户满意有关的项目。

（2）与产品规范要求有关的项目。

（3）与过程规范有关的项目。

（二）设计评审人员

ISO 9001：1994 标准中要求："每次评审设计的参与者应包括与被评审的设计阶段有关的所有职能部门的代表，需要时也应包括其他的专家。"在设计评审人员的构成中，首先要确定评估负责人。参与评估的主体成员是服装设计师，依据具体情况可能还需要其他技术人员、销售人员及消费者的代表参与。设计评审人员的构成及其主要职责见表10-1。

表10-1　设计评估阶段评审人员构成及职责表

人员	职责
总负责人	负责主持会议及编写评估报告
服装设计师	提供有关的设计资料
可行性评估人员	对设计项目进行评估
质量控制人员	保证必要的测试手段能够正常进行
生产负责人	确保设计具有成本及生产时间的最佳配置
消费者代表	确保设计在使用、保养等方面的便利性

[①] ISO8402：1994、ISO 9004—1：1994、ISO 9001：1994："ISO 9000 族"是由 ISO/TC176 制定的所有国际标准。TC176，全称"品质管理和品质保证技术委员会"，是 ISO（国际标准化组织）中第 176 个技术委员会，专门负责制定品质管理和品质保证技术的标准。TC176 于 1994 年对"ISO 9000 系列标准"统一修改为 ISO 8402：1994、ISO 9000—1：1994、ISO 9001：1994、ISO 9002：1994、ISO 9003：1994、ISO 9004—1：1994。1995 年，TC176 又发布了一个标准，编号是 ISO 10013：1995。至今，ISO 9000 族共有 17 个标准。——著者注

（续　表）

人员	职　责
产品安全	检查设计是否达到安全标准
包装设计	确保包装安全性
材料负责人	确保所选材料满足产品各方面功能需要
成本核算	确保所有预算项目达到预算标准
资深设计师	评价设计在制作、成本、美学和人体工学等方面是否达到预定设计目标
市场人员	评价设计是否达到市场和顾客等方面的需求

（三）设计评审程序

设计评审程序包含了四个阶段：评审前的准备阶段、预审阶段、正式评审阶段、跟踪管理阶段。这四个阶段要采用具有通用性的工作表格对过程进行记录，见表10-2 ~ 表10-5。

表10-2　设计评审申请报告格式（参考件）

×××（分类号）

NO. ×××（流水号）

设计评审申请报告				年　月　日
申请部门			项目代号	
项目负责人		职务	产品名称	
建议评审时间			评审阶段	
申请部门领导签字			评审级别	
建议参加评审部门及人员				
申请评审内容				
审批意见				签名

表10-3　预审问题登记表格式（参考件）

×××（分类号）

NO. ×××（流水号）

预审问题登记表			年　月　日
序号	预审问题	预审意见	备注
预审人员			
注：预审意见填"评审"、"重点评审"、"不评审"			

259

表 10-4　设计评审报告格式（参考件）

设计评审报告　　　　　　　　　　　　　　　　　　　　　　　　　　　　　编号 项目名称　………………………………………………………………… 设计产品代号及名称　…………………………………………………… 评审类别　………………………………………………………………… 设计部门　………………………………………………………………… 项目负责人　…………………………………………………………… 　　　　　　　　　　　　　　　　　　　　　　　　　　年　　月　　日			
评审时间		评审地点	
提供评审的文件资料			
评审的主要内容			
评审结论 　　　　　　　　　　　　　　　　　　　　　　　评审组长（签字） 　　　　　　　　　　　　　　　　　　　　　　　年　　月　　日			
不同意见备忘录			
序号	意见摘要	提出者签字	

表 10-5　评审意见处理报告（参考件）

序号	评审意见	处理意见	备注
产品负责人签字		时间	
领导审批		时间	

（四）设计质量评估

ISO 9000—2000 版标准对设计质量评审定义为："为确定主题事项达到规定目标的适宜性、充分性、有效性所进行的活动。"这是从质量管理的角度对设计质量评审活动作出的纲领性说明。设计质量评估是一系列评审、评价活动的集合，是面向产品开发过程的具有质量保证和质量改进功能的设计质量控制手段与技术方法的集成。

服装设计质量评估就是在服装产品设计开发的适当阶段，针对确定的质量目标，在相应的产品集成信息、评估技术方法以及人员组织保证的支持下，就服装产品设计方案的适宜性、充分性、有效性所进行的系统的评价活动。

第三节　服装设计的人力资源管理

人力资源是当今社会最为宝贵的企业资源之一,对于服装企业的人力资源管理是有效地进行服装设计管理的根本之一。

一、服装设计组织管理

服装设计组织的管理包括制定出合理的组织结构形式,明确服装设计组织的工作内容,设计合理的运作方式,使该设计组织成为一个高效的工作团队。

(一)服装设计组织的定义

服装设计组织是为了完成设计任务而形成的群体,是确保企业的设计工作正常协调进行,顺利达到设计预期目标的体系。从形成角度可分为两种类型。一类是服装企业内部的设计组织,一类是独立的设计组织(图10-11)。

(二)服装设计组织的形式

服装设计产品是高度设计定位的产品,设计师要受到形态、色彩、流行以及其它心理因素的影响。为使服装企业的设计活动能正常进行并最大程度的发挥效率,须对设计部门系统进行良好的管理。服装企业的规模、经营品种不同,企业设计系统的规模、组织、管理模式也不相同。典型的有如下三种:

图10-11　独立的设计组织——Anna Sui 服装设计工作室

1. 直属领导型

服装设计部门作为单独的部门与企业内部其它部门处于平行的位置,直接受企业高层直接领导。设计经理或设计总监直接与上层领导联络沟通,并负责各项目设计小组之间的协调与管理工作。这种形式在中等规模的品牌服装企业中最常见。

2. 群体领导型

设计部门的成员来自于企业其它职能部门,参与到整个项目的运作中,设计部门由企业高层直接领导或者设在某个职能部门之下。这种形式在小型服装企业、以服装加工为主而自主设计开发服装产品能力较弱的企业中采用较多。

3. 矩阵型

这是一种具有较强应变能力的组织形式。在企业高层领导之下分设几个项目小组或设计小组,每个小组又分别与企业其它职能部门发生联系,小组与小组之间的工作互不干扰但有联系。这种组织形式对于拥有多个品牌的服装企业来说最为合适。

(三)服装设计组织的工作

服装设计组织的任务是在服装企业总体经营策略或设计政策的指导之下,根据市场需求开发设计产品。企业为了完成特定的设计项目,需要建立相应的设计小组。一些内部有设计部门的大型服装企业会根据不同的新产品设计项目,成立产品开发设计小组。该小组与相关的技术、生产研究部门及其它部门保持密切联系,形成产品设计开发矩阵体系。

服装设计组织环境是服装设计组织活动的土壤,良好的环境能为组织活动输送养分和能量,不良环境会影响组织活动。在服装设计组织中,要充分调动服装设计师和组织成员的工作积极性和主动性,充分发挥他们的潜能,在组织内部建立起有利于创造的组织环境。要在服装设计组织内部创造良好的工作气氛,有一套利于发挥和激励工作人员创造性的制度。

二、服装设计师管理

服装设计管理中设计人员的管理是最重要的方面。服装设计师有可能放任一些追求新奇而不切实际的想法,对自己的创造性和个性可能过分地坚持己见,由此导致服装企业难以保持一致的、连续的识别特性,为消费者或用户识别企业的产品或服务带来困难,从而影响服装企业的市场竞争力。解决这一问题的关键在于对服装设计师进行有效的组织管理。对于服装设计师而言,一般有两种形式的设计组织:一种是不依赖于某一服装企业的自由设计师,一种是服装企业内部的驻厂设计师。

(一)自由设计师的管理

自由设计师是指那些自己独立从事服装设计工作而不从属于某一特定企业的服装设计师。对于中小型服装企业来说,建立自己的服装设计师队伍在经济上不合算,也难以吸引到好的服装设计师前来工作,因此,利用自由设计师进行产品设计开发就是一种较好的解决方式(图10-12)。

图10-12　自由设计师——许多著名服装设计师都有任自由设计师的经历(上左:约翰·加利亚诺 John Galliano,上中:高田贤三 Kenzo Takada,上右:克里斯汀·迪奥 Christian Dior,下左:乔治·阿玛尼 Giorgio Armani,下中:卡尔文·克莱恩 Calvin Klein,下右:卡尔·拉格菲尔德 Karl Lagerfeld)

对自由设计师进行管理,一方面要保证每位设计师设计的产品与服装企业的目标一致,不能各自为营、造成混乱;另一方面要求保证服装设计的连续性、不会由于服装设计师的更换而使设计脱节。为此,服装企业要编制一套统一的设计原则,作为每一位为该企业服务的设计师共同遵守的原则,以保证设计的协调一致。

设计管理要在统一性和创造性之间取得平衡。对服装设计师限制过多会使他们失去创造性;放任服装设计师发挥个性又可能使设计失去管理。为保证服装设计的连贯性,最好与经过选择的自由设计师建立较为长期稳定的合作关系,有利于设计师对企业深入了解、积累经验,使设计更符合企业的生产技术和企业目标,并建立一贯的设计风格。

（二）驻厂设计师的管理

驻厂设计师一般不单独工作,由一定数量的设计师组成企业内部的设计部门,从事服装设计开发。目前国际、国内的大型服装企业都有自己的设计部门,以品牌服装为主营的中型服装企业也多有自己的设计部门。

驻厂设计师一般对本企业的各方面都很熟悉,设计产品更符合本企业的品牌目标与风格。对驻厂设计师的管理重点在于要避免设计师因长期设计一种风格的产品而形成思维定势导致设计僵化,缺乏新意,设计模式化。因此,一些服装企业在鼓励自己的设计师走出企业、开阔眼界、拓宽思路的同时,也会邀请企业外的设计师参与特定项目的服装设计,以引进新鲜的设计创意。

为使驻厂设计师能协调一致进行工作,保证产品连贯性,要从服装设计师的组织结构和设计管理两方面入手安排。既保证服装设计小组与其它各方面直接有效的交流与沟通,又要建立起设计评价的基本原则或设计造型的基本规范。

三、设计沟通

沟通是信息在发出者和接受者之间传递的过程,可以是单向的、也可以是双向的。在设计沟通中,单个组织内部的沟通和多个组织之间的沟通都存在,以内部沟通为主。服装设计管理者要保证正确信息在组员间正确传递,协调好成员关系,使设计活动顺利完成。

（一）设计沟通的内容

服装设计沟通的主要内容包括:服装设计管理体系方针、目标、指标、管理方案,质量控制技术,新技术采用、质量概念发展、市场战略、环境条件等变化的有关信息,重要环境因素与信息,职责和权限的信息,培训信息,项目检测与监控信息,不符合和纠正信息,设计评估审核、管理评审信息、相关的法律、法规、标准及其它要求的传达,紧急状态及应急响应的信息,员工的抱怨、建议等信息。内部沟通还包括顾客要求的沟通、顾客满意程度、技术信息、人员需求培训信息的沟通。

（二）设计沟通的形式

在服装企业内部设计组织的沟通以内部沟通为主,设计由不同的功能性组织来共同完成。对于服装企业外部的服装设计组织,除了组织内部成员的沟通外,还必须与客户等外部人员进行良好的沟通。

1. 内部沟通

在设计的执行过程中,因专业领域、知识结构以及对设计的理解的不同,团队成员难免会产生不同的看法或意见,甚至会有明显的分歧。管理者须充分利用沟通的管理方法,及时解决这些在工作中发生的分歧或矛盾,使各类参与人员能在统一的设计目标下协调一致、形成合力,这种形式的沟通主要涉及设计总监(设计经理)、项目负责人、营销人员和设计师(图10-13)。

2. 其他人员的内部沟通

在服装设计项目的进展中,除了设计组织内部的设计师及技术人员的参与外,也会涉及到其他人员的参与。如:生产、质检、成本核算、市场营销等人员的支持,这些人员对于服装设计品质的提升起着十分重要的作用。

3. 外部沟通

无论是企业内部的服装设计组织还是外部的服装设计企业或工作室,都会涉及到与外部各类人员或组织的沟通问题。如:服装设计企业或工作室在执行委托设计项目时,须与委托方保持良好的合作关系,交流贯穿始终。企业内部的设计组织在确立设计项目或进行市场目标定位时,要有商业人员或消费者代表的参与,在进行设计评估时,需要外界设计顾问、消费者、经销商的参与,都要进行沟通。

(三) 设计沟通的渠道

服装设计沟通的渠道从形式上可分正式沟通与非正式沟通,从沟通的群体上可分为设计群体之间与非设计群体之间的沟通。

1. 正式沟通与非正式沟通

正式沟通和非正式沟通两种形式往往交替进行。进行以设计定位、明确设计任务、展开设计评估等内容为主题的设计会议时一般采取正式沟通的形式。在设计组织内部的沟通多以非正式沟通为主,设计师与设计师、设计师与管理者的沟通可能发生在任何地方,设计图纸旁、电脑屏幕旁、商场专柜里、甚至餐桌旁都可能成为讨论的地方。

图 10-13　设计师团队内部的沟通对于控制设计项目进展、把握设计方向都有着重要的意义

2. 设计群体之间与非设计群体之间的沟通

设计群体之间的沟通是指设计师之间的沟通及设计师与管理者之间的沟通。这种交流沟通存在问题较少。服装设计组织与非设计群体的交流涉及到与设计项目相关的非设计人员,既可能是企业内部的营销人员、质检人员、生产人员或成本核算人员,也可能是企业外部的面料商、委托方等。由于这些人员来自不同的组织背景,在专业知识和交流语言上的差异可能造成沟通困难,因此,在设计群体与非设计群体之间进行有效沟通是设计项目管理的一项重要工作。

(四) 设计沟通的媒介

在服装设计沟通中,可以采用的沟通媒介比较丰富,主要包括口头媒介、文字媒介和视觉媒介。

1. 口头媒介

服装设计师常采用口头交流的形式与其他设计成员或设计管理者就服装设计理念、方案及设计结果进行讨论与解释。设计管理者也需要用这一形式来了解服装设计进程和控制设计品质。

2. 文字媒介

在服装设计的前期阶段,设计管理者大多需要通过制定服装设计规划书、计划书等形式来明确设计的目标、进程与设计要求。在设计评估和制定设计报告的过程中也需要用文字和书面的形式来总结和归纳设计评估的建议、结论、经验与教训等,以便进一步改善和提高设计质量。

3. 视觉媒介

服装设计师的设计思想、服装企业中的技术都需要一定的视觉形态才能表现出来。在服装设计过程中,设计草图、服装效果图等是服装设计师在交流设计构思时常用的媒介形式。

随着互联网技术的发展,一些网络互动即时媒体也得到了广泛的应用。如:E-mail(电子邮件)、MSN、QQ、网站、BBS(论坛)、视频会议、文本会议等形式。

第四节　服装设计的法规管理

对现代服装设计活动进行管理,需要有相关的法律、规章、制度等,以保证设计活动进行得合理、合法及有效。服装设计的法规管理对于进行服装设计活动的各方面既是约束也是保障。

一、设计合同

服装产品从设计到投放市场,需要多方合作才能完成,设计合同是服装设计管理的组成部分,在知识经济时代尤为重要。

(一)服装设计合同的形式

服装设计合同不仅是经济问题,在保护设计权利及创造行为的价值等方面都具有重要意义。设计合同一般有如下形式:

(1)时间制的方式:这种方式按照服装设计师进行实际设计工作的时间计算薪酬。

(2)长期合同方式:这是由于企业长期需要而长期委托自由职业设计师进行设计的方式。一般以一年为单位,双方同意可延长合同时间。

(3)意匠权使用费方式:这是设计被采用,在其生产期间以设计使用费来支付报酬的方式,一般在设计完成时支付实际设计时所支出的费用,以后每年根据采用情况分一两次支付,不采用时由设计人员保存。

(4)定费用方式:委托方与服装设计师之间先确定时间和费用,然后取得设计制作及其实施权。

(二)服装设计合同的内容

服装设计合同主要包含以下内容:委托的服装设计项目名称,委托的内容和期限,合同费用(设计委托书、报酬),合同不包括的费用,支付的时间和方法,终止时的处理,决定设计的方法,有关保密规则,工业所有权的处理,发表的方法,合同时间及继续方法(长期合同必要项目),未尽事宜的处理。

设计报酬及各种费用包括:咨询费、委托费、设计费、设计权使用费、委托研究费、保密费及设计报酬之外的各种费用,如:打样费、材料费等。合同具体内容可根据项目情况有所增减。

(三)服装设计合同的特点

不少设计合同在事后出现问题,矛盾主要集中在费用及支付方法上,以及对设计的评价及设计所有权上。服装设计是创造性行为,对这种行为进行确切的价值评价是困难的,同一设计稿,有人评价很高,有人却评价平平甚至很低。显然价值观不同,服装设计支付的报酬也不相同。因此要根据设计合同的特点,要求委托方充分理解服装设计工作的重要性和艰巨性,以正确评价服装设计的价值。同时,设计合同的出发点必须是相互信赖。

二、知识产权

在信息化、全球化进程中，一方面对知识产权的保护意识越来越强，制度的制定与运用日渐完善，另一方面在现实中有意无意的侵占和模仿也愈演愈烈。设计独创性是设计师的立命之本，对他人作品的抄袭模仿是一大忌，而对他人专利的侵犯则将这种行为上升到了违法的程度。

（一）知识产权的概念

知识产权一词由西方引入，指人们可以就其智力创作成果所依法享有的专有权利。在国际上一般认为知识产权包括：专利权、商标权、著作权和其他智力成果权等几方面的权利。

国际保护工业产权学会1992年东京大会上将知识产权分为两大类：创作性成果权利和识别性标记权利。创作性成果权利包括：发明专利权、集成电路权、植物新品种权、KNOW-HOW权（"技术秘密"权）、工业品外观设计权、版权（著作权）、软件权。识别性标记权利包括：商标权、商号权、其它与制止不正当竞争有关的识别性标记权。在服装设计管理中常遇到的知识产权主要指商标权、专利权及版权。

（二）设计知识产权保护的意义

知识产权是服装企业对科学技术拥有的一种法权。知识产权作为无形资产，不仅具有可观的经济价值，作为一种法定的独占权，更具有客观的竞争价值，是一种重要的竞争手段，为现代服装企业的发展提供了有力保障。

设计知识产权从法律角度来看，是对智力成果的拥有权，是一项法权；从经济角度来看，是一种具有重大价值的无形资产和智力财富；从市场竞争角度来看，是强有力的竞争资源和制胜手段。

三、专利管理

专利是服装设计管理中所涉及到的知识产权中最重要的组成部分。是服装企业涉及知识产权管理的核心内容。

（一）专利的基本概念

专利是专利权的简称，是指一项发明创造即发明、实用新型或外观专利向国家专利管理机构提出专利申请，经依法审查合格后，向专利申请人授予的在规定的时间内对该发明创造享有的专有权。专利权具有排他性，在专利法规规定的有效期内，专利权人对其发明创造享有独占权。

（二）专利的种类

专利的种类分为发明专利、实用新型专利和外观设计专利。这三类在服装设计的专利中都有所涉及。

1. 发明专利

中国专利法实施细则中指出："发明是对产品、方法或者其改进所提出的新的技术方案。"[1] 这种发明的新的技术方案可以是尚未应用于实际的技术构想，但应具有在工业上应用的可能性。中国现行专利法规定，发明专利的保护期限自申请日起为20年（图10-14）。

2. 实用新型专利

实用新型是指"对产品的形状、构造或者其结合所提出的适于实用的新的技术方案。"实用新型专利又称小发明或小专利。实用新型专利保护的是比发明专利范围狭窄的新的技术方案，

---

[1] 国务院法制办公室.中华人民共和国专利法.北京：中国法制出版社，2009.

仅限于保护有具体形状和结构的新产品。实用新型专利的技术水平较发明低,实用性更强。中国现行专利法规定,实用新型专利的保护期限自申请日起为10年(图10-15)。

图10-14　发明专利证书　　　　图10-15　实用新型专利证书

3. 外观设计专利

外观设计是指"对产品的形状、图案、色彩或者其结合所作出的具有美感并且适于工业上应用的新造型"。外观设计在服装设计专利中属于应用较多的一类,应具备以下特点:必须是形状、色彩、图案或者其结合的新设计,必须运用于具体的服装上,必须具有美感,适用于工业应用。中国现行专利法规定,外观设计专利的保护期限自申请日起为10年(图10-16)。

图10-16　外观设计专利证书

（三）专利事务管理

对于服装企业的专利事务管理,要注意了解本领域内的新技术动向,制定正确的研究开发计划;当研究成果完成后做好保密工作并及时申请专利;要确定专利申请权及发明人或设计人,避免日后产生纠纷;要严格撰写专利申请书,可由专业的代理部门或代理人员撰写;注意申请提出以后出现的问题,如修改、补充、被驳回等等,要及时修改应答;要按时缴纳相关的各项专利费用。

本章小结

服装设计管理是在服装设计活动中运用计划、组织、领导与控制等管理原则,发挥设计效能、提高设计效率,以确保服装企业有效的使用服装设计资源以达到企业目标。

服装设计管理的主要对象是服装设计项目管理,可划分为需求确定、项目选择、项目计划、项目执行、项目控制、项目评价和项目收尾 7 个阶段。服装设计项目管理具有目标性、整体性、临时性等特点。

从整个管理过程来看,服装设计项目可分为项目的建立与规划阶段的管理,称为前期管理,项目的执行阶段的管理,称为后期管理。

服装企业的人力资源管理是有效地进行服装设计管理的根本之一,包括服装设计组织管理、服装设计师管理、设计沟通。

服装设计的法规管理,对于进行服装设计活动的各方面既是约束也是保障,相关法规包括设计合同、知识产权、专利管理。

思考与练习

1. 服装设计管理对现代服装业的作用是什么?
2. 设计管理是否会约束、限制甚至扼杀设计师的创意? 为什么?

附录　国际服装设计教育院校概览

一、法国

法国高等教育大致分两类,一是免费的公立教育,以培养合格的社会公民为目标,重视科研和学术;一类是收费的私立教育,着重培养学生的实际工作能力,旨在培养在某一职业领域的尖端人才。服装设计专业在法国属于应用类专业,对实际操作能力要求很高,因此通常在私立学校开设。公立大学中只有昂热大学(UNIVERSITÉ D'ANGERS)和里昂第二大学(UNIVERSITÉ LUMIERÉ-LYON II)开设服装专业。私立艺术学校中有50多所开设服装设计专业,专业特色不尽相同,以下选取其中最为著名的几所院校简单介绍。

1. 巴黎时装公会学校(ECOLE DE LA CHAMBRE SYNDICALE DE LA COUTURE PARISIENNE)[①]

创立时间:1927年

地理位置:巴黎雷奥米尔街119号(119 rue Réaumur, 75002, Paris)

学校概况:巴黎时装公会学校由巴黎高级时装公会所直属,是高级定制行业内的佼佼者。学校教育方向是高级时装,偏重高级时装制作,以手工制作和立体裁剪著称。2010年起学制改为4年制,从3年级开始分设计方向和制作方向。该校招生严格,要求学生具有相当的工作经验。采用法语教学,学生需精通法语。

杰出校友:安德烈·克莱热(Andre Courreges)、三宅一生(Issey Miyake)、伊夫·圣·洛朗(Yves Saint Laurent)等。

2. 法国时尚学院(INSTITUT FRANCAIS DE LA MODE,简称IFM)[②]

创立时间:1986年

地理位置:巴黎左岸奥斯特利茨36号,塞纳河码头(Docks en Seine)(36 Quai d'Austerlitz, 75013, Paris)

学校概况:法国时尚学院隶属于法国工业部,由Pierre Bergé先生创办,是法国名校系统(高等专业学员协会)成员。IFM以非盈利为目的,教育重点在于时尚产业管理、时装设计、奢侈品以及创新领域的培训、研究、专业鉴定以及应用技术。IFM由来自时装、纺织品、奢侈品、零售业、化妆品和设计行业的著名人士共同管理。IFM招生严格,除对学生设计和制版基础有极高的录取标准外,还需要学生有一定的市场和管理学知识,且精通英法双语。LVMH、Dior、

① 资料来源:ECOLE DE LA CHAMBRE SYNDICALE DE LA COUTURE PARISIENNE官网 http://www. ecole-couture-parisienne.com/

② 资料来源:INSTITUT FRANCAIS DE LA MODE官网 http://www. ifm-paris.com/

L'oreal、Cartier、Lacoste 等集团不少高管毕业于此校。

3. ESMOD 高等国际时装设计学院（ECOLE SUPERIEURE DES ARIS ET TECHNIQUES DE LA MODE,简称 ESMOD）①

创立时间：1841 年

地理位置：巴黎校区—第 9 区拉罗什富科街 12 号（12 rue de la Rochefoucauld，75009，Paris）

学校概况：ESMOD 由玛丽·欧仁妮（Marie Eugénie）皇后的御用裁缝、法国时装大师阿列克斯·拉维涅（Alexis Lavigne）创立。该校在法国设有巴黎、里昂、勃艮第等 5 个分校,同时在德国、日本等 15 个国家设有 23 间分校。ESMOD 的教学层次为从传统的作坊技术到现代的工业技术,对学生进行全面培训。教学方法有工作室、理论课、讲座及企业实习。学校每年选出 15 名最优秀的学生,帮助他们创立自己的时装品牌。

杰出校友：法兰克·索贝尔（Franck Sorbier "巴黎春天"及法国国家歌剧院舞台装设计师）等。

4. 巴黎国际时装艺术学院（MOD'ART）②

创立时间：1980 年

地理位置：巴黎第 11 区布维尔街 1 号（1 Rue Bouvier，75011，Paris）

学校概况：巴黎国际时装艺术学院为世界高级时装设计师协会理事单位。学院教师均毕业于优秀艺术院校,具备 5 年以上在法国知名服装公司或设计工作室任主要领导的经历。学院宗旨是将学生培养成为即拥有丰富的想象力和创造力,又具有实际操作能力的时装设计师和时装制作师。学院主张理论与实践并重,采用"因材施教"和"带教式"教学,与巴黎各大名牌时装企业建立长期合作关系,作为学生实习基地。

5. STUDIO BERCOT 时装设计学校（STUDIO BERCOT FASHION DESIGN SCHOOL,简称 STUDIO BERCOT）③

创立时间：1971 年

地理位置：巴黎第 10 区小马厩街 29 号（29 rue des Petites-Écuries，F-75010,Paris）

学校概况：STUDIO BERCOT 时装设计学校规模不大,校长玛利亚（Marie Rucki）慧眼识英才,将克里斯汀·拉格鲁瓦（Christian Lacroix）推荐给卡尔·拉格菲尔德（Karl Lagerfeld）,成就了今日的拉格鲁瓦。学校教学设置为 3 年,最后 1 年实习。学校注重设计和学生品位,每年根据整个年级学生的水平决定是否举行发布会。发布会很简单,分别在学生自己的教室内举行,并邀请 150 多位校外设计师进行观摩。

杰出校友：马丁·斯特本（Martine Sitbon）、嘉斯帕·尤基韦齐（Gaspard Yurkievich）、伊莎贝尔·玛兰（Isabelle Marant）、史黛拉·卡登（Stella Cadente,著名内衣设计师）等。

二、意大利

意大利时装业崛起于 20 世纪 50 年代,以卓越的织物设计、精美绝伦的服饰、高贵的皮革制

---

① 资料来源：ESMOD 官网 http://www.esmod.com/
② 资料来源：MOD'ART 官网 http://mod-art.org/
③ 资料来源：STUDIO BERCOT 官网 http://www.studio-bercot.com/

品闻名于世。意大利自古以来就是推动欧洲艺术和文化发展的重要力量,意大利时装产业正是建立在自文艺复兴以来对艺术文化的传承基础上,其服装教育提倡对传统艺术的尊重和对人文精神的传承。

1. 马兰欧尼学院(INSTITUTO MARANGONI)①

创立时间:1935 年

地理位置:米兰校区—米兰彼得洛维利街 4 号(via pietro verri, 4, 20121 Milano, Italy)

学校概况:马兰欧尼学院由意大利著名时装设计师和服装教育专家 Giulio Marangoni 先生创办,有三个欧洲校区分设于米兰、伦敦和巴黎。一个位于上海的亚洲培训中心。学院上百名专业教师和客座教授都是聘自时装公司、设计工作室、咨询公司、生产和销售公司或者出版机构的兼职资深专业人士,具有丰富的专业学识和实践经验。学院每年举办设计专业毕业生时装发布会,得到许多纺织服装企业赞助。学院至今培养出 40 000 多名专业设计人才。

杰出校友: Domenico Dolce(杜嘉班纳 Dolce&Gabbana 创始人)、Franco Moschino(莫斯奇诺 Moschino 创始人)、Alessandra Facchinetti(华伦天奴 Valentino 前任设计总监、托德斯TOD'S新任女装系列创意总监)等。

2. POLIMODA 时装学院 (POLIMODA INSTITUTE OF FASHION DESIGN AND MARKETING,又译柏丽慕达时装学院、POLIMODA 国际服装设计与营销学院)②

创立时间:1986 年

地理位置:佛罗伦萨库尔塔托街 1 号(via Curtatone, 1-50123 Florence, Italy)

学校概况:POLIMODA 时装学院是佛罗伦萨市政府投资创建的非营利教育机构,享有欧盟拨付的资助经费。该校与国际时尚和奢侈品行业关联紧密并定期举办研讨会、展览会和大型时尚活动。菲拉格慕(Salvatore Ferragamo)集团首席执行官 Ferruccio Ferragamo 博士任POLIMODA 时尚学院董事长,范思哲(Gianni Versace)集团董事长 Santo Versace 博士任POLIMODA SRL 时尚管理学院集团③董事长。原比利时安特卫普皇家艺术学院时装学院院长琳达·洛帕(Linda Loppa)女士为学院院长。POLIMODA 与国际时尚和奢侈品业界的高度结合为学生创造良好的就业机会。

杰出校友:Italo Zucchelli(Calvin Klein 公司男装设计总监)、Massimiliano Giornetti(菲拉格慕创意总监)、Anton Giulio Grande(同名品牌持有人、设计总监)。

3. 意大利欧洲设计学院(INSTITUTO EUROPEO DI DESIGN,简称IED)④

创立时间:1966 年

地理位置:总部坐落于米兰,在罗马、都灵、威尼斯、佛罗伦萨、卡利亚里、马德里、巴塞罗那、圣保罗、里约热内卢 9 个城市设立分校。

学校概况:意大利欧洲设计学院由 Francesco Morelli 总统创建。IED 的每个校区都设有 4 个独立学院: IED 设计学院(IED Design),IED 时尚实验室(IED Fashion Lab),IED 视觉传播学院

---

① 资料来源:INSTITUTO MARANGONI 官网 http://www.istitutomarangoni.com/

② 资料来源:POLIMODA 官网 http://www.polimoda.com/

③ POLIMODA SRL 时尚管理学院集团由 POLIMODA 时装学院与包括古奇(Gucci)和托德斯(Tod's)在内的 34 家国际顶级时尚和奢侈品牌公司联合成立。——著者注

④ 资料来源:INSTITUTO EUROPEO DI DESIGN 官网 http://www.ied.it/

（IED Visual Communication），IED 管理学院（IED Management）。目前全校约有 12 000 多名在校学生。IED 的专业教师是行业内各自领域的专家。毕业生遍布世界各地从事设计行业。

杰出校友：娜塔莎·泰勒（Natacha Talor，2011 年"意大利时尚新锐设计师"Vogue Talents）、马尔科·德·文森佐（Marco De Vincenzo，芬迪 FENDI 公司配饰设计部门负责人、同名品牌持有人）。

三、英国

英国的时装专业很早就进入了高等院校，有着悠久的历史，为英国时装业的发展培养了一代又一代的专业人才。英国的服装教育和产业相互渗透。几乎每所艺术设计或时装院校都与产业有着非常紧密的联系，充分保证了课程内容与产业需求的关联性。

1. 伦敦艺术大学（UNIVERSITY OF ARTS LONDON）①

伦敦是英国的政治中心，是世界四大金融中心之一，是重要的世界教育和文化中心。

伦敦艺术大学原名伦敦学院（The London Institute），由 6 大艺术、设计与传播学院于 1986 年联合而成，分别是：伦敦时装学院（London College of Fashion）、中央圣马丁艺术与设计学院（Central Saint Martins College of Art and Design）、坎伯韦尔艺术学院（Camberwell College of Arts）、切尔西艺术与设计学院（Chelsea College of Art and Design）、温布尔登艺术学院（Wimbledon College of Art）及伦敦传媒学院（London College of Communication），前四所院校的服装专业尤为出名。

（1）伦敦时装学院（LONDON COLLEGE OF FASHION，简称 LCF）

创立时间：1967 年成立学院，最早始于 1906 建校的几个学校组合。

地理位置：伦敦市约翰王子街 20 号（20 John Prince's Street, London W1G 0BJ）

学校概况：伦敦时装学院在服装教育、研究和咨询方面享有良好的国际声誉。LCF 的专业细分很全面，开设有近百个专业方向，基本覆盖了当今时装界的每个细分领域，课程范围从预科延伸至研究生阶段。学院教师均是经验丰富的设计师和专业人士，拥有广泛的专业知识。

杰出校友：林卡·斯莱克（Lindka Cierach）、邓达智（William Tang）、刘桓（Chris Liu）、比比·罗素尔（Bibi Russell，纺织品设计师）、安德鲁·兰姆鲁普（Andrew Ramroop，著名裁缝师）、周仰杰（Jimmy Choo，女鞋设计师）、埃玛·霍普（Emma Hope，鞋类设计师）、安吉拉·巴托弗（Angela Buttolph，著名时装记者）、阿莱克·维科（Alek Wek，黑人名模）等。

（2）中央圣马丁艺术与设计学院（CENTRAL SAINT MARTINS COLLEGE OF ART AND DESIGN，简称 CSM）

创立时间：成立于 1989 年，由中央艺术和工艺学校（始建于 1896 年）和圣马丁艺术学校（始建于 1854 年）合并而成。

地理位置：伦敦国王十字粮仓广场 1 号粮仓大楼（Granary Building, 1 Granary Square, King's Cross, London N1C 4AA）

学校概况：中央圣马丁艺术与设计学院是英国最大的艺术与设计学院。学生在课堂上所做的作品（从预科到研究生水平）以多样性和广泛性著称。每年伦敦时装周的毕业生时装作品发

---

① 资料来源：UNIVERSITY OF ARTS LONDON 官网 http://www.arts.ac.uk/

布会是诸多国际时装品牌和国际时装传媒关注和挖掘设计新秀的焦点。CSM 招生严格、学习强度很大,培养出大量优秀毕业生,其毕业生以个性突出,特点鲜明活跃于时装界。

杰出校友:著名设计师约翰·加里安诺(John Galliano)、亚历山大·麦昆(Alexander McQueen)、朱利安·麦克唐纳(Julien MacDonald)、胡塞因·卡拉扬(Hussein Chalayan)、马修·威廉姆森(Matthew Williamson)、史黛拉·麦卡特尼(Stella McCartney)等。

(3)坎伯韦尔艺术学院(CAMBERWELL COLLEGE OF ARTS)

创立时间:始建于 100 多年前,具体年份不详。

地理位置:伦敦佩卡姆路 45～65 号(45～65 Peckham Road, London SE5 8UF)

学校概况:坎伯韦尔艺术学院位于伦敦南沃克的一个艺术社区中,拥有许多国家不同背景的学生,形成多样性的文化环境。坎伯韦尔艺术学院提供各种水平的课程,从预科一直到博士研究生学位课程和研究类学位课程,还有一系列的短期课程为本院学生和专业人员提供丰富的学习机会。

杰出校友:劳伦斯·卢埃林-博文(Laurence Llewelyn-Bowen)、乔迪·巴顿(Jody Barton)、吉莉安·卡内基(Gillian Carnegie)、爱丽丝·霍金斯(Alice Hawkins)、顺子森(Junko Mori)、凯特·莫罗斯(Kate Moross)、格雷戈尔·缪尔(Gregor Muir)、马修·斯通(Matthew Stone)、马修·克拉克(Matthew Clark,《美国视觉艺术家》创意总监)等。

(4)切尔西艺术与设计学院(Chelsea College of Art and Design)

创立时间:1895 年

地理位置:伦敦约翰艾斯利普街 16 号(16 John Islip Street, London SW1P 4JU)

学校概况:切尔西艺术与设计学院位于伦敦市中心泰晤士河边,紧邻泰特美术馆。切尔西艺术与设计学院提供专业性的、以学生为中心的艺术和设计课程,包括预科、本科、研究生以及高层次的研究类课程,也提供一系列艺术、设计类的短期课程。完成基础课程学习后,85% 的学生会进一步从 3 个专业方向学习:美术(绘画、雕塑、多媒体)、设计专业(纺织品、室内设计、公共艺术设计)、视觉艺术的理论与实践。

杰出校友:安尼诗·卡普尔(Anish Kapoor)、加文·特克(Gavin Turk)、克里斯·奥菲利(Chris Ofili)、吉莉安·韦英(Gillian Wearing)、拉尔夫·菲恩斯(Ralph Fiennes)、亨利·摩尔(Sir Henry Moore,著名雕塑家)、史蒂夫·麦柯奎恩(Steve McQueen,艺术家)、艾伦·里克曼(Alan Rickman,著名演员)、艾力克赛·赛尔(Alexei Sayle,喜剧演员及作家)、昆丁·布雷克(Quentin Blake,插图画家和作家)等。

2. 伦敦城市大学(LONDON METROPOLITAN UNIVERSITY,简称 LMU)[①]

创立时间:1848 年

地理位置:伦敦霍洛威路 166～220 号(166～220 Holloway Road, London N7 8DB)

学校概况:伦敦城市大学是全英第三大综合性国立大学。LMU 人文、艺术、语言和教育学院拥有 100 多名专业教师,其中的 Sir John Cass 艺术、媒体和设计学院的大部分员工不仅是教师,也是设计师,电影制作人,记者或演员。现有在校生 35 000 多人,包括来自 187 个国家的 7 000 名国际留学生。

---

① 资料来源:LONDON METROPOLITAN UNIVERSITY 官网 http://www.londonmet.ac.uk/

3. 皇家艺术学院(ROYAL COLLEGE OF ART,简称 RCA)①

创立时间:1837 年

地理位置:伦敦著名文化区肯辛顿戈尔(Royal College of Art, Kensington Gore, London SW7 2EU)

学校概况:皇家艺术学院即英国皇家艺术学院,原名为 Government School of Design,1896 年更名为皇家艺术学院,1967 年获皇家特许状,拥有独立颁发学位权利。RCA 是世界上唯一在校生全部为研究生的艺术设计学院。RCA 提供 MA,MPhil 和 PhD 三种学位,学制 2 年。学生总数约 800 人,平均年龄 26,教职员工约 100 多人,均为著名艺术家、设计师、作家。

4. 伯明翰艺术设计学院(BIRMINGHAM INSTITUTE OF ART & DESIGN,简称 BIAD)②

创立时间:1843 年

地理位置:伯明翰艺术设计学院有 5 个校区:Gosta Green 校区为设计系和视觉传播系,位于市中心,毗邻伯明翰市区东部的教育区;Vittoria Street 校区为珠宝设计系,坐落在伯明翰珠宝首饰中心;Margaret Street 校区是艺术系,周围是众多的博物馆和画廊;Bournville Centre for Visual Arts 校区是视觉艺术系,位于伯恩维尔文物保护区;主校区 Perry Barr 坐落在市中心北 3 英里。

学校概况:伯明翰艺术设计学院隶属于伯明翰城市大学。学院注重教学与实践相结合,与当地政府在工业和教育之间密切合作,在社会实践项目方面与企业和政府有着广泛的合作关系。BIAD 现有学生约 4000 名(包括预科生,本科生,硕士生和博士生)。BIAD 与卡地亚(Cartier)、劳力士(Rolex)、斯沃琪(Swatch)、法拉利(Ferrari)、捷豹(Jaguar),路虎(Landrover)等品牌密切交流。与卡地亚(Cartier)、海瑞·温斯顿(Harry Winston)、蒂芬尼(Tiffany & CO)、梵克雅宝(Van Cleef & Arpels)、宝格丽(Bvlgari)等品牌建立战略合作伙伴关系,为学生实习就业提供便利的服务。

5. 爱丁堡艺术学院(EDINBURGH COLLEGE OF ART,简称 ECA)③

创立时间:1760 年

地理位置:爱丁堡艺术学院在爱丁堡有 3 个校区:Lauriston 和 Grassmarket 校区位于市中心,距爱丁堡主要大道王子街 (Princes Street)步行不到 10 分钟。Inverleith 校区距市中心乘车 10 分钟。

学校概况:爱丁堡艺术学院是爱丁堡大学(University of Edinburgh)中的一个学院,于 2011 年 8 月 1 日两校合并,并保留原校名。ECA 目前有 6 所专科学校,分别是美术与绘画学校、设计与应用艺术学校、雕塑学校、视觉交流学校、建筑设计学校和园林设计学校,为爱丁堡大学超过 2 000 名的来自世界 38 个国家的学生提供艺术与设计、建筑、艺术史和音乐学等高等教育。ECA 拥有约 200 名教职研究人员。

6. 曼彻斯特城市大学(MANCHESTER METROPOLITAN UNIVERSITY,简称 MMU)④

创立时间:始建于 1824 年,于 1970 年成立曼彻斯特城市大学。

地理位置:曼彻斯特城市大学有两个校区:曼彻斯特校区位于曼彻斯特牛津道(Oxford Road, Manchester M15 6BH),柴郡校区位于克鲁绿道(Crewe Green Road, Crewe CW1 5DU)。

---

① 资料来源:ROYAL COLLEGE OF ART 官网 http://www.rca.ac.uk/
② 资料来源:Birmingham City University 官网 http://www.bcu.ac.uk/
③ 资料来源:Edinburgh College of Art 官网 http://www.eca.ed.ac.uk/
④ 资料来源:MANCHESTER METROPOLITAN UNIVERSITY 官网 http://www2.mmu.ac.uk/

学校概况：曼彻斯特城市大学原为曼彻斯特技术学院，是英国第二大的大学。MMU 有 8 个学院，本科学制 4 年，包含 1 年工作时间。前 2 年在校学习，第 3 年在企业实习，在英国或者国外工作，第 4 年返回学校学习，完成毕业设计。这样的制度有利于培养学生在技术和管理方面的实践能力。MMU 有很多毕业生活跃在艺术、设计、大众传播与娱乐界。

杰出校友：萨拉·波顿（Sarah Burton，Alexander McQueen 设计总监）、托马斯·赫斯维克（Thomas Heatherwick，国际设计师）、乔纳森·弥尔顿（Jonathan Mildenhall，可口可乐副总裁及全球市场营销与广告总监）、保罗·约翰（Paul Jones，宾利汽车生产总监）等。

四、比利时

比利时被誉为"西欧的十字路口"。比利时是高度发达的资本主义国家，世界十大商品进出口国之一。比利时拥有著名的文化艺术城市，安特卫普是画家鲁本斯的故乡。此外，比利时也是音乐、漫画、电影爱好者的天堂。

安特卫普皇家艺术学院（ROYAL ACADEMY OF FINE ARTS（ANTWERP））①

创立时间：1663 年

地理位置：比利时安特卫普

学校概况：安特卫普皇家艺术学院涵括工艺美术、建筑学和设计 3 大专业。1963 年，安特卫普皇家艺术学院开设时装设计专业。20 世纪 80 年代，因"安特卫普六君子（The Antwerp Six）"的走红使安特卫普皇家艺术学院在时装设计专业方面为世界所知。2000 年后，随着薇洛妮克·布兰奎诺（Veronique Branquinho）、拉夫·西蒙（Raf Simons）、奥利维尔·泰斯金斯（Olivier Theyskens）等设计师在国际时装界取得令人瞩目的地位，坚固了学院的国际地位和影响力。

杰出校友：著名设计师薇洛妮克·布兰奎诺（Veronique Branquinho）、拉夫·西蒙（Raf Simons）、克里斯·万艾思（Kris Van Assche）、安·凡德沃斯特（An Vandevorst）、海德·艾克曼（Haider Ackermann）、著名建筑大师亨利·范德威尔德（Henry Van de Velde）、画家梵高（Vincent van Gogh）等。

五、美国

美国是充满了新鲜血液与活力的国家。和历史悠久的国家相比，其服装产业与文化欠缺了历史的内涵与积淀却也没有了历史的沉重与拖沓，反而更具现代精神与平民意识。作为世界第一大经济体，美国靠成衣打下服装工业的基础，纽约更是靠女士成衣称霸世界。

1. 帕森斯设计学院（PARSONS THE NEW SCHOOL FOR DESIGN，简称 PSD）②

创立时间：1896 年

地理位置：纽约格林威治村第 12 大街西 66 号，时尚部门位于市中心（The New School，66 West 12th Street，New York，NY 10011）。

学校概况：帕森斯设计学院自 1970 年起附属于新学院（又称"新学院大学"），是私立艺术与

---

① 资料来源：ROYAL ACADEMY OF FINE ARTS 官网 https://www.ap.be/
② 资料来源：PARSONS THE NEW SCHOOL FOR DESIGN 官网 http://www.newschool.edu/parsons/

设计学院协会会员①。PSD 有巴黎分校,在多米尼加、日本、马来西亚和韩国有姐妹校。PSD 重视创新、艺术与设计。PSD 设有艺术、音乐、戏剧、管理、设计等 8 个学院,现有 3 800 多名学生,400 多名研究生。PSD 提供各方面专业设计课程保证学生在专业及实务经验上的学习,给予学生多样化的设计概念,让学生掌握独自及团体设计的实务经验及理念。学生多有兼职设计工作。除面对设计的技术挑战,PSD 强调学生要从服装历史理论中学习时尚的社会性。

杰出校友:汤姆·福特(Tom Ford)、唐纳·卡兰(Donna Karan)、山本耀司(Yohji Yamamoto)、马克·雅各布(Marc Jacobs)、安娜·苏(Anna Sui)、吴季刚(Jason Wu)、王大仁(Alexander Wang)等。

2. 美国纽约州立大学时装技术学院(FASHION INSTITUTE OF TECHNOLOGY, STATE UNIVERSITY OF NEW YORK,简称纽约时装学院,FIT)②

创立时间:1944 年

地理位置:纽约曼哈顿区第 7 大道 27 街(Seventh Avenue at 27 Street, New York City 10001—5992)

学校概况:纽约时装学院以时装应用技术为主,鼓励培养学生创新和创业。FIT 侧重严格、独特、适应性强的学术项目,与学术界和工商界保持密切联系,为学生创造和提供体验式学习的机会,并致力于学生的研究、创新能力与企业家精神的培养。

杰出校友:著名设计师卡尔文·克莱恩(Calvin Klein)、诺玛·卡玛莉(Norma Kamali)、雷姆·阿克拉(Reem Acra)、弗朗西斯科·科斯塔(Francisco Costa)、尼娜·加西亚(Nina Garcia)、卡罗琳娜·海莱娜(Carolina Herrera)、迈克·柯尔(Michael Kors)、纳耐特·莱波雷(Nanette Lepore)、拉尔夫·鲁奇(Ralph Rucci)。

3. 奥蒂斯艺术与设计学院(OTIS COLLEGE OF ART AND DESIGN(LOS ANGELES),简称 OTIS)③

创立时间:1918 年

地理位置:学院主校区位于原 IBM 航空总部,加利福尼亚州洛杉矶林肯大道 9045 号。

学校概况:奥蒂斯艺术设计学院的创办者是哈里逊将军(Harrison Gray Otis),他希望在南加利福尼亚州成立一个公立而且独立的艺术学校。1978 年到 1991 年间学院曾与帕森斯设计学院合作,名叫“Otis Art Institute of Parsons School of Design”。1991 年后脱离 PSD,变成今天的 OTIS。学校规模不大,约有 1 100 名学生。OTIS 采用小班制教学,课程由 WASC④ 和艺术与设计学校协会认可,既有 4 年的学士学位学位——插图、美术、平面设计、建筑、景观设计、室内设计、时装设计、数字媒体、玩具设计和产品设计,也有硕士学位——美术、平面设计、公共实践、写作。

杰出校友:John Lees(美国当代表现主义艺术家)、David Tai Bornoff(作家、广告制作人)、Gajin Fujita(涂鸦艺术家)、Camille Rose Garcia(著名艺术家)等。

---

① 美国私立艺术与设计学院协会全称 Association of Independent Colleges of Art and Design,简称 AICAD——著者注

② 资料来源:FASHION INSTITUTE OF TECHNOLOGY, STATE UNIVERSITY OF NEW YORK 官网 http://www.fitnyc.edu/

③ 资料来源:OTIS COLLEGE OF ART AND DESIGN(LOS ANGELES 官网 http://www.otis.edu/

④ WASC 是 Western Association of Schools and Colleges 的缩写,是美国西部大学学院与学校教育联盟的简称。它是美国教育部认可国际知名教育评鉴机构,其评鉴项目包括学前教育、小学教育、中学教育和成人教育。——著者注

4. 罗德岛设计学院(RHODE ISLAND SCHOOL OF DESIGN,简称 RISD)①

创立时间:1877 年

地理位置:美国罗德岛州(Rhode Island)普罗维登斯市(Providence)

学校概况:罗德岛设计学院是一所私人艺术学院,是 AICAD 会员,座落于学院山(College Hill)山脚,和长春藤学院下的布朗大学比邻而居。RISD 拥有自己的艺术博物馆,收藏了美国当地及世界各时期的文化、艺术及服装、家具等设计精品,藏品达 80 000 件。RISD 拥有 350 名教师,400 名职员,1 880 多名本科生和 370 名研究生来自 50 多个国家。RISD 注重手工实作,以此训练学生扎实的基本功与反复推敲的思考方法,培养了 16 000 多名毕业生。

杰出校友:现任校长约翰·马蒂(John Madea,著名平面设计师)、戴维·拜恩(David Byrne,音乐家、艺术家)、罗伯特·盖勒(Robert Geller,男装设计师)、塞思·麦克法兰(Seth Woodbury MacFarlane,著名喜剧家、动画师)、乔纳森·艾维(Jonathan Ive,苹果公司设计总监)。

六、日本

日本时装工业起始于 20 世纪五六十年代。日本是全球第二大经济体,东京成为"第五大时装之都"与其经济发展水平、相关产业支持、文化底蕴与文化建设以及优秀设计师等因素息息相关。东京不仅有完整的产业链,相关产业链在地理上相对集中,形成了产业集群,因此成为日本时尚信息发源地。

1. 文化服装学院(BUNKA FASHION COLLEGE,简称 BUNKA)②

创立时间:1919 年

地理位置:东京涩谷区代代木 3-22-1(東京都渋谷区代々木 3-22-1)

学校概况:文化服装学院是日本最早创办的服装教育学府。文化服装学院的历史代表日本时装发展史。从东京一所女子裁缝学校开始发展至今,已有 30 多万毕业生从日本文化服装学院毕业。自 20 世纪 20 年代开始,文化服装学院奠定"文化原型"的教学基础,积累了近一个世纪的时装教学和办学经验。文化服装学院的办学方向与市场需求紧密结合,课程体系的设置体现时装业发展的最新思想和趋势,教学内容紧跟市场变化。

杰出校友:高田贤三、山本耀司、渡边淳弥、松田光弘、小筱顺子。

2. 东京时尚学院(东京 Mode Gakuen,東京モード学園)③

创立时间:1966 年

地理位置:东京新宿区西新宿 1-7-3（東京都新宿区西新宿 1-7-3）

学校概况:东京时尚学院是注册于日本爱知县名古屋市的 Mode 学园下属的三所学校之一。在大阪、东京和巴黎都设有分校。学校开设服装设计学、服装技术学、服装商务学、发型设计艺术学、室内装饰建筑学等专业,是培养服装业和美发业、装潢业等领域创造性人才的专门学校。学校教材独特,利用实务操作、工作经验、培训制度、小组活动活跃课堂气氛,加深学生印象。每年有赴巴黎的毕业旅行,举办作品展,开展检验学生就职能力和创造能力的竞赛。学校采用完

① 资料来源:RHODE ISLAND SCHOOL OF DESIGN 官网 http://www.risd.edu/

② 资料来源:BUNKA FASHION COLLEGE 官网 http://www.bunka-fc.ac.jp/

③ 资料来源:Mode Gakuen 官网:www.mode.ac.jp/

全就职保证制度,万一毕业生不能就职,可免学费继续深造直到就职。

七、中国香港

香港是亚洲金融贸易中心,是世界各地进出口及转口货物的集散地。在世界成衣贸易中,香港占据非常重要的位置,香港政府非常重视对时装人才的培养和对服装教育的投入。

香港理工大学(THE HONG KONG POLYTECHNIC UNIVERSITY,简称理大、PolyU,HKPU)[①]

创立时间:1937 年

地理位置:香港九龙红磡

学校概况:香港理工大学前身为香港官立高级工业学院。理大现为全港学生人数最多的一所学校,目前在校共有约 28 000 名全日制和兼读制学生。理大的时装人才培养建立在理论与实践相结合的实用型培养方式上,发展实用性教学。教师从世界各地招聘,师资优良,课程与国际接轨,课程水平为国际认可。采用全英文教学是学校的一个显著特点。

杰出校友:刘小康(前香港设计师协会主席)、谭燕玉(服装设计师)、李永铨(设计师)、许诚毅(动画设计师)、赖平(德国保时捷 Cayman 车系设计总监)、王家卫(电影导演)、梁家辉(演员)、叶锦添(电影美术指导)等。

---

① 资料来源:香港理工大学官网 http://www.polyu.edu.hk/

参考文献

[1] 刘晓刚. 服装设计概论. 上海:东华大学出版社,2008.
[2] 冯利. 服装设计学概论. 上海:东华大学出版社,2010.
[3] 乔洪. 服装导论. 北京:中国纺织出版社,2012 年.
[4] 华梅. 人类服饰文化学. 天津:天津人民出版社,1995 年.
[5] 尹定邦. 设计学概论. 长沙:湖南科学技术出版社,2004.
[6] 康定斯基. 康定斯基论点线面. 罗世平,等译. 北京:人民大学出版社,2003.
[7] 康定斯基. 论艺术的精神. 查立,译. 北京:中国社会科学出版社,1987.
[8] 夏征农. 辞海. 1999 年版. 普及本(音序,三卷本). 上海:上海辞书出版社,2002.
[9] 陆谷孙. 英汉大词典. 上海:上海译文出版社,2007.
[10] 中国大百科全书总编委会. 中国大百科全书. 2 版. 北京:中国大百科全书出版社,2009.
[11] 刘海波. 设计造型基础. 上海:上海交通大学出版社,2007.
[12] 文化服装学院. 文化服装讲座·服装设计篇. 冯旭敏,马存义,译. 中国轻工业出版社,2003.
[13] 徐斌,张滟. 服装设计策略. 北京:中国纺织出版社,2006.
[14] 刘晓刚. 服装设计 300 问. 北京:金盾出版社,1997.
[15] 李莉婷. 服装色彩设计. 北京:中国纺织出版社,2000.
[16] 恩格斯. 自然辩证法. 北京:人民出版社,1984.
[17] 贡布里希. 秩序感:装饰艺术的心理学研究. 范景中,译. 长沙:湖南科学技术出版社,2002.
[18] 卡希尔. 人论. 甘阳,译. 上海:上海译文出版社,2009.
[19] 伍立峰. 设计思维实践. 上海:上海书店出版社,2007.
[20] 朱光潜. 文艺心理学. 合肥:安徽教育出版社,1996.
[21] 郑建启,李翔. 设计方法学. 北京:清华大学出版社,2006.
[22] 彭加勒. 最后的沉思. 李醒民,译. 范岱,校. 上海:商务印书馆,1996.
[23] 诸葛铠. 图案设计原理. 南京:江苏美术出版社,1991.
[24] 阿恩海姆. 艺术与视知觉. 滕守尧,朱疆源,译. 成都:四川人民出版社,1998.
[25] 扎德. 模糊集与模糊信息粒理论. 阮达,黄崇福,译. 北京:北京师范大学出版社,2005.
[26] 赵平,吕逸华,蒋玉秋. 服装心理学概论. 2 版. 北京:中国纺织出版社,2004.
[27] 黑格尔. 美学(第 1 卷). 朱光潜,译. 上海:商务印书馆,1996.
[28] 张文斌. 服装结构设计. 北京:中国纺织出版社,2006.
[29] 刘和山,李普红,周意华. 设计管理. 北京:国防工业出版社,2006.
[30] 伊特韦尔,米尔盖特,纽曼. 新帕尔格雷夫经济学大辞典. 陈岱孙,译. 北京:经济科学出版社,1996.

后　记

概论，即概而论之。本书旨在对服装设计的各方面内容进行简单而全面的介绍。囿于篇幅所限，许多服装领域出现的新科技、新方法在书中未能详述，如3D打印服装的表现与发展、新型服装材料的出现与应用等。唯望本书能对读者起到抛砖引玉、提纲挈领之作用。

本书在写作过程中得到了许多老师和朋友的帮助：陈建辉教授、陈斌教授、冯禹铖博士、摄影师黄晓昭老师、画家胡伟达老师、设计师罗竞杰老师、时尚人士李雪兰女士、徐望之先生等都为完成这本书提供了无私的帮助与支持；出版社的徐建红老师以其丰富的编辑出版经验为本书提出了宝贵的修改意见；我的家人为我分担大量琐事以让我能静心写作。在这个纷乱浮华的世界中，充满正能量的良师益友和亲人好友们是我坚持向上、潜心向学、专于学术的动力源泉，在此衷心感谢！

作　者